Photoshop工业设计数字手绘教程

罗剑 梁军 编著

電子工業出版社
Publishing House of Electronics Industry
北京·BEIJING

内容简介

本书以用 Photoshop 软件 + 数位板硬件进行数字手绘为主线，系统完整地介绍并讲解了数字手绘零基础技能、数字手绘提升技巧、数字手绘完善方法。整个教程由浅入深，不仅分析详解 Photoshop 软件主要绘图功能、命令，对数字手绘的逻辑关系也进行了全面讲解。数字手绘功能强大、操作便捷、编辑效率高，因此在工业设计领域应用非常广泛。本书特别适合刚刚学习数字手绘的学生及参加工作以后需要提升数字手绘技能的设计师和对数字手绘有兴趣的爱好者阅读。

图书在版编目（CIP）数据

Photoshop工业设计数字手绘教程 / 罗剑，梁军编著 . — 北京：电子工业出版社，2020.6

ISBN 978-7-121-38958-0

Ⅰ. ①P… Ⅱ. ①罗… ②梁… Ⅲ. ①工业设计－图像处理软件－教材 Ⅳ. ①TB47-39

中国版本图书馆CIP数据核字（2020）第066766号

责任编辑：田　蕾　　特约编辑：田学清
印　　刷：北京虎彩文化传播有限公司
装　　订：北京虎彩文化传播有限公司
出版发行：电子工业出版社
　　　　　北京市海淀区万寿路173信箱　邮编：100036
开　　本：787×1092　1/16　印张：16.5　字数：422.4千字
版　　次：2020 年 6 月第 1 版
印　　次：2025 年 1 月第 4 次印刷
定　　价：99.00 元

凡所购买电子工业出版社图书有缺损问题，请向购买书店调换。若书店售缺，请与本社发行部联系，联系及邮购电话：（010）88254888，88258888。

质量投诉请发邮件至zlts@phei.com.cn，盗版侵权举报请发邮件至dbqq@phei.com.cn。

本书咨询联系方式：（010）88254161~88254167转1897。

前言

目前世界上工业设计手绘从绘图呈现方式来划分，大致可以分为纸质手绘和数字手绘两种，只要你接触手绘，就绕不开数字手绘，因为纸质手绘画好以后从扫描进电脑的那一刻起就已经是手绘的数字化了。数字手绘可以帮助你画出更高品质的手绘作品，而本书可以让你对数字手绘有全新的认识。

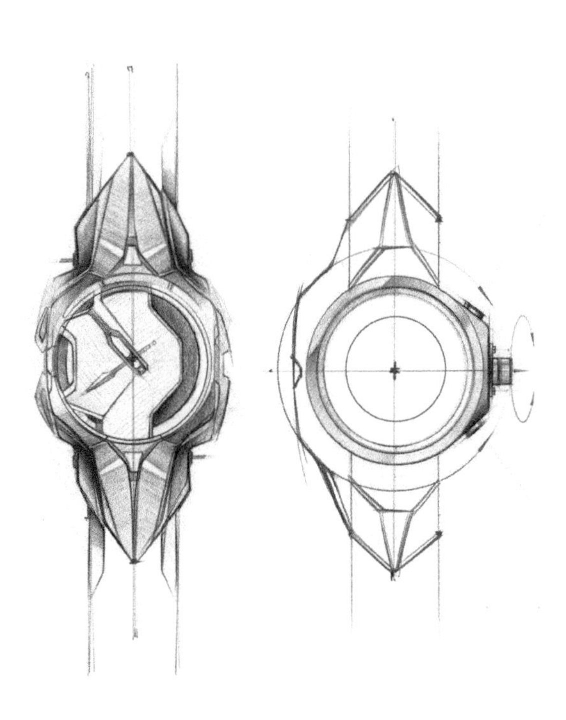

目录

第一章

数字手绘工业设计基础

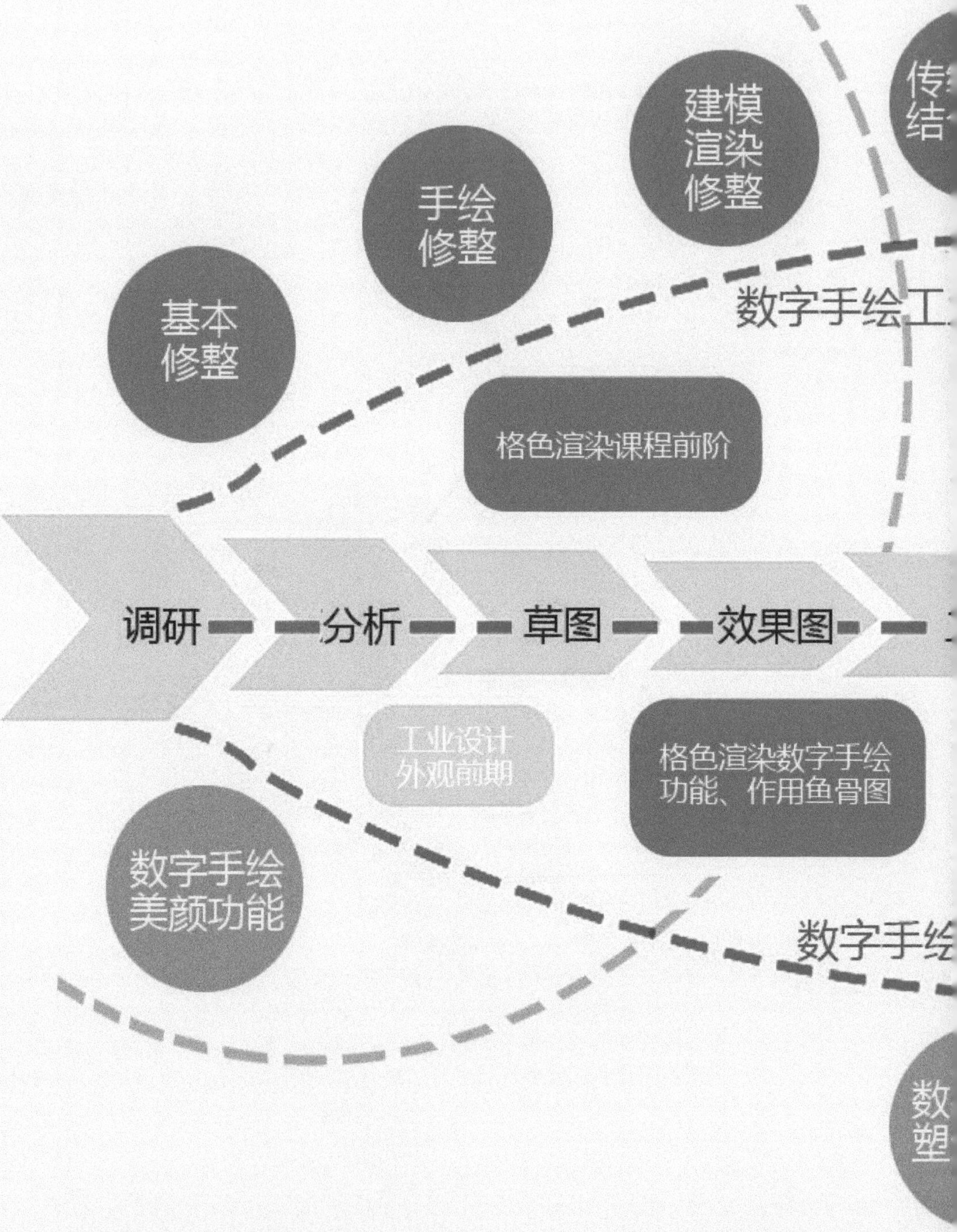

传
结

建模
渲染
修整

手绘
修整

基本
修整

数字手绘工

格色渲染课程前阶

调研 分析 草图 效果图

工业设计
外观前期

格色渲染数字手绘
功能、作用鱼骨图

数字手绘
美颜功能

数字手绘

数
塑

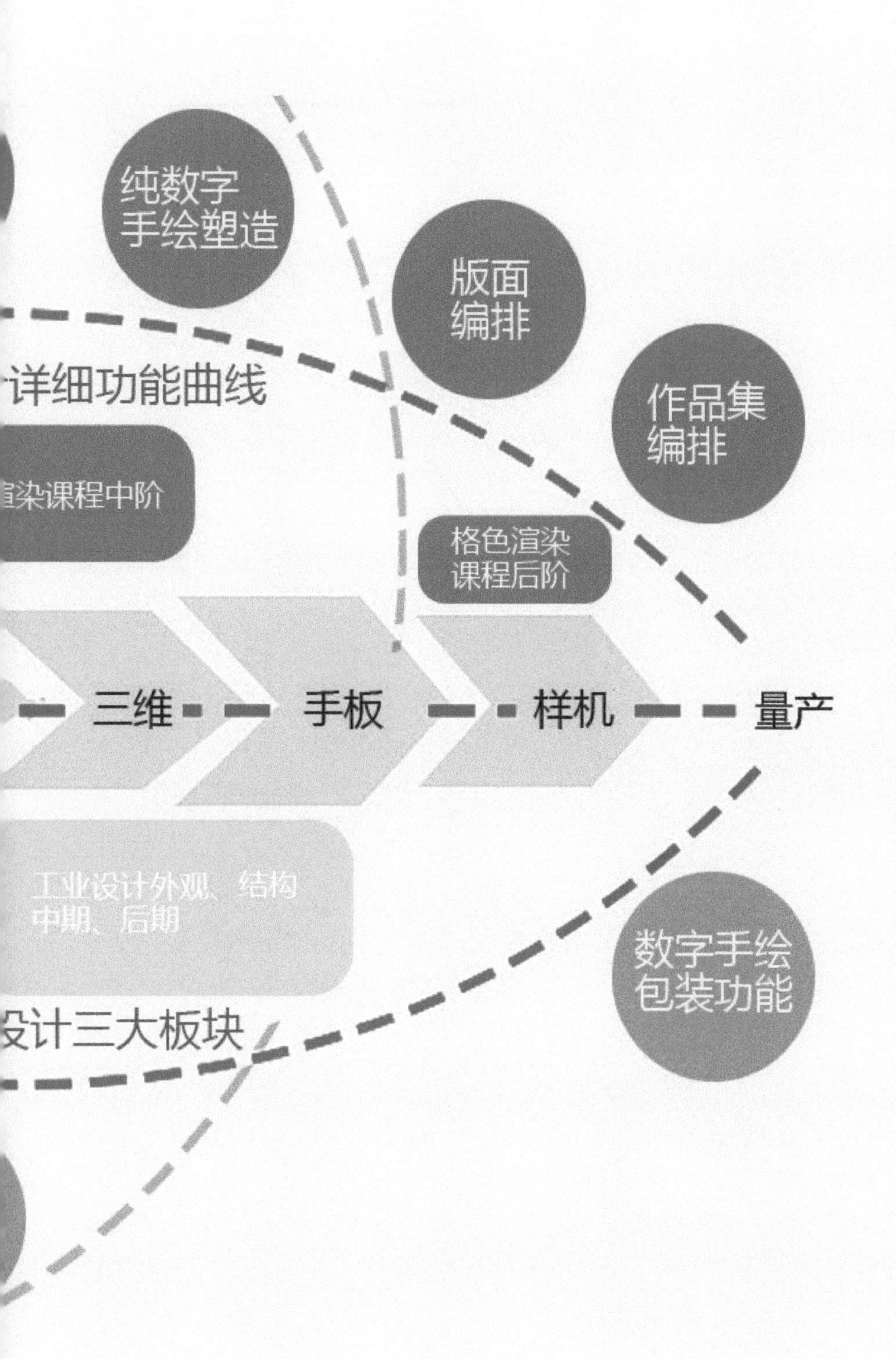
纯数字
手绘塑造
版面
编排
作品集
编排
详细功能曲线
渲染课程中阶
格色渲染
课程后阶
三维
手板
样机
量产
工业设计外观、结构
中期、后期
数字手绘
包装功能
设计三大板块

第一节：如何挑选一款称手的数位板

数字手绘离不开三样东西：第一，数位板；第二，以 Photoshop 为代表的软件；第三，让你有成就感的黄金右手。对于如何挑选数位板，新手会特别纠结，其实不用追求奢侈昂贵的数位板，很多时候科学系统的学习方法，比如格色渲染方法，再加上勤奋的练习、高超的技术才是决定成功与否的因素！

什么是数位板？也有人叫它手绘板、绘图板。而平时，就像我们把 Photoshop 叫作 PS 一样，我们也会亲切地称数位板为“板子”。

一般来说，在刚刚迈入板绘大门的时候，小伙伴们都会问：“我要买一个什么样的板子呢？”市场上的板子品种繁多、五花八门，也不知道哪种适合自己。下面罗剑老师就和大家讲讲如何挑选一款称手的数位板。

数位板用的顺手不顺手与以下几大要素有很大关系。

- 第一要素：压感。
- 第二要素：分辨率。
- 第三要素：读取速度。

一、压感

什么是压感？就是数位板能感应的压力级数。压感级别越高，对压力的分辨力就越高，所画的笔触就能表现得越细腻。通俗一点说，就是压感级别越高，越接近人手的感觉。说得直白一点，有压感的叫手绘板（满足绘画的需求），无压感的叫手写板（满足写字的需求即可）。

有压感　　　　无压感

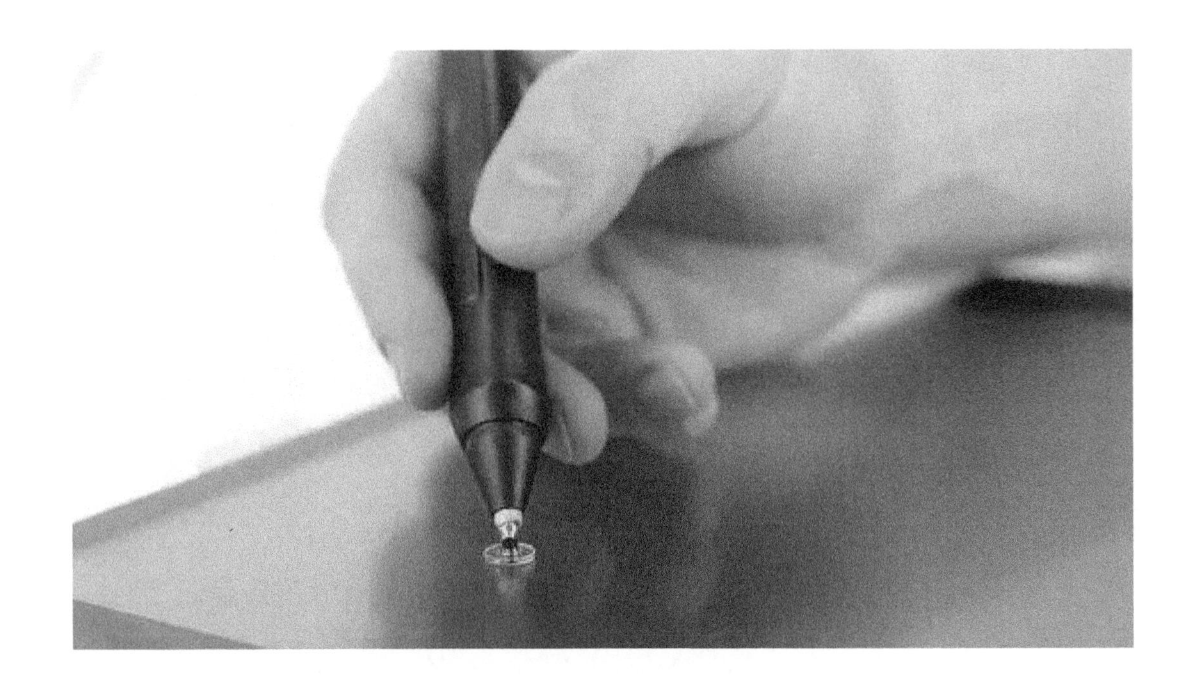

二、分辨率

假设数位板的实际绘画使用面积是由无数细小的方块组成的，那么分辨率的高低就是指单位面积内方块数量的多少。方块越多，每画一笔可读取的数据就越多。相同的一笔，分辨率越高，所包含的信息量越大，线条越柔顺。

反映在效果图上是这样的：

三、读取速度

从字面上来理解，读取速度就是你用手在数位板上面画一笔，软件里的这一笔能否很快跟上，会不会出现动作滞后。读取速度是由手臂的移动速度所决定的，读取速度的快慢会对绘画的连贯性有所影响。如果数位板的读取速度慢，那么当你用手在数位板上画到第三笔时，软件里可能还在读取第一笔，这样就会影响作画效率和效果，这些都是衡量数位板好坏的标准。读取速度通常以多少点 / 秒来描述，点数越高，快速绘图时成线率就越高，线条就不会因为你的不经意而造成画面上的不足；否则，当你的手快速划过时，就会发现显示的是一个个的小点，而不是一条线。

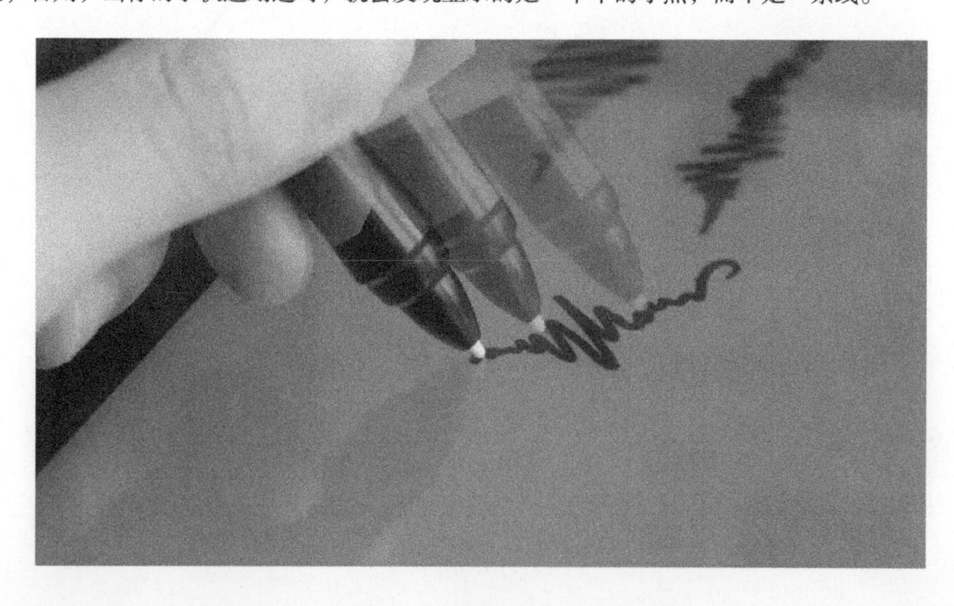

目前可选择的数位板读取速度有 100 点 / 秒、133 点 / 秒、150 点 / 秒、200 点 / 秒、220 点 / 秒，数位板的读取速度普遍在 133 点 / 秒以上。由于手臂速度的极限，读取速度的快慢对绘画的影响并不明显。现在市场上数位板产品的最低读取速度为 133 点 / 秒，最高读取速度为 230 点 / 秒，读取速度在 100 点 / 秒以上一般不会出现明显的延迟现象，200 点 / 秒基本没有延迟。

除上述 3 个要素外，还有一个要素也是需要考虑进去的，那就是数位板绘画区域大小。绘画区域大小决定了你的实际作画范围。一般数位板的有效使用面积都可以笼统地分为大号、中号、小号 3 种尺寸，小号约为 A5 纸的一半大小，中号约为 A4 纸的一半大小，大号约为一张 A4 纸大小，当然价格和绘图面积是成正比的。

当你选择数位板时，通常会在各大数位板的官网上面看到这些数据分析：

❖ 8192 级压感。

❖ 5080 LPI 分辨率。

❖ 10 毫米感应高度（在笔头距离板面 10 毫米远就能感应到）。

❖ 200 点 / 秒读取速度（1 秒读取 200 点）。

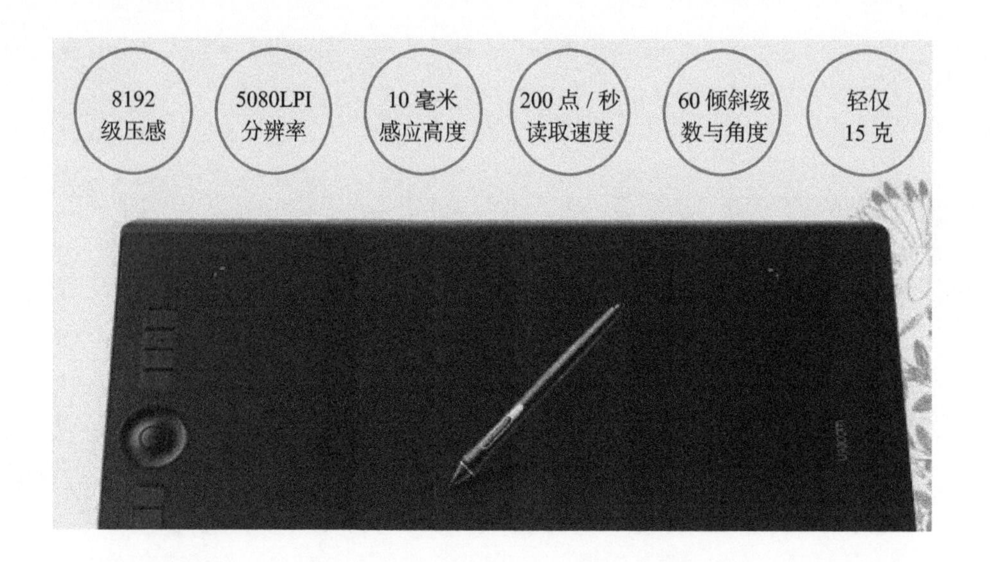

看完上面罗剑老师所讲的内容，那么问题来了：要选择什么牌子的数位板呢？就像以前很多学生问要选择什么牌子的马克笔，道理是一样的，马克笔是选择 COPIC、touch 还是 AD ？数位板是选择 Wacom、友基还是汉王？那么究竟应该挑选哪一款呢？对于品牌的比较主要基于普遍的反馈来说，在挑选数位板的时候还是要根据自己的实际情况来选择。

如果你是刚刚接触数字手绘的新人，那么推荐国产的牌子，通过练习也能很好地带你入门。不过不建议选择质量太差的数位板，会直接影响你对自己实力的判断。如果预算在 1000 元以上，那么建议买 Wacom 品牌的板子。如果想从事工业设计方面的工作，在工作过程中需要进行草图、效果图等的绘制，则可以直接购买影拓系列。

第二节：数字手绘手与触控笔的关系

数位板上线条行程约为7cm

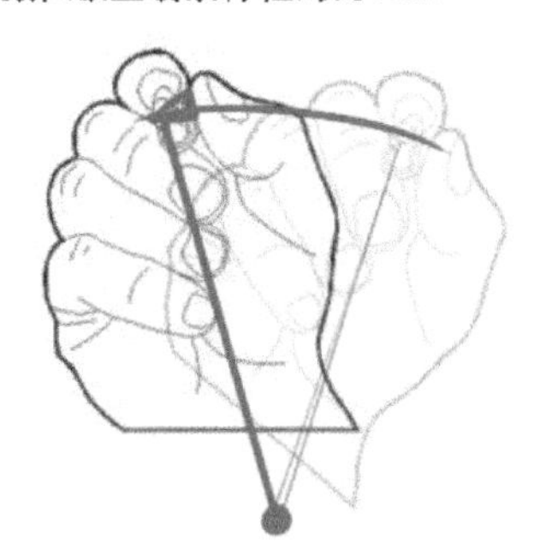

数位板上线条行程只有1cm

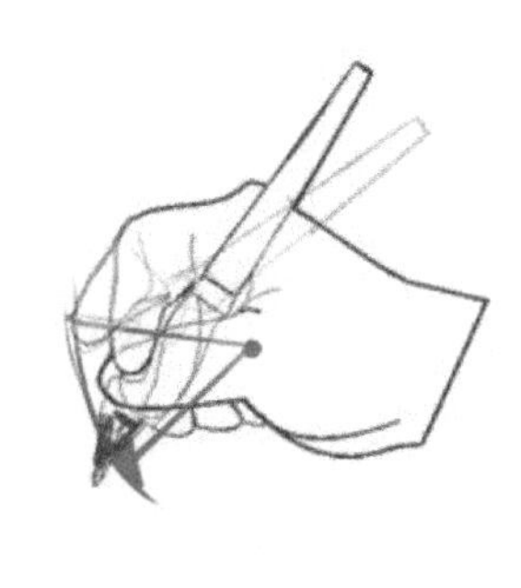

握笔的姿势直接决定了手中这支笔画出来的线和喷涂出来的笔触形状是什么样子的，这里所说的“什么样子”包括很多内容，比如线条的长短、粗细、轻重、弧度等。通常手握笔以后必须和手部的一些关节协调配合起来绘画，比如手握笔之后，手腕自然摆动，画出的线条行程大约是7cm，也就是说线条在画面中的轨迹可以达到7cm，能满足你的手绘需要，画那种较大弧度的造型时可以用到。

另外一种手势就是手握笔以后只是食指指尖微微摆动，以这种手握姿势握笔画出的线条轨迹大约是1cm，适合刻画小造型时使用。因此，要画不同长短比例的线条，必须通过改变手势及手部关节姿势来达到想要的效果。

ANALYSIS OF THE PRINCIPLE OF DIGITAL BOARD BRUSH

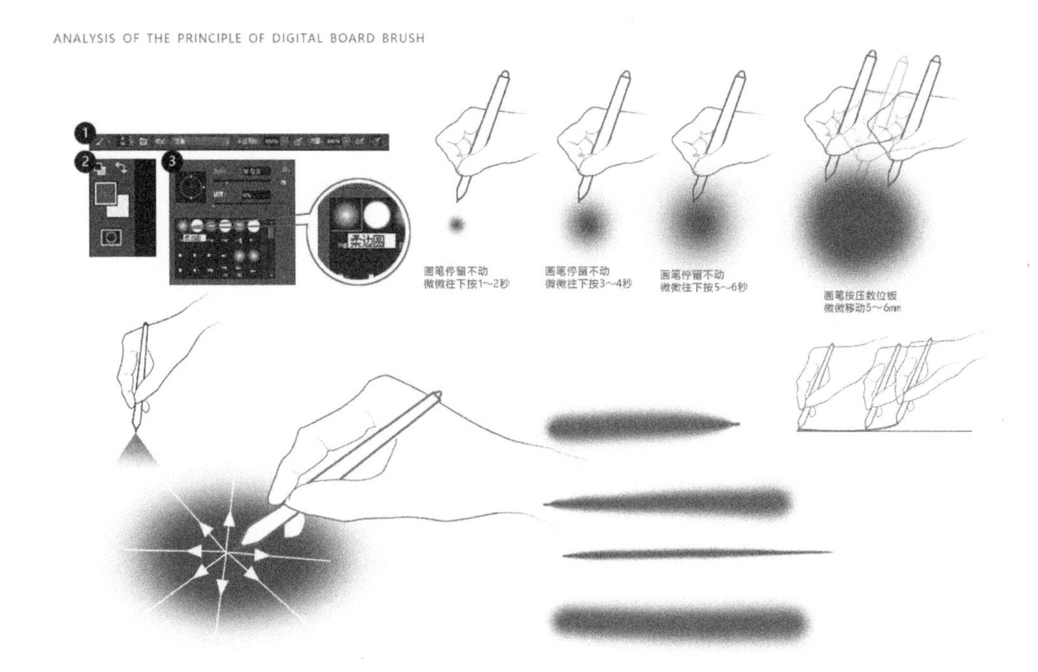

数字手绘时要用到不同的笔触，笔触是通过喷笔喷出颜色而得到的效果。喷笔的效果和手按压笔的轻重有很大关系，手按压的轻重程度不同，相应的喷笔形态和喷出的颜色的面积也不一样。常规状态下的喷笔颜色方向是向四周展开的，柔边圆喷笔四周过渡柔和，非常自然。

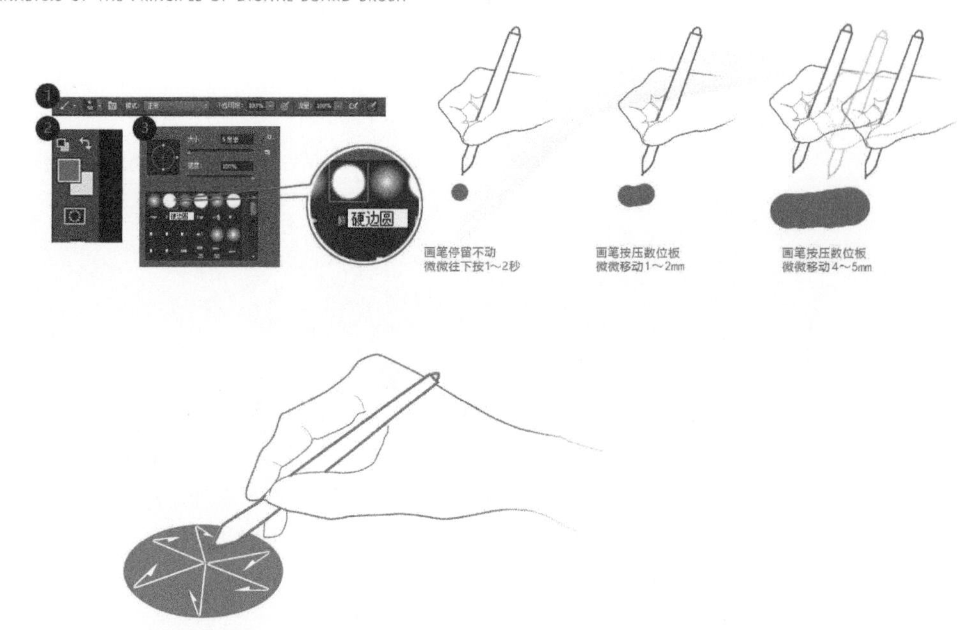

喷笔的另外一种常规形态是硬边圆笔触，顾名思义，喷出颜色四周都是非常明显的颜色边缘，边缘部分没有任何过渡。这样的笔触在产品手绘上也很常见，常用于材质坚硬、造型感强的产品。

正确握触控笔的方式

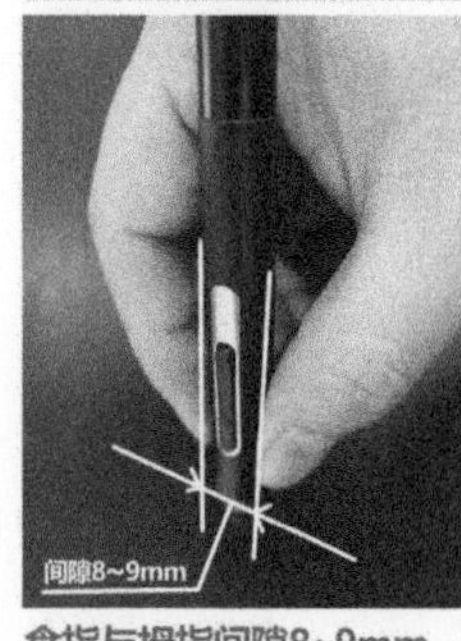

食指与拇指间隙8~9mm
触控笔功能键朝外

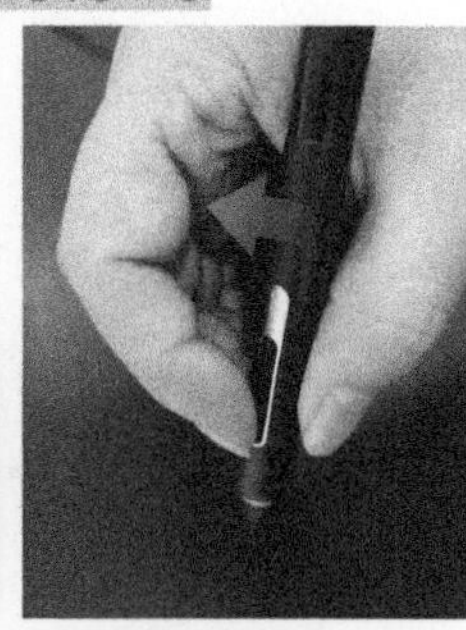

触控笔顺时针转动
食指按下按键

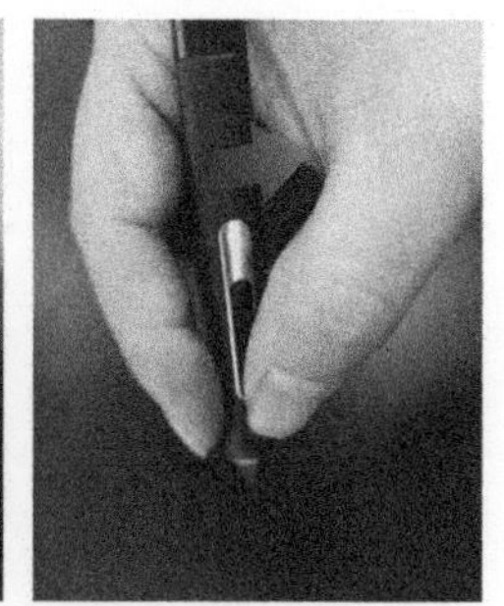

触控笔逆时针转动
拇指按下按键

数字手绘时握笔方式很重要，很多人会忽略这一点，认为和写字一样。其实写字和手绘的握笔方式还真不太一样，因为要满足两种不一样的效果。

第三节：数字手绘利器——Photoshop

一、Photoshop 基础知识

（一）Photoshop 相关知识

（1）Photoshop 是美国 Adobe 公司开发的图像处理软件。

（2）Photoshop 的功能很多，大致可以分为：

❖ 数字手绘美颜功能。

❖ 数字手绘塑造功能。

❖ 数字手绘包装功能。

（二）用 Photoshop 进行数字手绘的准备工作

（1）窗口组成：标题栏、菜单栏、属性栏、工具箱、面板、状态栏、文件编辑区。

（2）打开文件：在灰色区域任意位置双击（Ctrl+O）。

（3）新建文件：Ctrl+N。

①名称：文件名称默认是“未标题 -1”。

②预设： Photoshop 提供的预设文件大小。

③宽度、高度：自定义文件大小（默认单位为像素）。

④分辨率：通常我们在进行数字手绘的时候，手绘图片分辨率需达到 300 像素 / 英寸或更高。

⑤颜色模式：颜色显示模式。常用的颜色模式包括 RGB 模式（数字手绘效果图常用）、CMYK 模式、灰度模式。

⑥背景内容：选择一种背景色（白色、背景色、透明）。

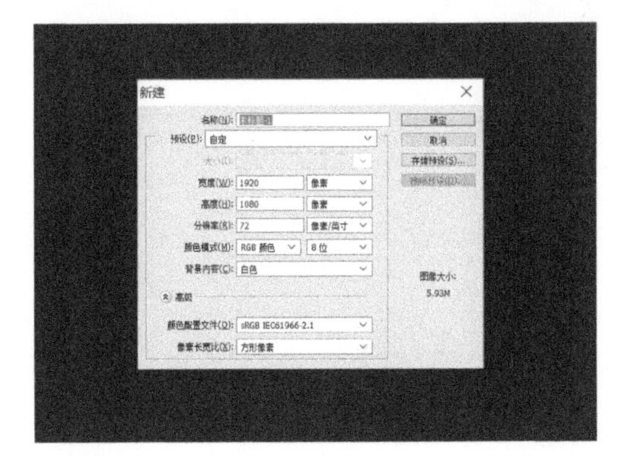

（三）数字手绘图像的相关概念

（1）像素：构成图像的最基本（最小）的单位。

例如，把一张数字手绘效果图不断放大，可以清晰地看到一个一个的像素单位。

（2）分辨率：单位面积内像素点的多少，用PPI来表示。

（3）图像分类。

①位图：又称点阵图或光栅图，一般用于照片品质的图像处理，放大后失真。这与位图的分辨率有关，分辨率越高，图像越清晰。

②矢量图：放大后不失真，一般用于工程图。

（四）Photoshop 软件工具的介绍

（1）选区工具（M）。

①矩形 / 椭圆选框工具：结合 Shift 键可绘制正方形或圆形。

②单行 / 单列选框工具：可选择一行或一列像素点。

（2）选择 / 修改：修改选区。

（五）快捷键（可参见本章第四节 Photoshop 快捷键手势）

D：默认前 / 背景色。

X：交换前 / 背景色。

Alt+Delete：前景色填充。

Ctrl+Delete：背景色填充。

Ctrl+D：取消选区。

Ctrl+Alt+Z：撤销多步。

Delete：删除。

Alt：减选区。

Shift：加选区。

（六）保存

（1）文件存储：Ctrl+S；存储为：Ctrl+Shift+S。

（2）文件存储默认扩展名：.psd。

二、命令及工具使用（一）

（一）数字手绘图像颜色的构成

模式：数字手绘效果图色彩的构成方式。

（1）RGB 模式（R：红；G：绿；B：蓝）：光色模式，又称真彩色模式，其中每种颜色都包含 256 种亮度级别，3 个通道（颜色）合起来显示完整的色彩图像，有 1670 多万种颜色。

（2）CMYK 模式（C：靛青；M：品红；Y：黄色；K：黑色）：这属于打印模式，颜色远远少于 RGB 模式。

（二）选区工具属性

（1）加选：Shift。

（2）减选：Alt。

（3）交叉选：Shift+Alt。

（4）羽化：使选区边缘像素点产生模糊效果，值越大，产生的模糊效果越强。

在 Photoshop 菜单栏中单击选择 / 修改 / 羽化（Ctrl+Alt+D）。

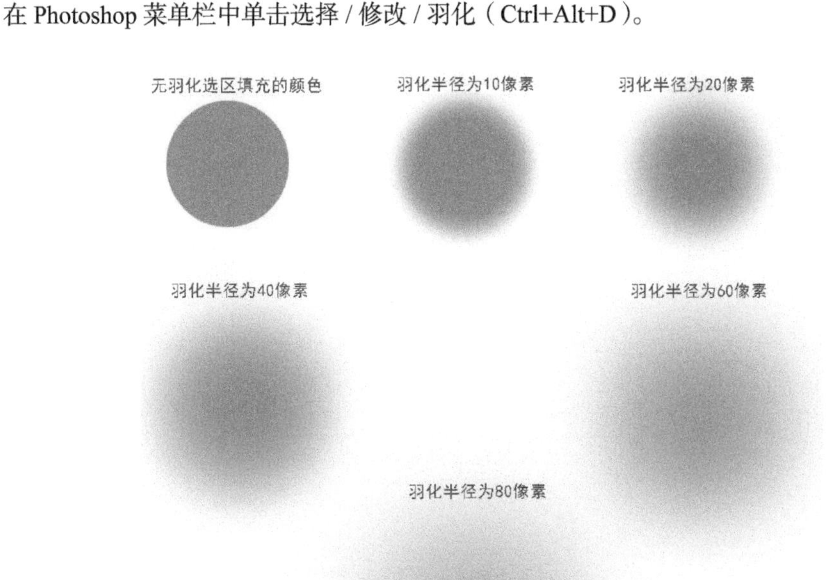

（5）样式：可对选区大小进行精确设置。

变换选区：在选区上单击鼠标右键，在弹出的快捷菜单中选择“变换选区”选项。

等比缩放：Shift+Alt。

三、命令及工具使用（二）

（一）数字手绘中图层及图层的应用

图层：可以把图层看作是与文件等大的透明纸，层与层之间没有任何影响，便于修改，不影响整体效果。

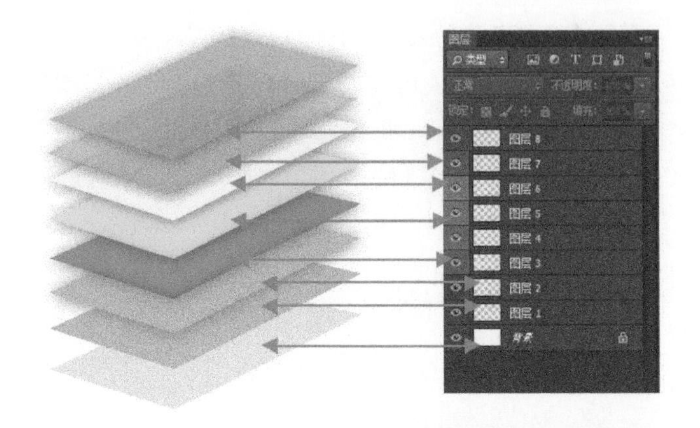

新建图层：图层 / 新建 / 图层（Ctrl+Shift+N）。

复制图层：将图层向“新建”按钮处拖动。

新建背景图层：图层 / 新建 / 背景图层（在背景图层上双击）。

（二）数字手绘变换工具：编辑 / 自由变换（Ctrl+T）

在数字手绘工业设计中，自由变换使用频率非常高，主要原因是自由变换可以自由调整图像的（全部、局部）比例、角度、透视等关系。调整比例是最基本的一种自由变换。换句话说，造成自由变换使用频率高的原因是在数字手绘工业设计中经常会出现比例、透视问题。

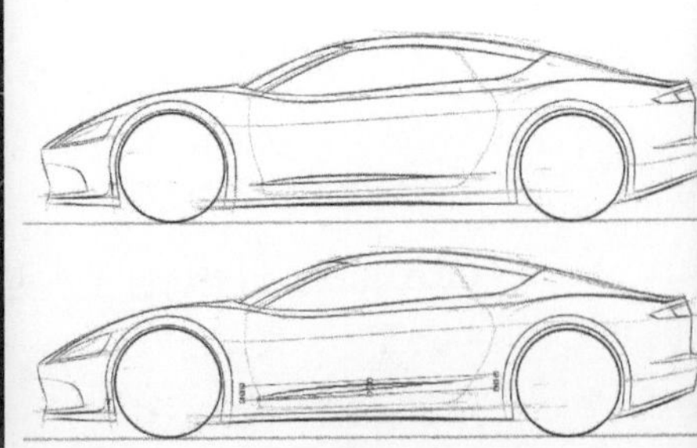

（1）Shift：对角点等比缩放；以 15° 倍数旋转。

（2）Shift+ Alt：中心点等比例缩放。

（3）Alt：对称变换。

（4）Ctrl+Alt+Shift：透视变换。

（5）Ctrl：单点移动（扭曲）。

（6）Shift+Ctrl：锁定方向单点移动（斜切）。

注：有一个图层是不能变换或者移动的，即默认背景图层，它是被锁定的。位于图层左侧的“眼睛标志”：显示或隐藏图层。

（三）关于图层的快捷键

（1）F7：隐藏或显示图层面板。

（2）选择移动工具，按 Alt 键可拖动图像复制，每拖动一次就复制一次。

（3）Ctrl+ 单击图层缩览图：调出当前图像选区（无论这个图像是什么形状的）。

（4）Ctrl+E：拼合图层。

四、套索工具（L）

（1）套索工具：随意产生一个选区。

（2）多边形套索工具（在数字手绘中使用频率最高）：产生任意多边形选区，注意首尾点必须重合，也就是说选区必须闭合起来（相当于画笔的起笔和收笔必须在一个点上面）。

（3）磁性套索工具：自动吸附产生选区。

频率：可设置中间节点的间距，频率值越大，间距越小，选取越精确。

套索工具的使用方法：

- 按 Ctrl 键可快速将首尾点相连。
- 按 Delete 键或退格键可删除节点。
- 按 Esc 键退出该命令。

五、魔棒工具（W）

使用魔棒工具可选取颜色相似的一部分。数字手绘时选择背景等大块面的颜色可用魔棒工具。

容差：容差值的大小决定选取范围的大小。容差值越大，选取范围越大，但颜色不相似；容差值越小，则相反。

注：加选、减选、交叉选功能及羽化功能均适合以上工具。

相关快捷键如下。

- 放大图像及窗口：Ctrl+Alt++。
- 缩小图像及窗口：Cltr+Alt+−。
- 选区反向选择：Ctrl+Shift+I 。
- 拖动图片：按住空格键拖动。

❖ 放大图片：Ctrl++（Ctrl+ 空格 + 单击图片）。

❖ 缩小图片：Ctrl+−（Alt+ 空格 + 单击图片）。

六、渐变工具

（一）渐变工具（G）（在数字手绘中用得比较多）

渐变工具的类型：线性渐变、径向渐变、角度渐变、对称渐变、菱形渐变。

❖ 线性渐变在数字手绘工业设计领域通常用来表达效果图的背景氛围，以及产品本身的环境色、反光等。

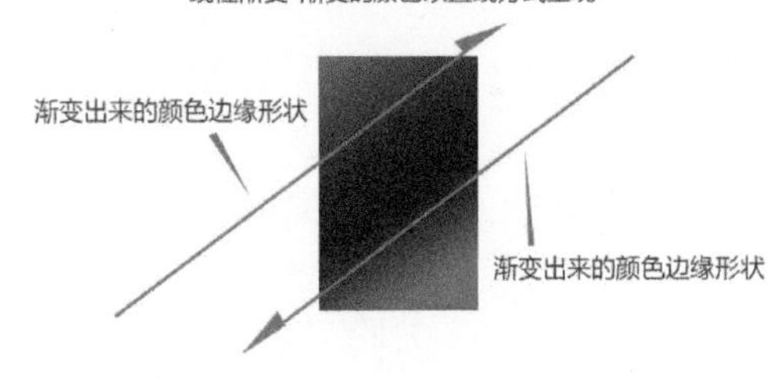

❖ 径向渐变在数字手绘工业设计领域通常用来绘制球体产品。

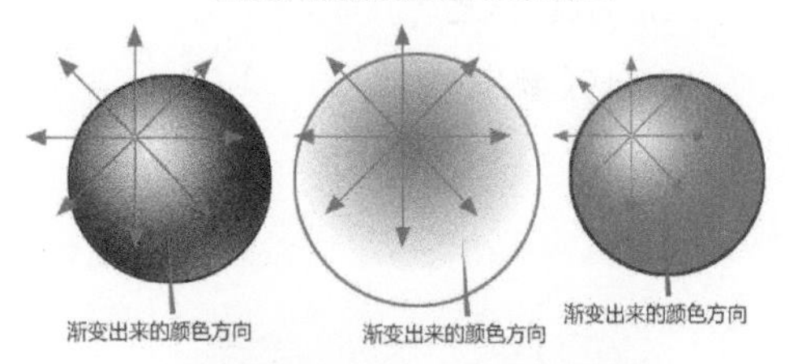

❖ 角度渐变。

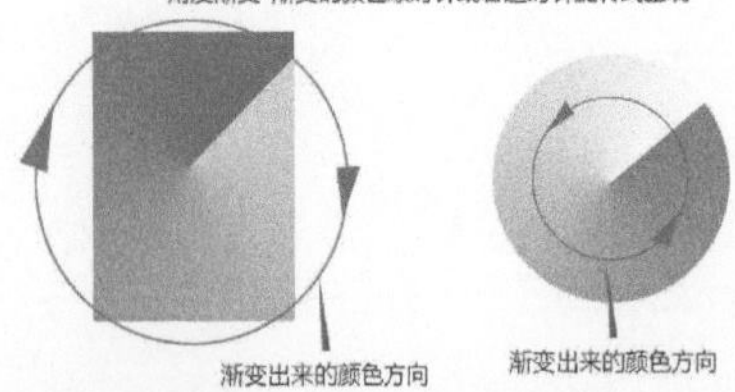

❖ 对称渐变。

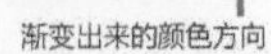

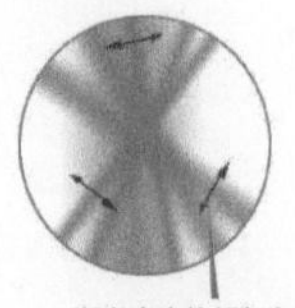

（1）模式：用来设置渐变色与下面图像的混合模式。

（2）反向：渐变颜色顺序颠倒。

（3）透明区域：支持透明渐变色（在数字手绘中多用来进行光影、材质的塑造）。

❖ 菱形渐变。

菱形渐变-渐变的颜色呈菱形

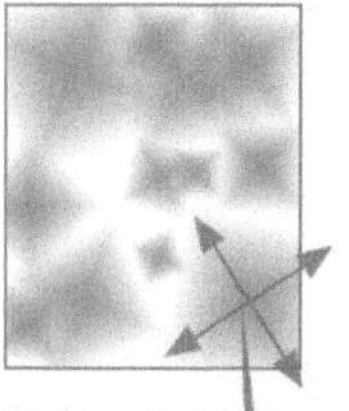

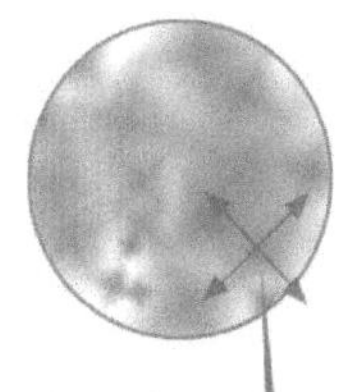

渐变出来的颜色方向　　渐变出来的颜色方向

（二）油漆桶工具（G）（实际上就是填充工具）

（1）填桶：填充颜色或图案（容差值越大，填充范围越大）。

（2）编辑 / 填充。

高斯模糊命令路径：滤镜 / 模糊 / 高斯模糊。

新建组：图层 / 新建 / 组。

与前一图层编组：Ctrl+G。

取消图层编组：Ctrl+Shift+G。

相关快捷键：

❖ Ctrl+R：标尺。

❖ Ctrl+0（数字 0，不是字母 O）：满画布显示。

❖ Ctrl+J：原地复制新图层。

❖ Ctrl+H：隐藏或显示参考线。

❖ Ctrl+ 新建按钮：可在当前图层下方建立新图层。

❖ Ctrl+[：将当前图层下移一层。

❖ Ctrl+]：将当前图层上移一层。

❖ Shift+Tab：隐藏或显示浮动面板。

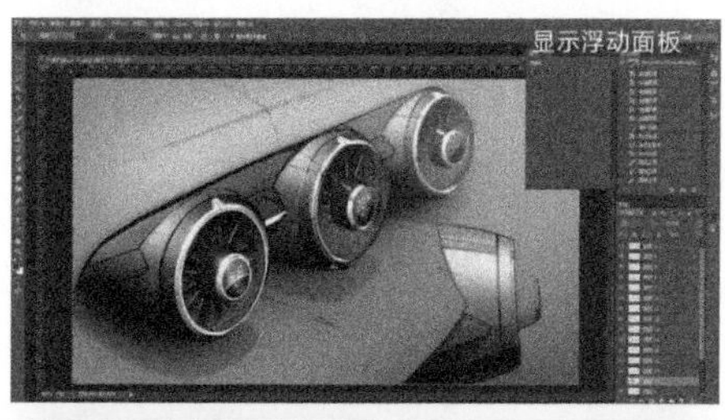

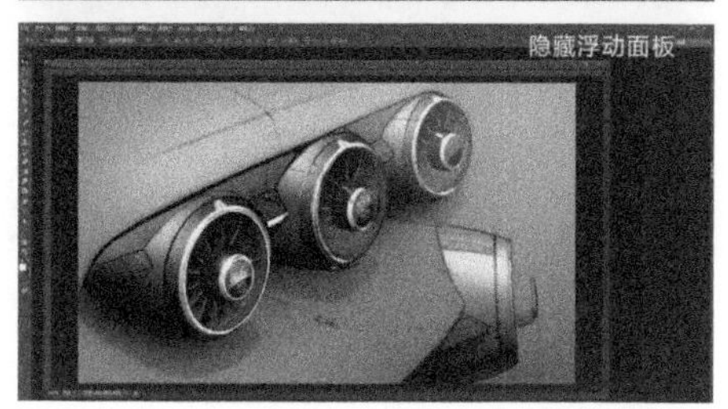

❖ Tab：隐藏或显示工具栏、浮动面板。

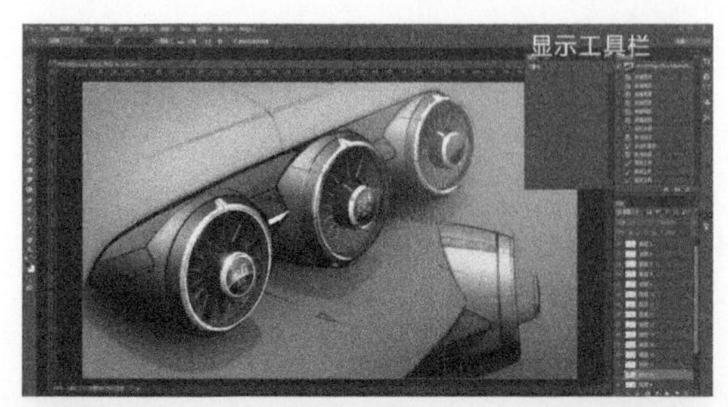

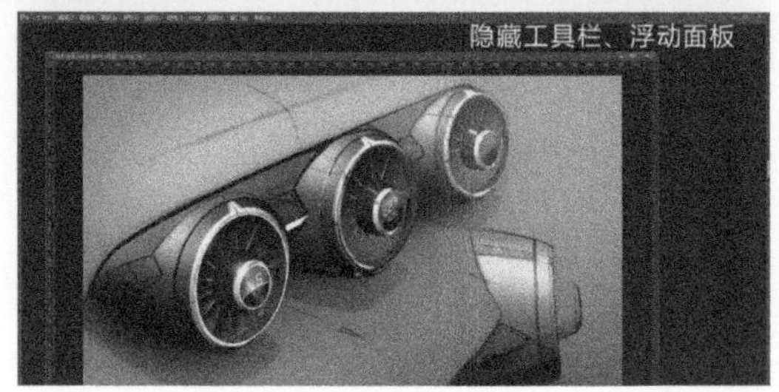

七、画笔工具

（一）画笔工具（B）（数字手绘中的笔基本指的是画笔工具）

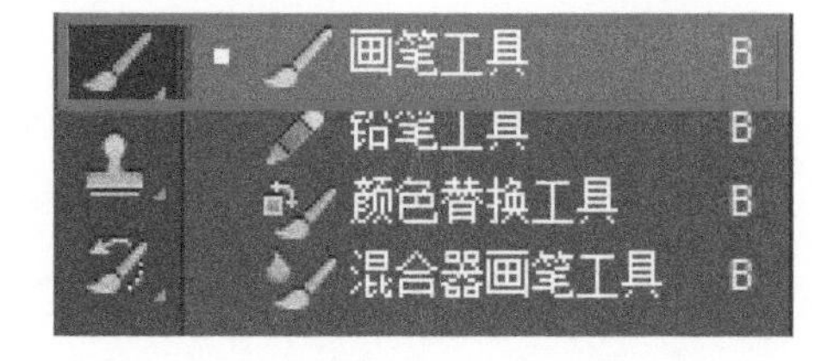

数字手绘时可调整的画笔属性包括：

①画笔形状（不局限于类似彩铅、马克笔笔头的形状，还有许多其他形状，视具体工业产品的设计、效果而定）。

②画笔直径（画笔的笔头粗细，依照绘制面积而定，绘制面积越大，画笔直径选择的越大；反之，绘制面积越小，画笔直径选择的越小）。

③画笔笔头边缘软硬度（有点像 COPIC 马克笔的硬笔头和软笔头）。

④画笔的宽窄度和角度（可以调整从哪个方向下笔到图像上）。

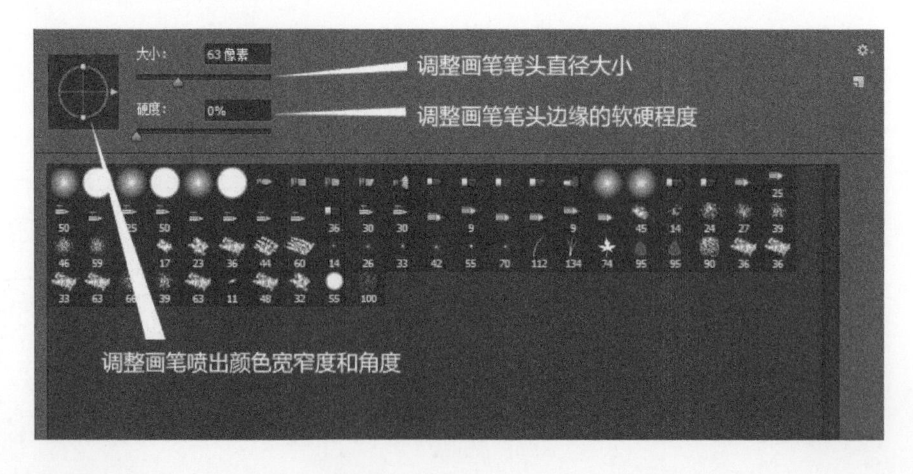

（1）属性栏中的“画笔”设置：可设置数字手绘笔触形状、直径大小和硬度。

（2）喷枪：选择喷枪后，设置“流量”百分比。

画笔在某一区域停留时间越长，绘制颜色越浓。

（3）画笔调板：F5。

画笔笔尖形状：设置笔尖形状、大小、角度、硬度、间距等。

①形状动态：设置笔触不同大小、角度、圆度的随机性变化。

②散布：设置笔触四处飞散的自然效果。

③颜色动态：设置笔触颜色由前景色到背景色的变化，或随机产生颜色变化。

（二）调整画笔的相关操作

（1）改变笔触直径大小：[键和] 键，或者在数字手绘效果图上单击鼠标右键，设置笔触大小。

（2）改变笔触硬度：Shift+[和 Shift+] 。

（3）自定义画笔：选取要定义的图案，执行编辑 / 定义画笔预设命令，保存与载入画笔，当下一次用画笔时画出的每一笔都是这个自定义的图案。

八、减淡、加深、海绵工具（O）

在数字手绘中使用频率较高的是减淡、加深工具，通常用来塑造产品的受光、背光的层次变化，而海绵工具用来降低饱和度，快捷键为 Ctrl+U。

（1）减淡工具：把颜色减淡（增加亮度）。

（2）加深工具：把颜色加深（降低亮度）。

（3）海绵工具：降低饱和度（图片变灰色）。

九、橡皮擦、铅笔工具

（一）画笔模式

橡皮擦工具的画笔模式有多种选择，在数字手绘中用得比较少。

混合画笔
基本画笔
书法画笔
DP 画笔
带阴影的画笔
干介质画笔
人造材质画笔
M 画笔
自然画笔 2
自然画笔
大小可调的圆形画笔
特殊效果画笔
方头画笔
粗画笔
湿介质画笔

（二）铅笔工具

铅笔工具画出的曲线生硬，有锯齿，通常在数字手绘中用得比较少。

自动抹除：在前景色上涂抹，则该区域被抹成背景色。

（三）橡皮擦工具（E）

（1）橡皮擦工具：根据背景色擦除。

（2）背景橡皮擦工具：按住 Alt 键单击颜色，可将吸取的颜色擦除掉（也可利用此工具抠图）。

（3）魔术橡皮擦工具：可将颜色相似的一部分内容一次性擦除掉（不过有时候会擦得不干净）。

十、模糊、锐化、涂抹工具

当扫描的图片不清楚时，可用锐化工具进行调整。

十一、图章、历史记录画笔工具

（一）图章工具（S）

（1）仿制图章工具：按 Alt 键吸取源点，在新位置（空白区域）绘制所选图像，有复制作用，数字手绘中通常用来修补破损残缺的颜色、图像或者用来抹去杂点、斑点等。

注：若在两个图像间使用仿制图章工具，则两个图像的模式必须是相同的。

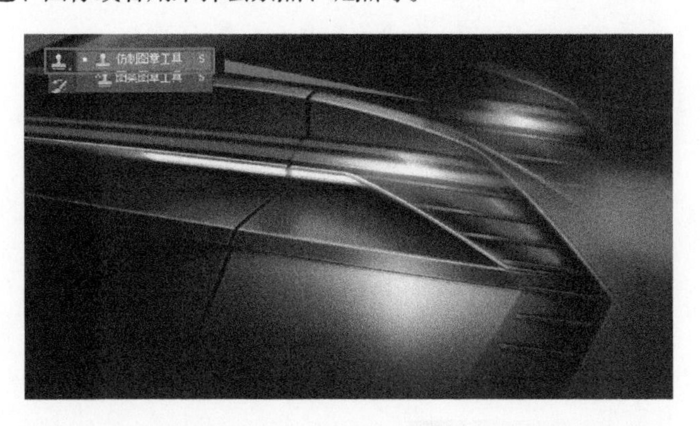

（2）图案图章工具：向图像中添加图案，可通过调整透明度、流量、模式改变填充效果。

定义图案：用矩形选框工具选取要定义的图案，执行编辑 / 定义图案命令。

（二）历史记录画笔工具（Y）

历史记录画笔工具用来对图像的修改进行恢复。

F12：可将未保存的图像恢复到原始状态。

十二、文字工具

（一）文字工具（T）

在数字手绘中，工业产品的Logo、文字标注、排版说明、版面内容等，通常需要通过文字工具来完成。

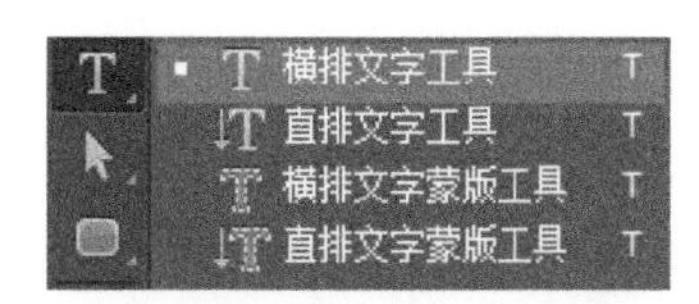

注： 若要对文字进行滤镜、模糊等修改，则必须对文字进行栅格化。

栅格化：

（1）在图层上单击鼠标右键 / 栅格化文字。

（2）图层 / 栅格化 / 文字。

（二）快捷方式

（1）双击文字图层缩览图：重新修改文字属性。

（2）选中文字，按 Ctrl+Alt+ 左右方向键：可以较大间隔设置文字间距。

（3）选中文字，按 Alt+ 左右方向键：可以较小间隔设置文字间距。

（4）Ctrl+ 回车键：确定文字。

文字特效：通过滤镜可以改变文字效果。

- ❖ 滤镜 / 扭曲 / 切变（需将图像直立）。
- ❖ 滤镜 / 风格化 / 风。
- ❖ 滤镜 / 扭曲 / 波纹。
- ❖ 滤镜 / 扭曲 / 水波。

十三、钢笔工具（P）（数字手绘中常用来绘制精密效果）

适合用钢笔工具绘制的效果图：

钢笔路径：由定位点和连接线（贝兹曲线）构成的一段闭合或开放的曲线段（通常数字手绘中的钢笔路径要闭合，开放会导致很多问题）。

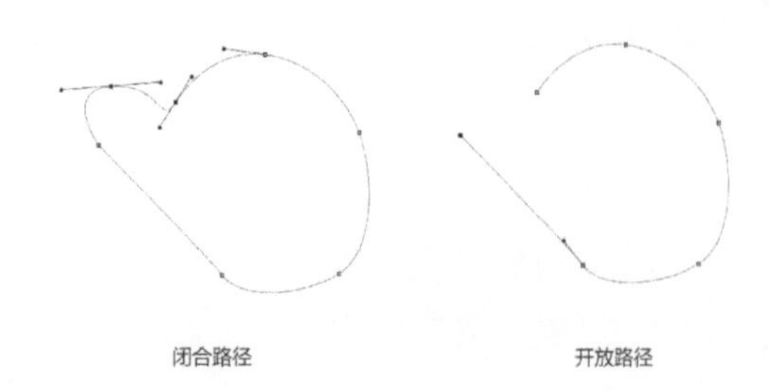

（1）钢笔工具：单击定位连接线和锚点。

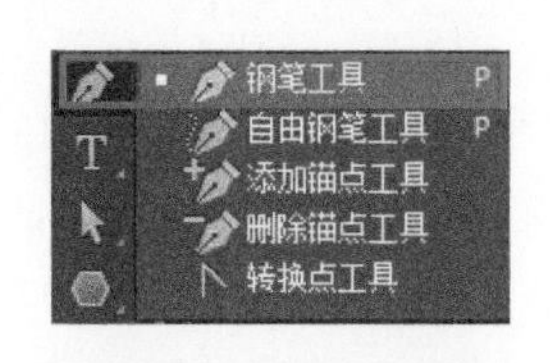

（2）转换点工具：将尖角点转换为平滑曲线。

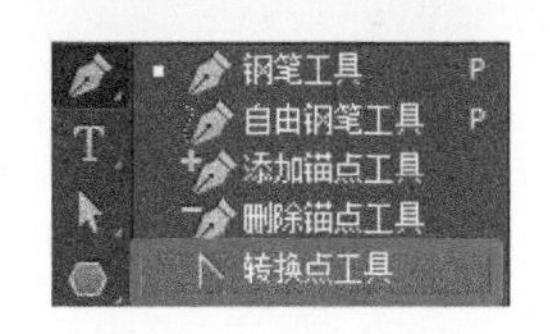

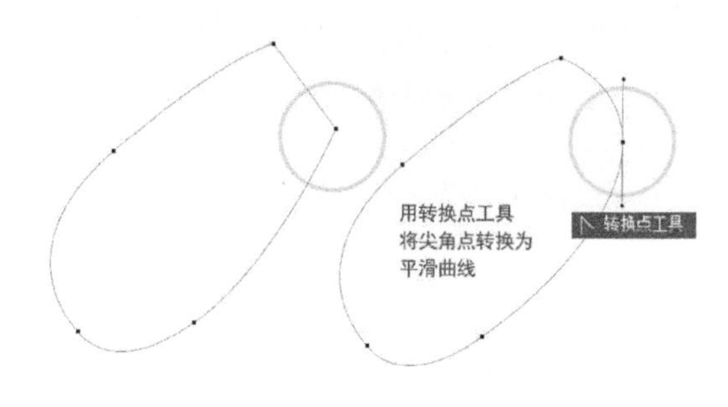

快捷键：

- 结合 Ctrl 键可移动锚点。
- Ctrl+ 回车键：可将路径转换为选区。
- 在路径上单击鼠标右键：打开设置菜单。

注： 数字手绘如有需要，在钢笔工具状态下，可使用 Ctrl+T 命令对路径进行变形。

十四、路径选择工具（A）

（1）黑色箭头工具：选择整条路径。

（2）白色箭头工具：选择单个点或多个点。

（3）按 Ctrl 键，可在黑色箭头工具与白色箭头工具之间进行切换。

（4）按住 Alt 键可以直接复制路径。

十五、自定形状工具

自定形状工具通常在数字手绘中用于表现产品纹理特征、排版、背景纹样、特殊造型轮廓的绘制等，Photoshop 软件中的自定形状工具默认自带的常用形状就有几百种，这些放到图像中都是以路径的方式生成的。

（1）自定形状工具：在属性栏中可选择自定义图案样式。

（2）多边形工具：拖曳时可改变方向，在属性栏中可设置多边形的边数，边数最少为 3，也就是三角形。

（3）直线工具：在属性栏中可设置直线粗细。

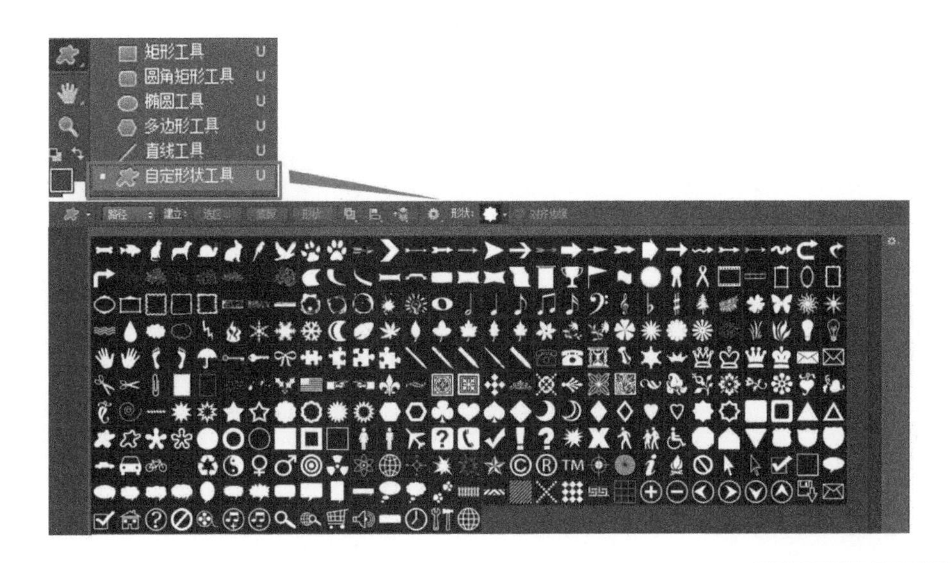

注：结合 Shift 键，拉出的形状路径呈 90°改变方向。

（一）属性

填充像素：直接将前景色填充至形状中，不保留路径。

定义自定形状：绘制路径，编辑 / 定义自定形状。

（二）样式

当属性为“形状图层”时，在属性栏中可设置效果样式。

十六、图层样式

图层样式是运用 Photoshop 软件工具在数字手绘中绘制效果图的重要手段之一，可以运用在除“背景层”以外的任意图层中。

（一）图层样式的设置方法

（1）图层 / 图层样式。

（2）单击图层面板上方的“样式”选项卡。

（3）在图层缩览图上双击。

混合选项说明如下。

（1）不透明度：影响整个图层的变化。

（2）填充不透明度：影响图层本身，但不影响图层样式。

数字手绘常用图层样式：

（1）投影。

（2）内阴影。

（3）外发光。

（4）内发光。

（5）斜面和浮雕。

（6）渐变叠加。

（二）快捷方式

（1）复制图层样式：在样式图层上单击鼠标右键 / 拷贝图层样式，选择图层 / 单击鼠标右键 / 粘贴图层样式。

（2）拼合样式图层：将样式图层与下方空图层拼合，然后与其他图像图层拼合。

（3）锁定透明像素：

①在图层面板中单击锁定透明像素按钮。

②编辑 / 填充 / 保留透明区域。

十七、辅助工具

（一）裁剪工具（C）（在数字手绘中通常用在构图、版面比例制作等方面）

裁剪工具可将图像多余部分剪掉，也可按精确尺寸和分辨率进行裁剪。

属性：设置裁剪后图像的宽度、高度和分辨率。

裁剪过程保留的图像和即将裁剪掉的图像是有透视关系的：可查看裁剪后的图像与原图像中心点的位置关系。

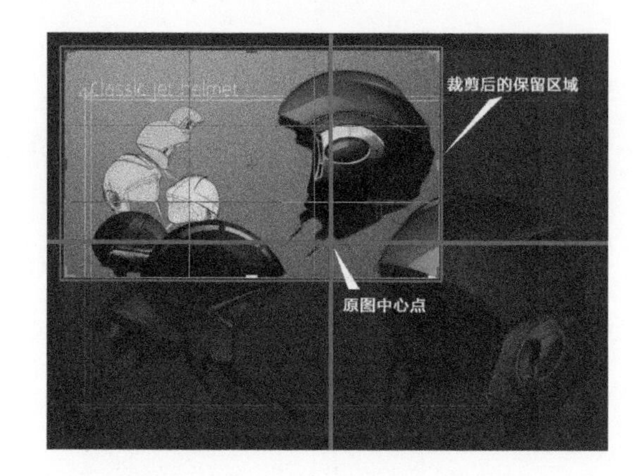

（二）其他辅助工具

除裁剪工具外，辅助工具还包括注释工具、吸管工具、抓手工具、缩放工具等。

十八、文件菜单

下面主要讲一下文件菜单中的存储格式，即数字手绘效果图绘制完成以后以什么样的格式存储。

图像有很多种存储格式，对于绘图后对图像进行保存来讲，图像的存储格式有以下几种，每种都有各自的功能。数字手绘效果图绘制完成后通常会存储为 PSD 和 JPG（JPEG）两种格式。接下来罗剑老师就来系统讲解一下这些存储格式的分类及其各自的特点。

（1）PSD 格式：Photoshop 自身文件格式，支持多图层，占用空间大，但是可以自由编辑，每个图层都可以单独拿出来进行编辑，然后放回去。

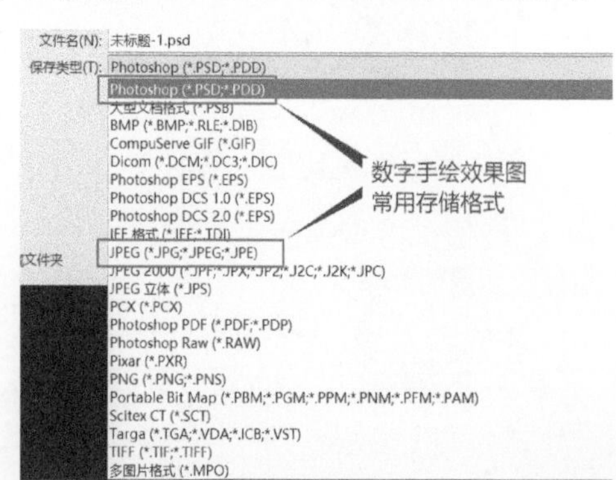

Photoshop 软件可以将文件存储为 RGB 和 CMYK 模式。

（2）BMP 格式：是 MS-Windows 标准点阵式图形文件格式。

（3）JPG （JPEG）格式：是一种压缩格式，占用空间小，但反复以 JPG 格式保存会使图像品质越来越差，而且 JPG 格式保存的是最终的图像效果，不能像 PSD 格式一样编辑图层。

（4）GIF 格式：是网页上应用非常广的图像文件格式之一，占用空间小。

GIF 格式可以保留索引颜色中的透明度，但不支持 Alpha 通道。

（5）TIFF 格式：便于应用软件间进行图像数据的交换。

（6）EPS 格式：用于印刷行业。

置入：可将其他软件中的文件置入 Photoshop 软件中打开。

自动：高效率命令，其中批处理可以对文件夹中的多个文件执行播放操作，通常给图片批量加水印时可以用到这个命令。

十九、编辑菜单及辅助工具

（一）为方便查阅效果图可以切换显示模式

快捷键：F。

可在标准屏幕模式和全屏模式间进行切换。

（二）图层混合模式（数字手绘使用图层混合模式的频率很高）

图层混合模式为两个图层之间产生的特殊效果，在数字手绘工业设计效果图时会经常用到。比如图层混合模式中的正片叠底，当你用喷笔给线稿上色时，要把喷笔颜色所在的图层设置为正片叠底，这样每种颜色喷上去是完全渗透到线稿当中的；如果喷笔颜色所在图层是正常状态，那么喷笔喷出的颜色是浮在线稿之上的。

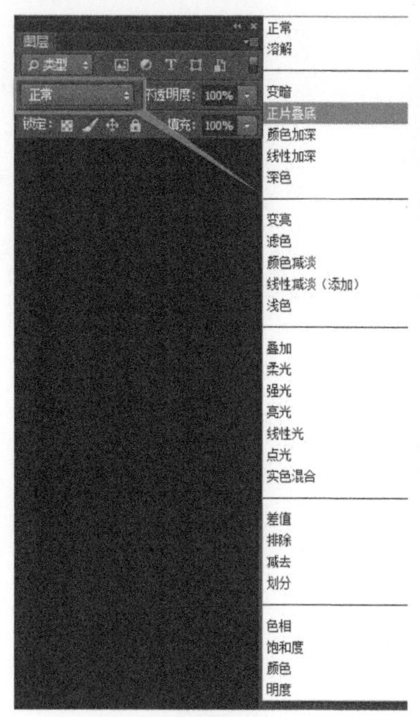

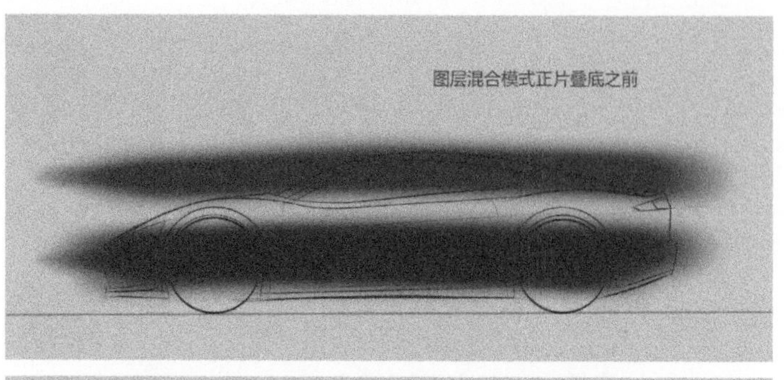

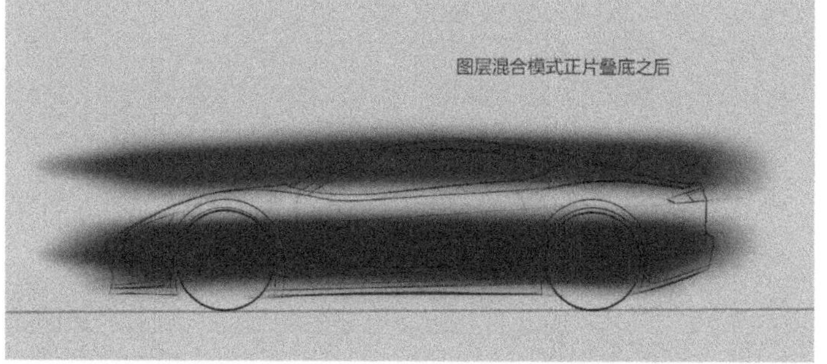

（三）编辑菜单

（1）合并拷贝：将多个单独图层的内容合在一起拷贝 。

（2）清理：可清理历史记录、剪贴板中的内容，以提高机器运行速度。

二十、图像菜单

数字手绘色彩的基本概念如下。

色相 / 饱和度：单独调整图像中一种颜色成分的色相、饱和度和亮度。

数字手绘的色相：是色彩的基本特征，指颜色的名称，如红色、紫色、绿色、蓝色等（可通过色相 / 饱和度命令调整色相）。

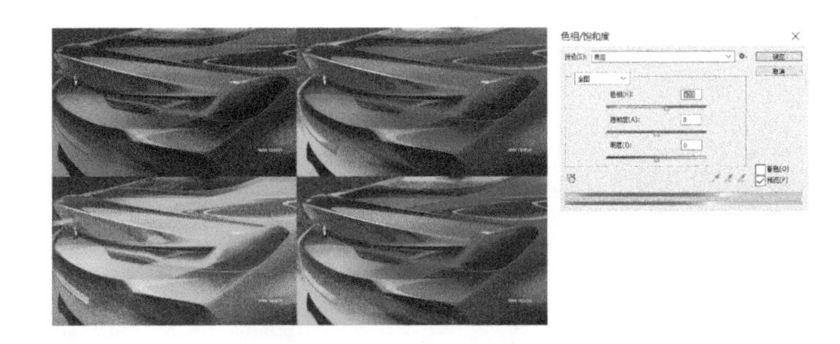

数字手绘的亮度：指色彩的明暗程度（可通过曲线命令调整色彩的明暗程度）。

曲线：综合调整亮度、对比度、色彩（是反相、色调分离、亮度 / 对比度命令的综合），通过高速曲线的节点来调整图像的整个色调范围。可调整单个通道。“输入”“输出”的值越大，图像越暗；反之则越亮。

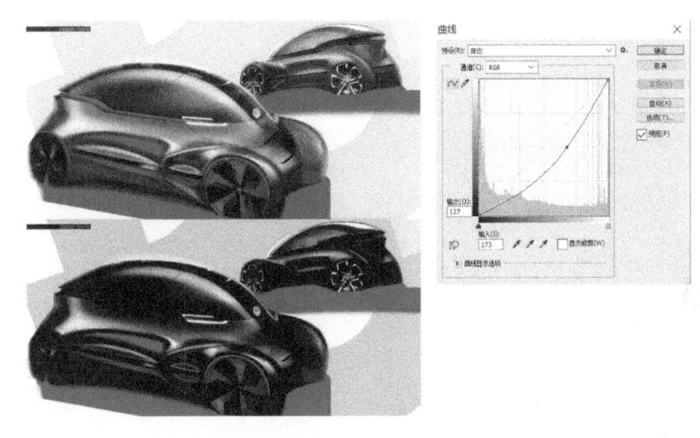

数字手绘的饱和度：又叫颜色的纯度，是指颜色的强度或纯度，它表示色相中灰色部分所占的比例（可通过色相 / 饱和度命令调整饱和度）。它使用从灰色至完全饱和的百分比来度量。

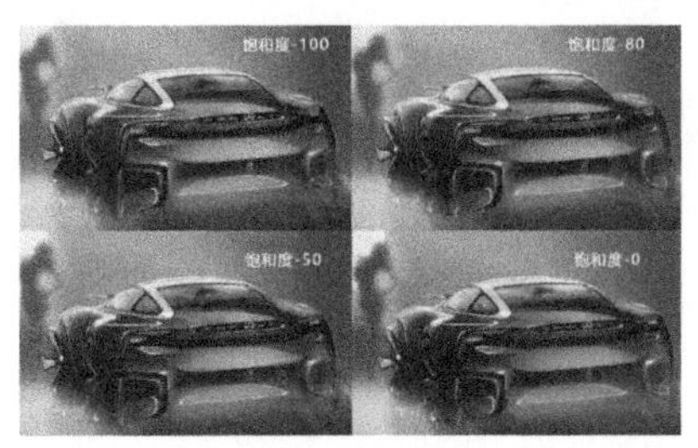

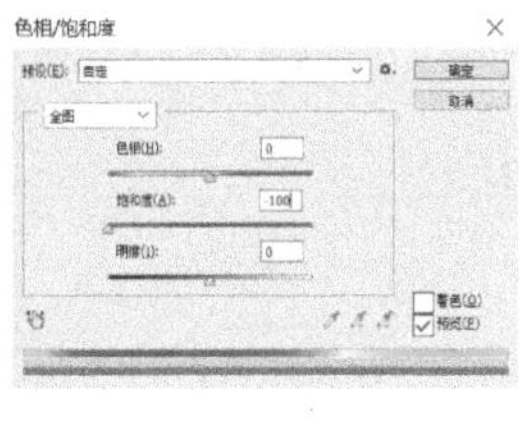

数字手绘的对比度：又称明度，是指颜色相对明暗程度（可通过亮度 / 对比度命令调整明暗对比），通常使用从黑色至白色的百分比来度量。通过亮度 / 对比度命令可以对图像的亮度和对比度进行整体调整，但不能对单个通道进行调整，因此建议不要把数值设置得过大，以免引起图像中部分细节丢失。

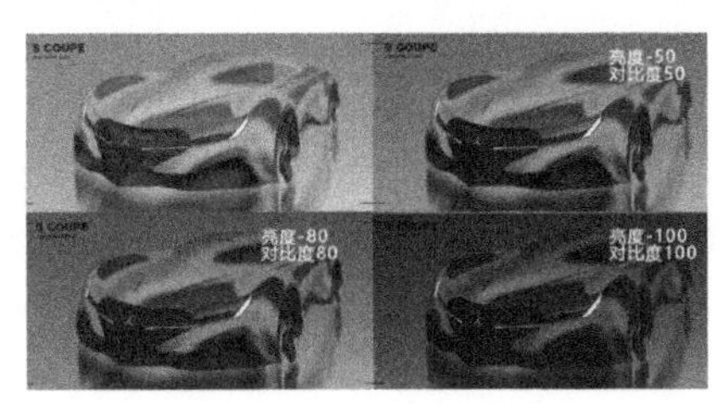

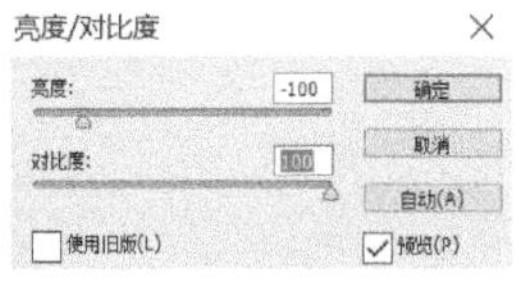

数字手绘的自动对比度：自动调整图像高光和暗部的对比度。将图像中最暗的像素转为黑色，最亮的像素转为白色，从而加大对比度。

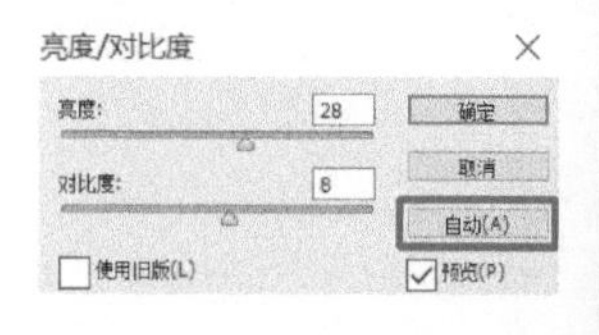

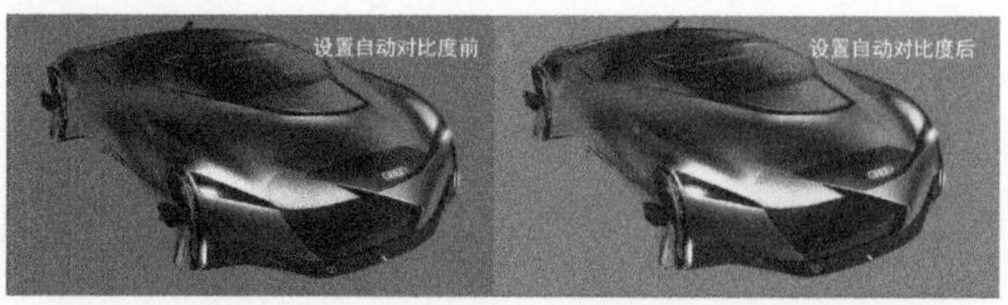

色彩的溢色：图像在打印时，由于 CMYK 的色域较窄，仅包含了使用印刷色油墨能够打印的颜色，这样当不能打印的颜色显示在屏幕上时，就称为溢色(数字手绘中这种差别很微妙，可以忽略)。

数字手绘的色阶：通过调整图像的暗调、中间调和高光等来调整图像的色调范围和色彩平衡。可以对整个图像、某一选区、单个通道 / 多个通道（按 Shift 键）进行调整。

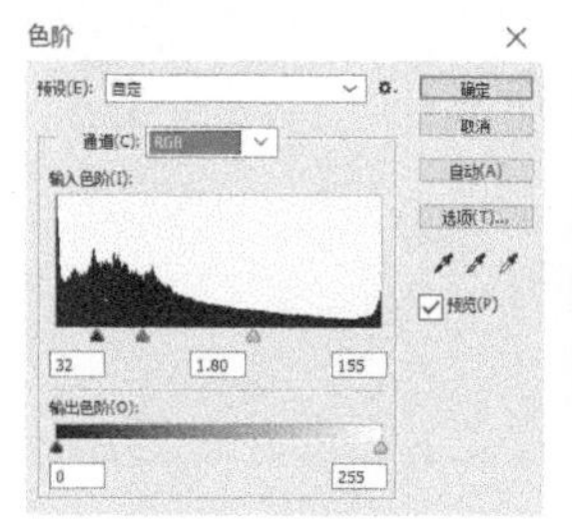

数字手绘的自动色阶：自动定义每个通道最亮和最暗的像素作为白和黑，适合调整简单的灰阶图（图中效果变化并不大，基本可以忽略）。

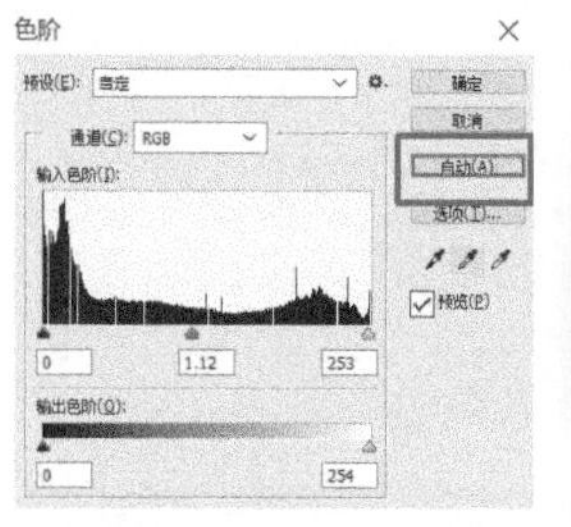

数字手绘中的色彩平衡：调整图像的暗调、中间调、高光区各色彩组成部分，达到新的色彩平衡。如果要对数字手绘效果图进行精确调整，则应使用“色阶”“曲线”等专门的色彩校正工具进行调整。说得通俗一点，色彩平衡调整的是一种感觉，需要画面某一部分偏向哪种颜色就把箭头往哪种颜色移动。

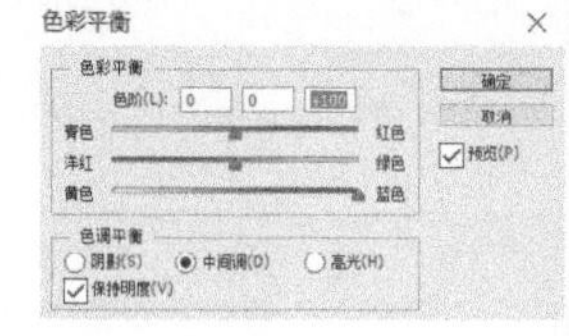

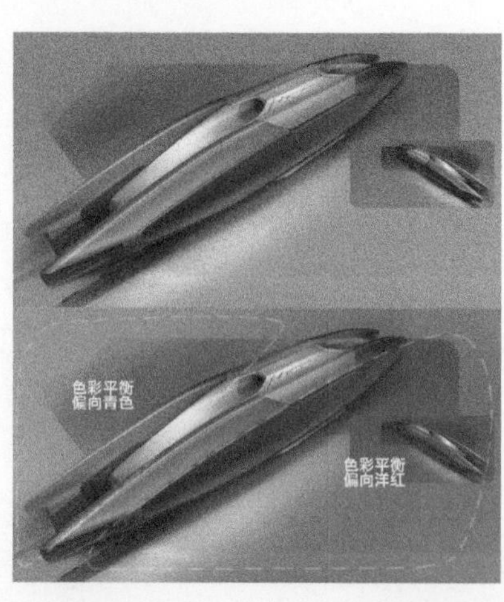

数字手绘中的去色：把数字手绘图像变成黑白色（灰度图像，RGB 模式）。

数字手绘中的反相（Ctrl+I）：图像以相反颜色显示，通常用在数字手绘的线稿阶段，对数字手绘的线稿进行反色处理。

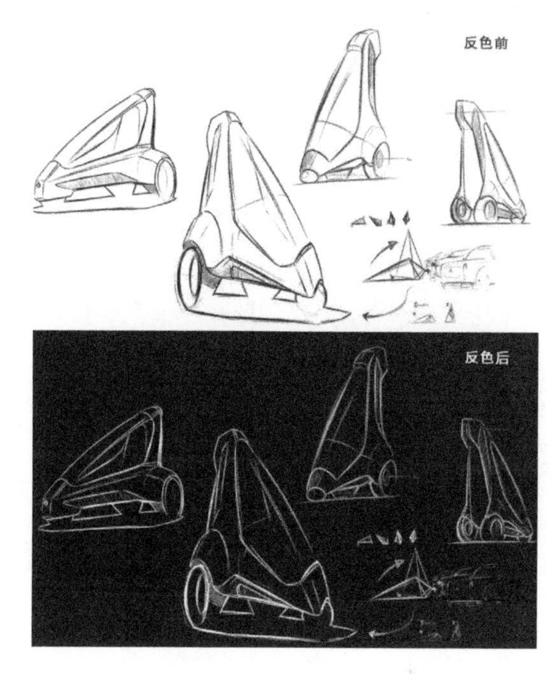

阈值：通过图像 / 调整 / 阈值命令可将灰度或彩色图像转换为高对比度的黑白图像。我们可以指定某个色阶作为阈值，所有比阈值亮的像素转换为白色，而所有比阈值暗的像素转换为黑色。

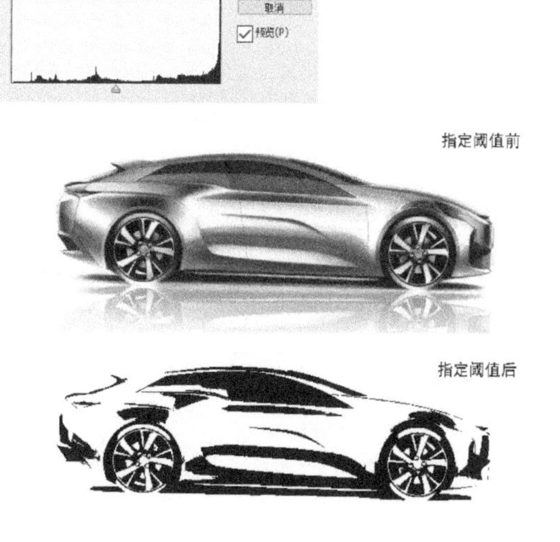

第四节：Photoshop 快捷键手势

数字手绘除需要软件工具外，也需要正确方法，一旦用到软件绘图工具，就必须要学习快捷键。我们常常称其为热键，是指通过某些特定的按键、按键顺序或按键组合来完成一个绘图命令的操作。Photoshop 绘图软件的快捷键往往由 Ctrl、Shift、Alt 3 个按键进行组合得到，使用软件快捷键可以大大提升手绘效率。

第五节：传统手绘 VS 数字手绘

一说起手绘，在大多数小伙伴的印象中，画工业设计手绘图就是拿马克笔在纸上画，通常是 A4 或 A3 打印纸。但是随着时代发展（不仅是工业设计、动漫、游戏、动画产业的发展），通过数位板和电脑软件作画的板绘变得非常流行，其不仅是近十几年迪士尼、梦工厂、皮克斯等专业动画公司做人物场景设定时最通用的绘画方式，也逐渐成为全球设计师，如欧洲汽车设计师、工业产品设计师的常用绘图工具，更是美术和设计爱好者日常学习和创作的首选方式之一。

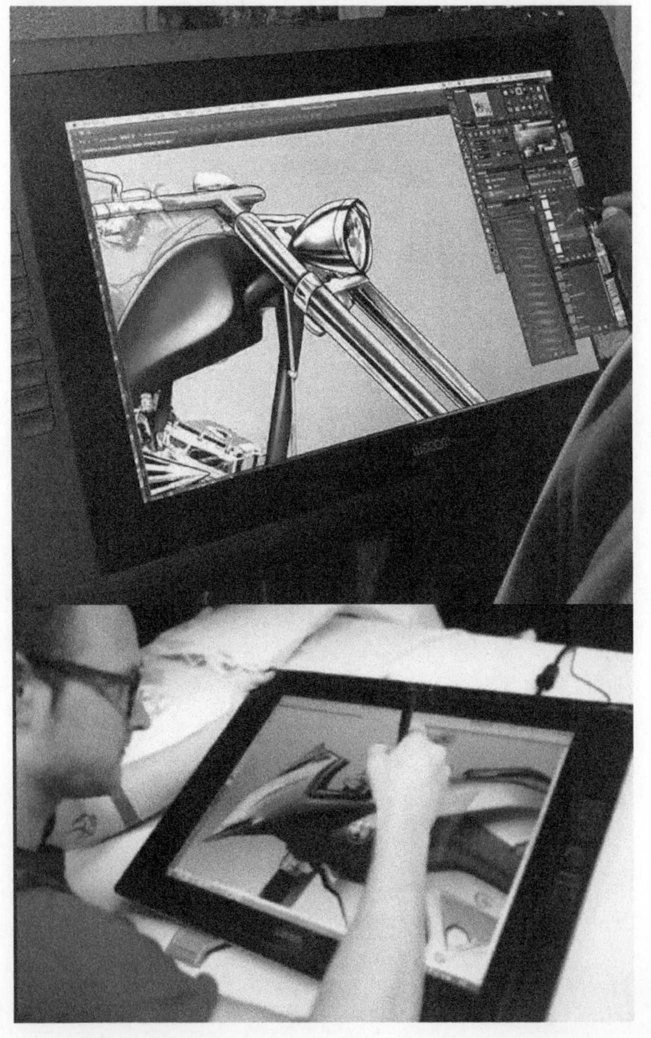

曾经问过很多工业设计小伙伴，大家都会纠结，到底是传统马克笔手绘好还是手绘 +PS 板绘好？传统马克笔手绘和板绘（数字手绘）有什么不同？今天罗剑老师带着大家一起分析分析。

传统马克笔手绘和数字手绘分别是什么，怎么区分？各自有什么优缺点？ 手拿马克笔、彩铅、圆珠笔等工具手绘想必大家都是熟悉的，也是大多数小伙伴普遍印象中的手绘，工具一般是纸和笔；而数字手绘通俗地说，就是用数位板通过绘画软件（Photoshop 等）在电脑上画草图、效果图等。

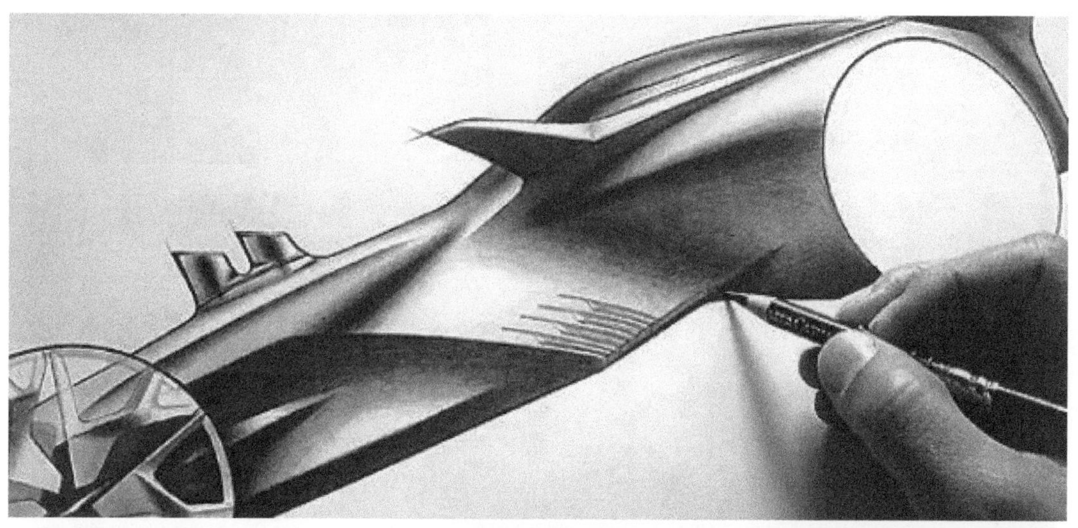

一、传统马克笔手绘和数字手绘的区别

传统马克笔手绘和数字手绘最大的区别就在于绘画工具，前者使用画纸和画笔，而后者则使用数位板及 Photoshop、Alias SketchBook、SAI 等电脑软件。这个公式就是，彩铅 + 马克笔 = 手绘板 / 手绘屏 + 软件。

传统马克笔手绘工具

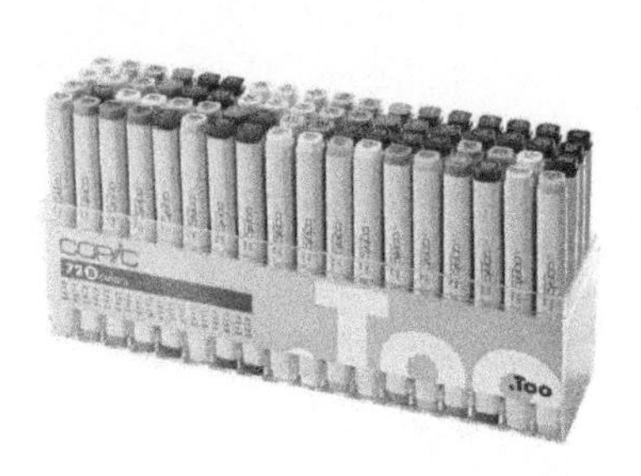

数字手绘工具

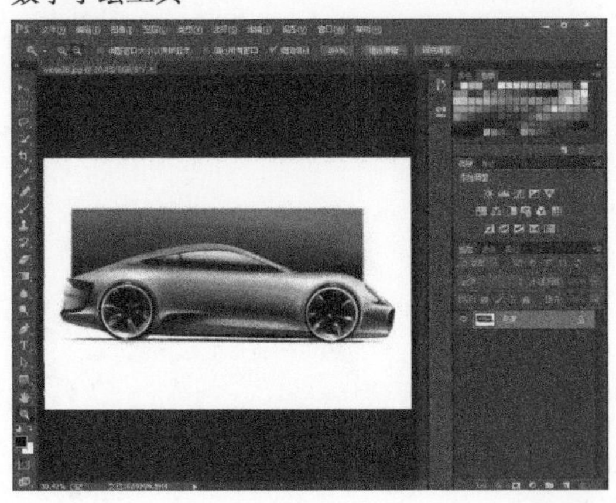

二、传统马克笔手绘的便携性

传统马克笔手绘最大的优点当然是方便，可以随时随地作画，工具和载体多种多样，只要想画，就可以立即把想法付诸实践。许多有趣又优秀的设计绘画作品就是在日常生活中产生的，不需要有非常专业的画具配置就能画到位。比如现在非常受欢迎的手账，还有许多学工业设计的同学爱随身携带的速写本，称为 SketchBook，都是日常练习和记录灵感的神器（要知道，设计灵感可是瞬间迸发的）。

三、数字手绘的便于修改性

数字手绘作为科技进步的产物，其非常明显的优点之一就是方便编辑、调整和修改，这一点是传统马克笔手绘做不到的。工业设计传统手绘作品在用圆珠笔、水笔、马克笔画好后，不能多次调整，或者说根本无法调整，尤其是当上了一部分颜色后，想要修改颜色、线框几乎是不可能的。而数字手绘则有选区、撤销、删除图层等多种功能，修改起来非常方便，还不必担心调整后留下痕迹，从而影响整体画面效果。这一点简直是众多工业设计小伙伴们的福音！

数字手绘所使用的手绘板交互很像鼠标，即在手眼分离的情况下，我们仍然可以准确地移动鼠标光标到图标上。在低速操作的时候，手眼分不分离没太大影响。会用鼠标的人就会用手绘板。

编辑、调整和修改说得具体一点， 例如在板绘练习时，如果需要标注或修改，则可以直接在你所画作品上标注和修改，通过复制或新建图层，既可以直观地演示，又不会影响原图。在平时工作的时候，在甲方多次要求修改画稿的情况下，通过板绘+软件丰富的修改和调整功能可以帮助工业设计师节省大量时间和精力。又如，工业设计考研同学在复试阶段，需要准备作品集，你是选择传统手绘准备还是借助 Photoshop 来编辑制作呢？我想 99.99% 的同学都会选择后者。

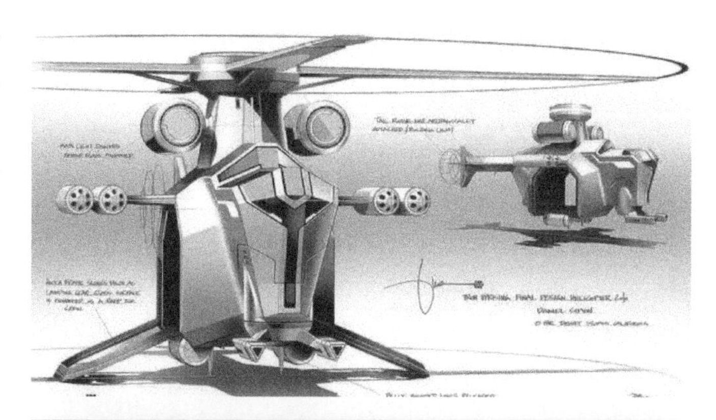

板绘的便于修改性不仅在于可以大大提高绘图效率，还在于可以制作动图，让工业设计提案更加丰富多彩，而且板绘可以画出非常干净的线条。

第六节：解决用数位板画工业设计产品线稿痛点

当你刚刚接触数字手绘，要用到数位板时，会不会感觉使用传统彩铅和马克笔画图挺好？当你使用数位板进行完整的工业产品线稿绘制时却发现无法适应，有时候得一边盯着电脑屏幕，一边拿着笔在绘板上面摩擦，总是画不出很好的线条。自己用数位板画图的感觉和在网络上看到的国外设计师用数位板画图不太一样，是不是觉得少了点什么味道？如果你经历了这些感受，那么不妨听听罗剑老师怎么讲。

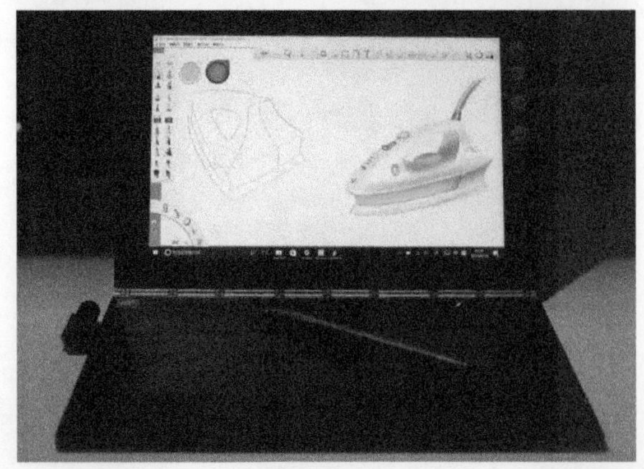

要想驾驭数位板，必须先把用数位板画线的问题解决掉。

把线稿画好是画出好的工业设计手绘图的第一步，为什么这么说呢？线稿会直接影响润色及整体效果，甚至还会影响后面的细节刻画、配色等。因此，画线稿是一个非常重要的步骤。但是，不少小伙伴用数位板画出的线自己都不满意，都是分叉的，而且线条较多。

我们先来对比一下有线状态和无线状态下的效果图的区别。

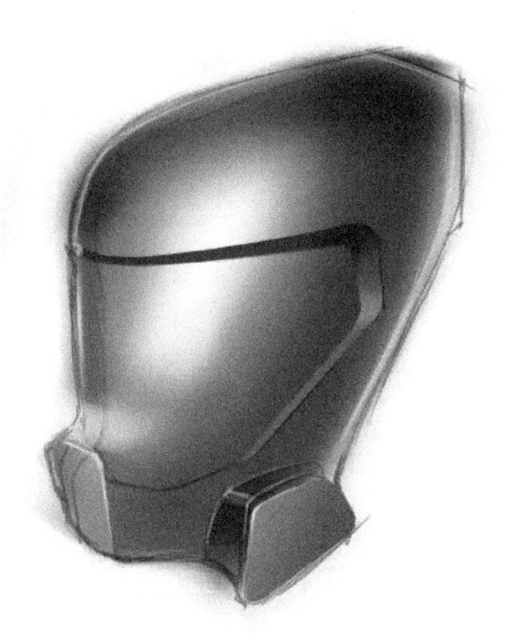

有线状态下的效果图

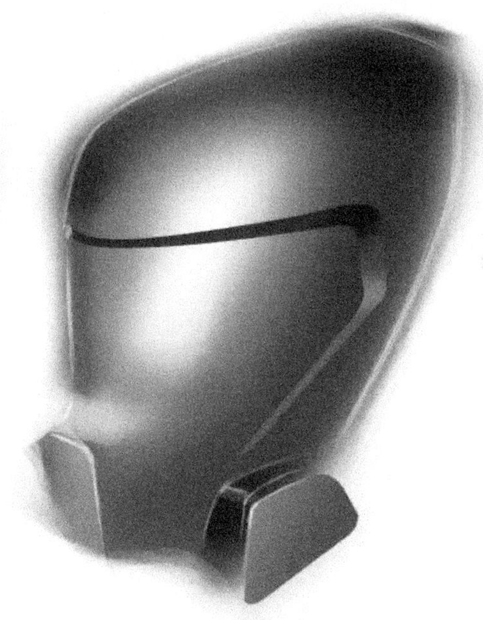

无线状态下的效果图

罗剑老师数位板造型练习▲

技巧 1
画出的线条一定要干脆、利落，一笔从头画到尾

很多小伙伴画线的时候并不自信，总是害怕画错，原本用彩铅在纸上面画就怕画错，更别说用数位板画线了。记住，在你画一根线的时候，不要在意线画得好不好，一定要一气呵成，一口气画到底。

注：这里所提到的数位板手绘是基于 Photoshop 软件进行使用的。

传统手绘用彩铅绘画，如果线条没有画好，那么可以用橡皮擦擦除，相信很多小伙伴都尝试过。在数字手绘中使用数位板画图，如果线条没有画好，则可以使用最有效的武器，也可以说是“后悔药”，即 Ctrl+Z 快捷键（撤销快捷键，按住键盘上的 Ctrl 键后按 Z 键来进行操作）。因此我们可以通过不断反复画线纠正错误的线条，最后得到理想的线条。

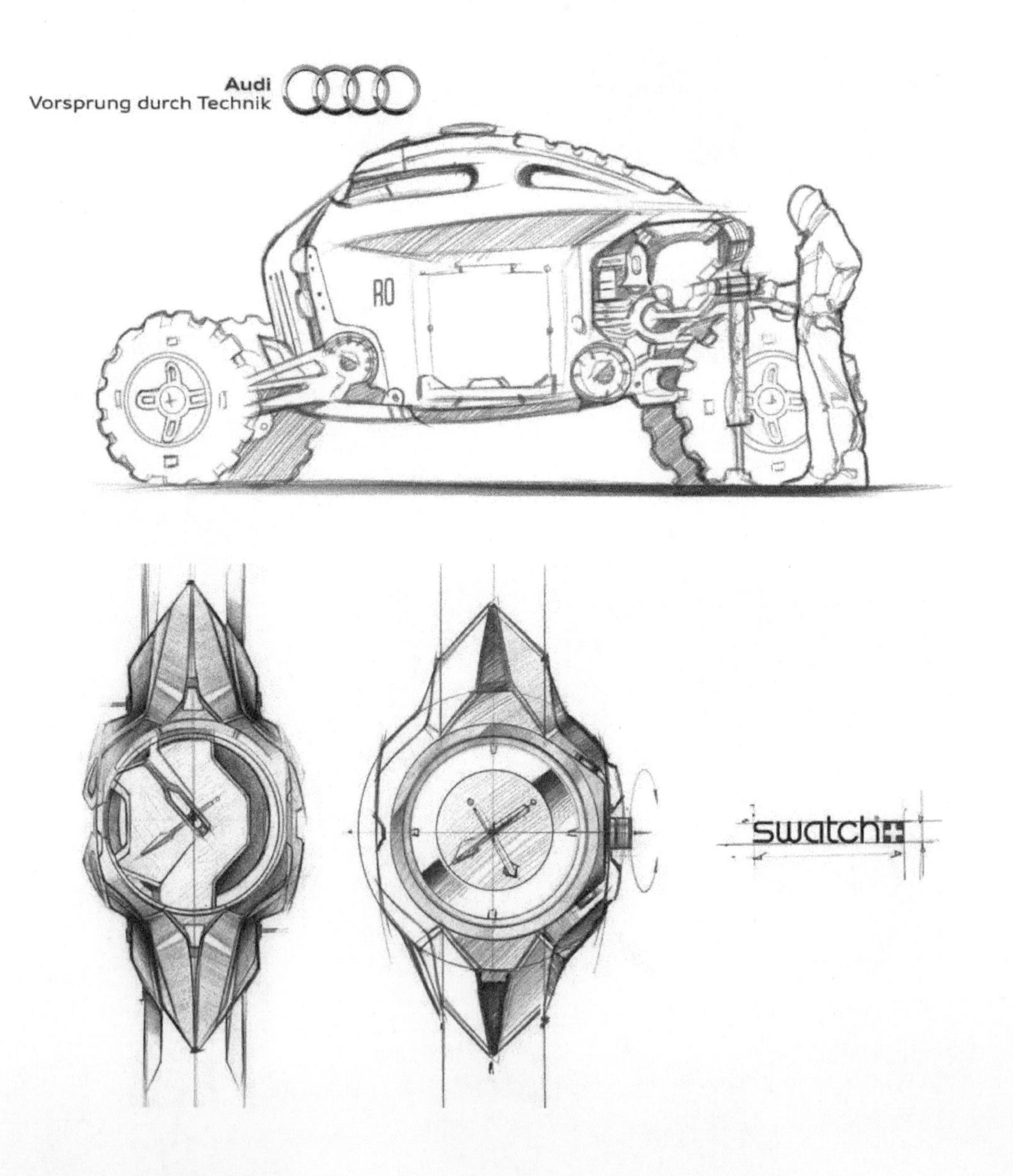

如果在 Photoshop 中使用橡皮擦擦除，则容易留下橡皮擦擦除后的残留痕迹；如果增加线条，则容易让线之间的衔接变得毛糙，越毛糙越想描，越描就越粗，从而离好看的线条越远。所以说，数字手绘中用数位板画线一笔下去，从头到尾干脆、利落是最好的。

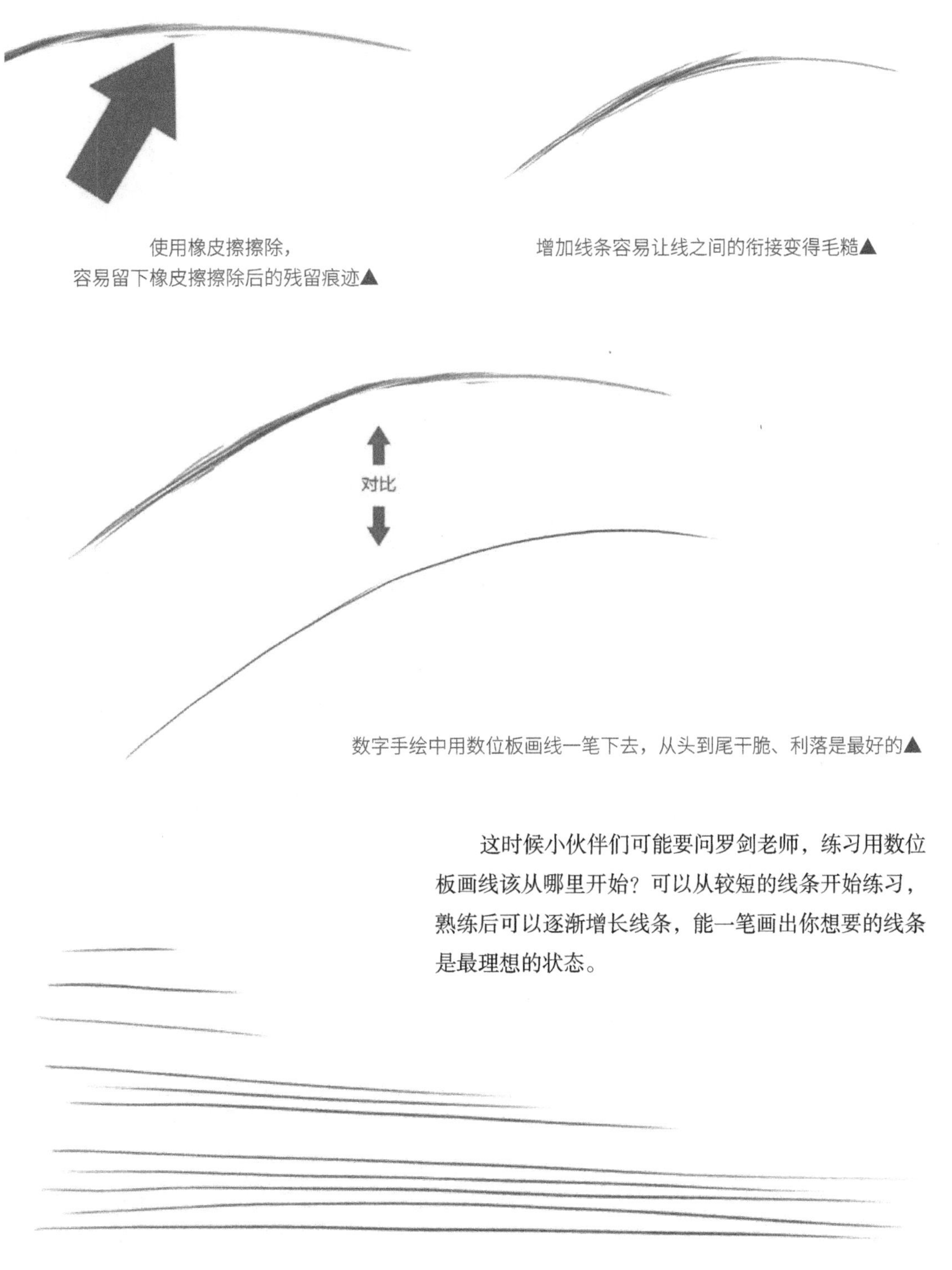

使用橡皮擦擦除，
容易留下橡皮擦擦除后的残留痕迹▲

增加线条容易让线之间的衔接变得毛糙▲

数字手绘中用数位板画线一笔下去，从头到尾干脆、利落是最好的▲

这时候小伙伴们可能要问罗剑老师，练习用数位板画线该从哪里开始？可以从较短的线条开始练习，熟练后可以逐渐增长线条，能一笔画出你想要的线条是最理想的状态。

逐渐增长线条▲

技巧 2
找到自己画线时最舒适的方向

例如，在画工业产品外部轮廓线时，到底是从上向下画还是从左向右画，可以通过尝试几个方向来找到自己画线时最舒适的方向，同时将画布旋转到该方向，可以有效提高作画的效率及画出来的工业产品线稿的质量。

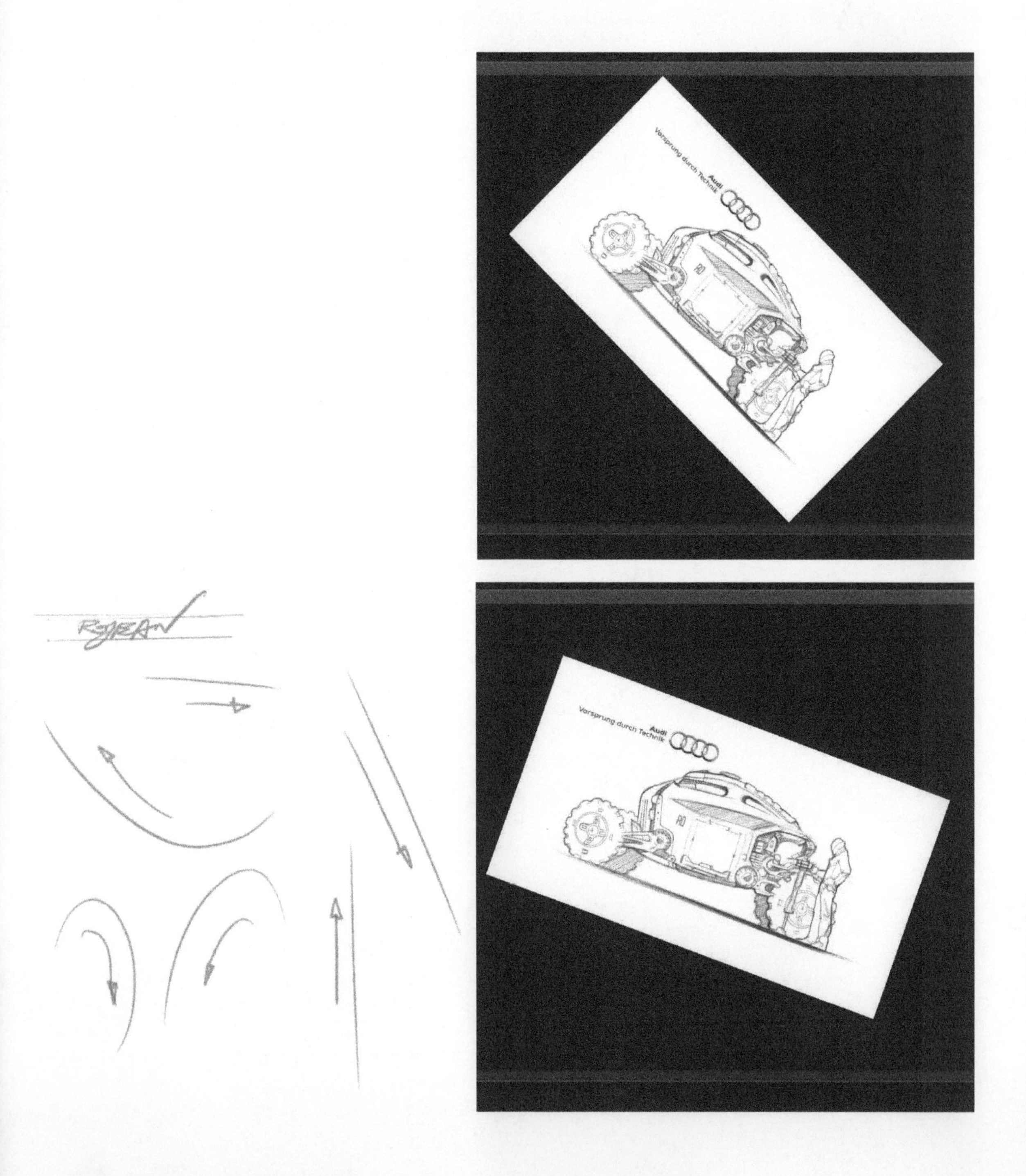

技巧 3

画复杂曲线、椭圆等形状要先画好画的线，再将线连接起来

当用数位板画复杂曲线、椭圆等形状时，不要纠结一条线画完，可以从比较好画的局部线条开始，然后将局部线条进行连接，这也是一种很有效的方法。比如画椭圆，可在椭圆的始点和终点附近，以及正中心部分画线，然后将剩下的部分通过其他局部线条进行连接。当然，如果你想要画出更加漂亮的线条或者得到你想要的线稿形状，则可以将已经画好的线条使用自由变换（Ctrl+T）进行调整。

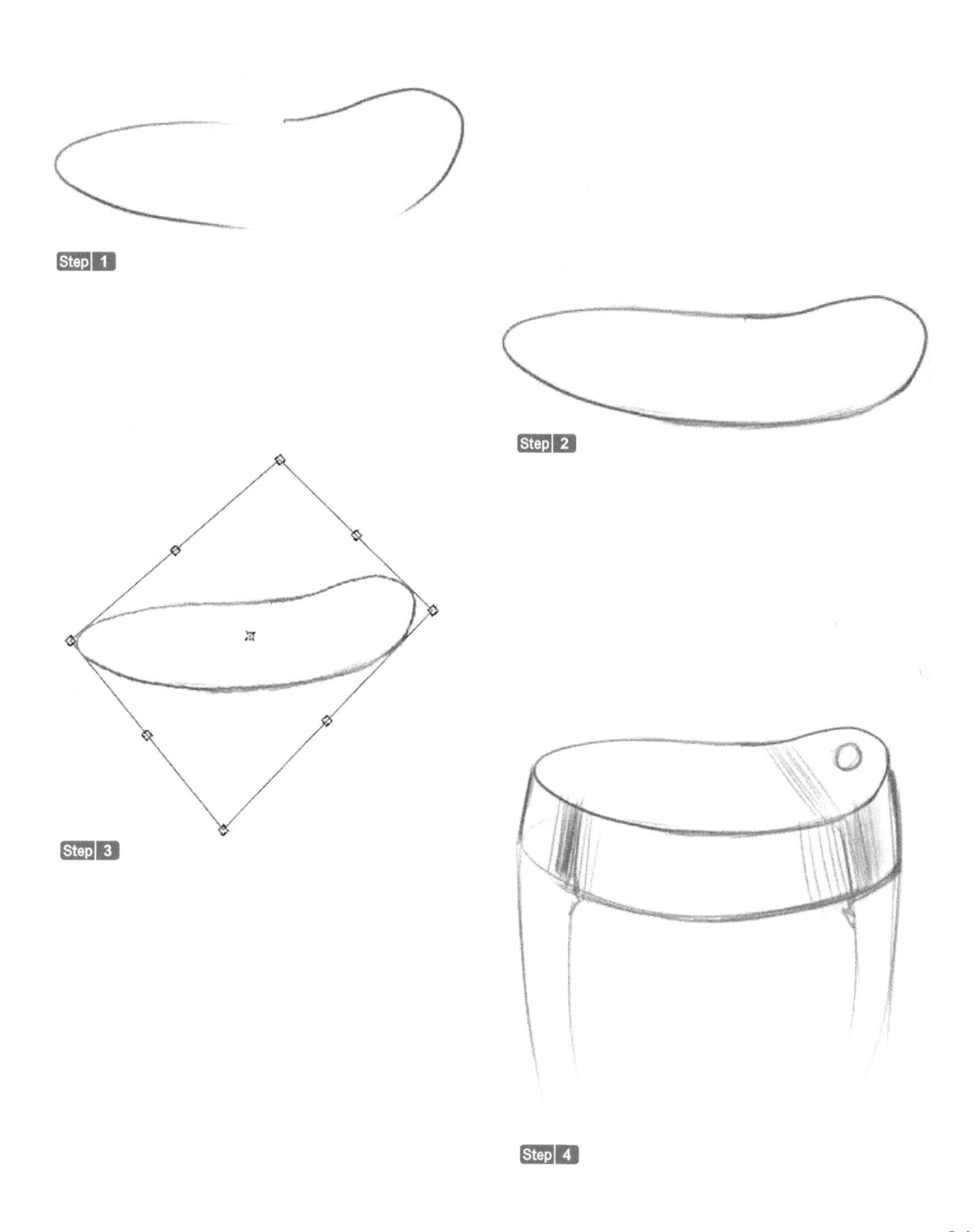

技巧 4
画密集排线时，可先画长线再删除或擦除

有小伙伴可能会问，什么是画密集排线？画工业产品手绘图什么时候会遇到密集排线？比如下面这种：

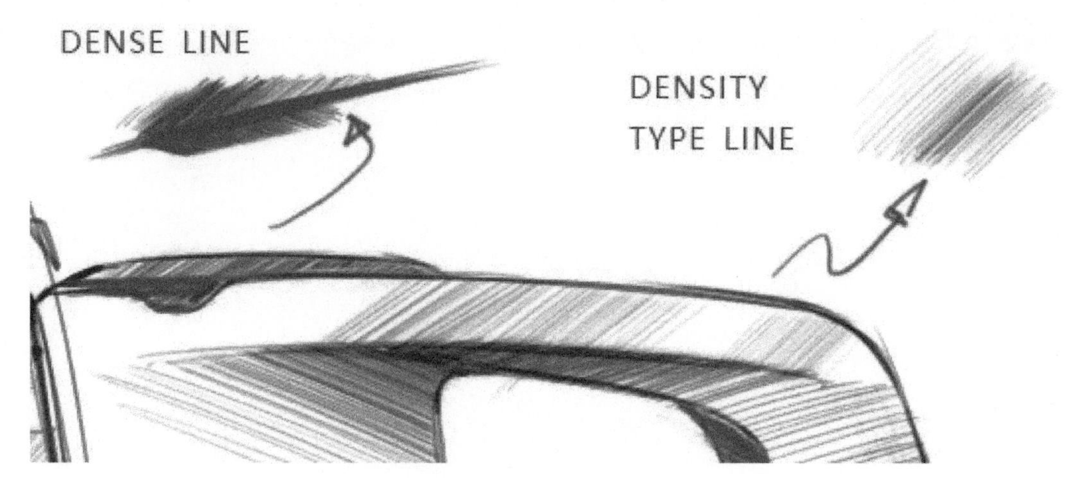

表达光影的密集排线方式

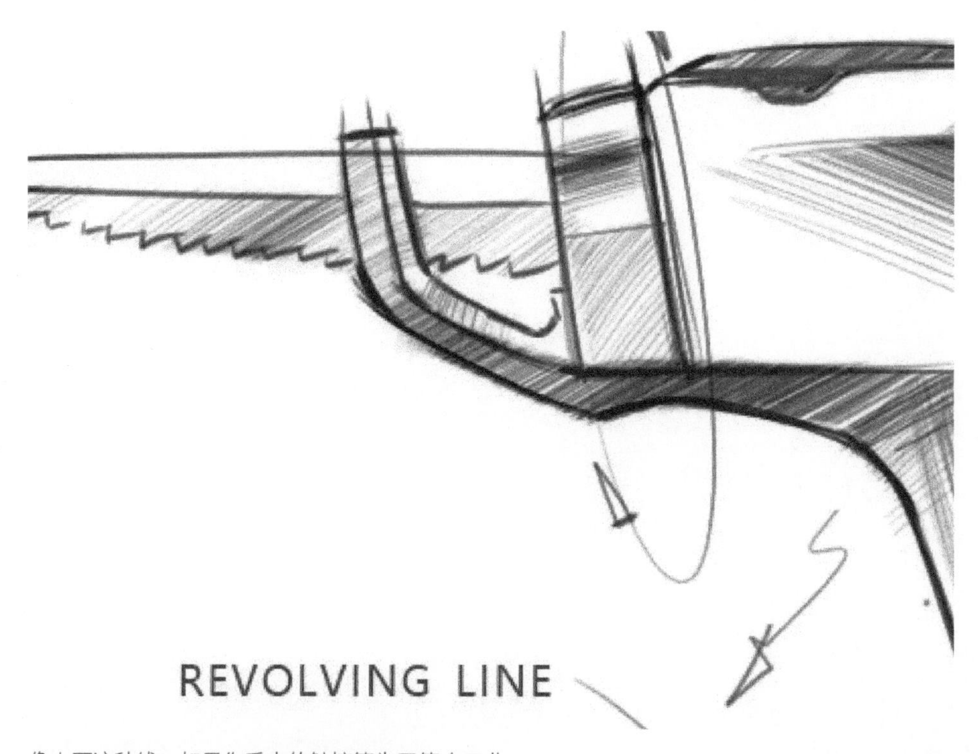

像上面这种线，如果你手中的触控笔为了符合工业产品本身的线稿和线条长度而停下，则很容易让线条产生停顿的感觉，也就是线条的顿挫感，这样就很难表现出犀利、干脆、利落的线条感了。

干脆、利落的线条可以让画出的线稿更有气势，可以让工业产品效果（线稿、润色、排版）变得更加漂亮，并且通过调整数位板内笔的压感，可以让线条的尾部变得更细，在表现工业产品的光影关系、材质、曲面时，更加具有质感、更有起伏、更有光感。通过意识到线条的气势来画线，通常会越过产品的线稿轮廓，使用橡皮擦擦掉多余的部分，就可以得到非常漂亮的线条。

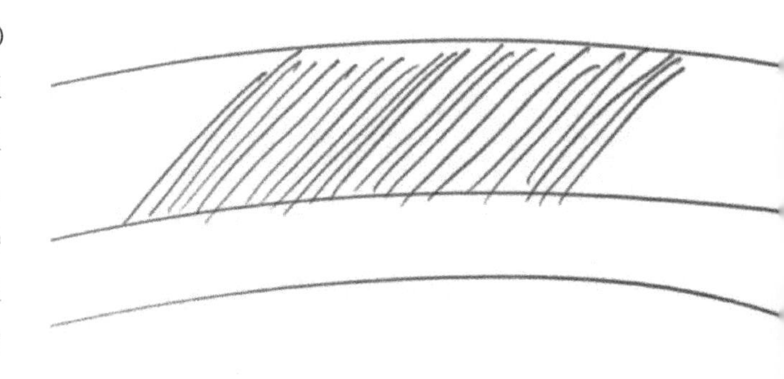

Step 1

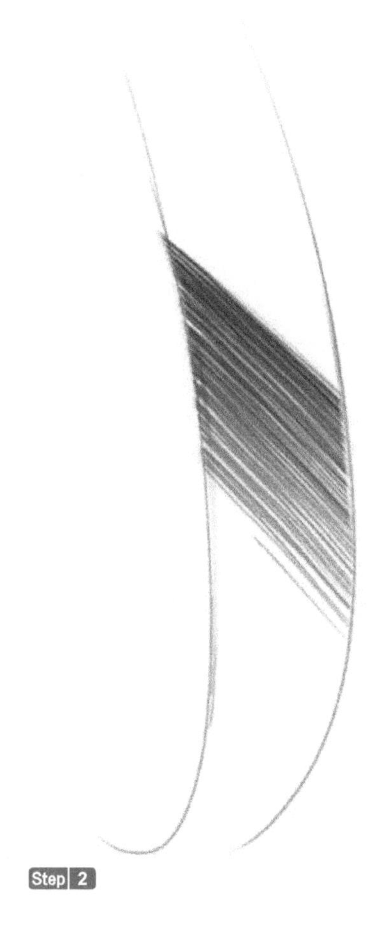

Step 2

总之，用数位板画线稿是数字手绘的基本功，是绘制工业产品效果图必须要掌握的。以上就是罗剑老师总结的用数位板画线的一些基本技巧，方便同学们学习，仅作参考。

第七节：传统手绘结合数字手绘

以下演示案例所使用软件为 Photoshop。

今天罗剑老师给大家讲讲传统手绘结合数字手绘可以达到什么样的效果？传统手绘与数字手绘效果图有什么区别？就图论图，图中的效果区别到底在哪里？

普遍现象

相信大家只要接触过传统手绘，就画过类似于下面这样的线稿。

手绘比较细致，用于设计讨论阶段的手绘图。

圆珠笔 + 马克笔手绘▼

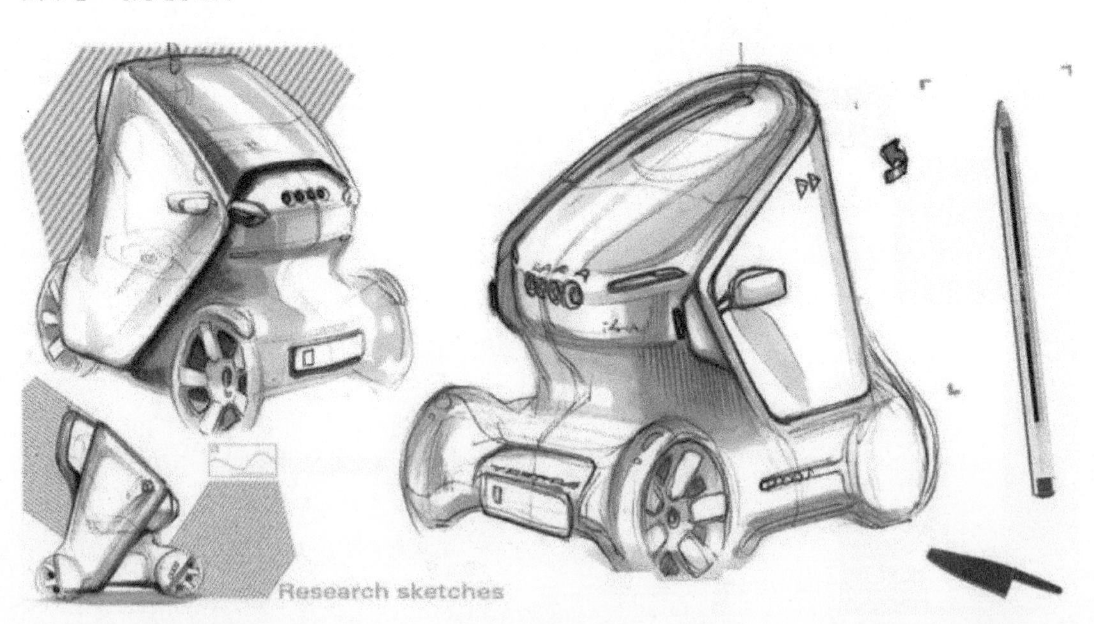

其细节是这样的▼

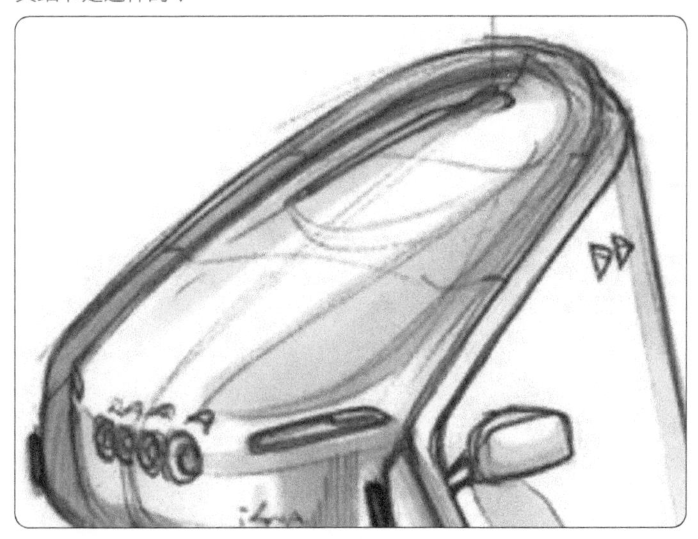

手绘比较粗糙，用于设计发散思考阶段的手绘图（自己能够看懂就行）。

彩色铅笔（黑彩）+ 马克笔手绘▼

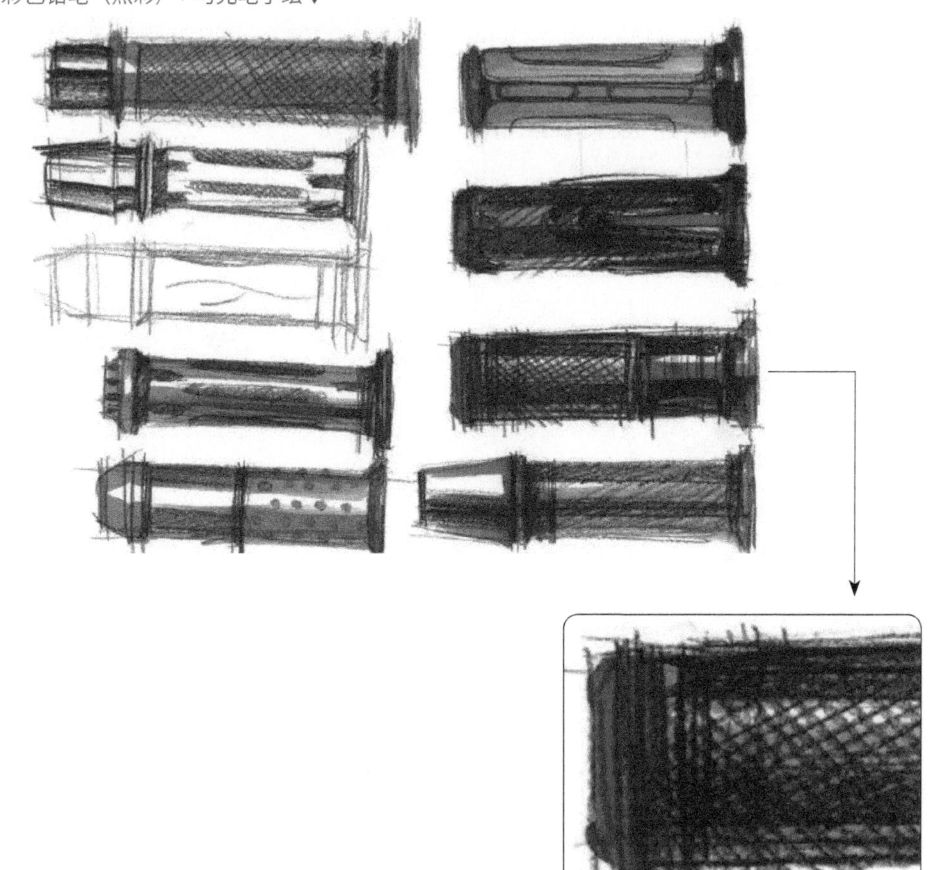

其细节是这样的▶

是否发现一个共同点，那就是线稿普遍存在线条分叉的现象，但是没有关系，**因为工业设计手绘图本质上就是表达清晰即可。**

当然，美观精致更好。所以，我们还可以把传统手绘图画成下面这个样子，精致到牙刷上面的毛都能看得很清楚。

不过要画成这样，需要特别小心翼翼，因为即便用自动铅笔，用橡皮擦擦除后也会有印记；即便用尺规，也会因为铅粉的摩擦而让图面有一些斑点，而且每根线都不允许分叉，因为你要的是更精致的效果。

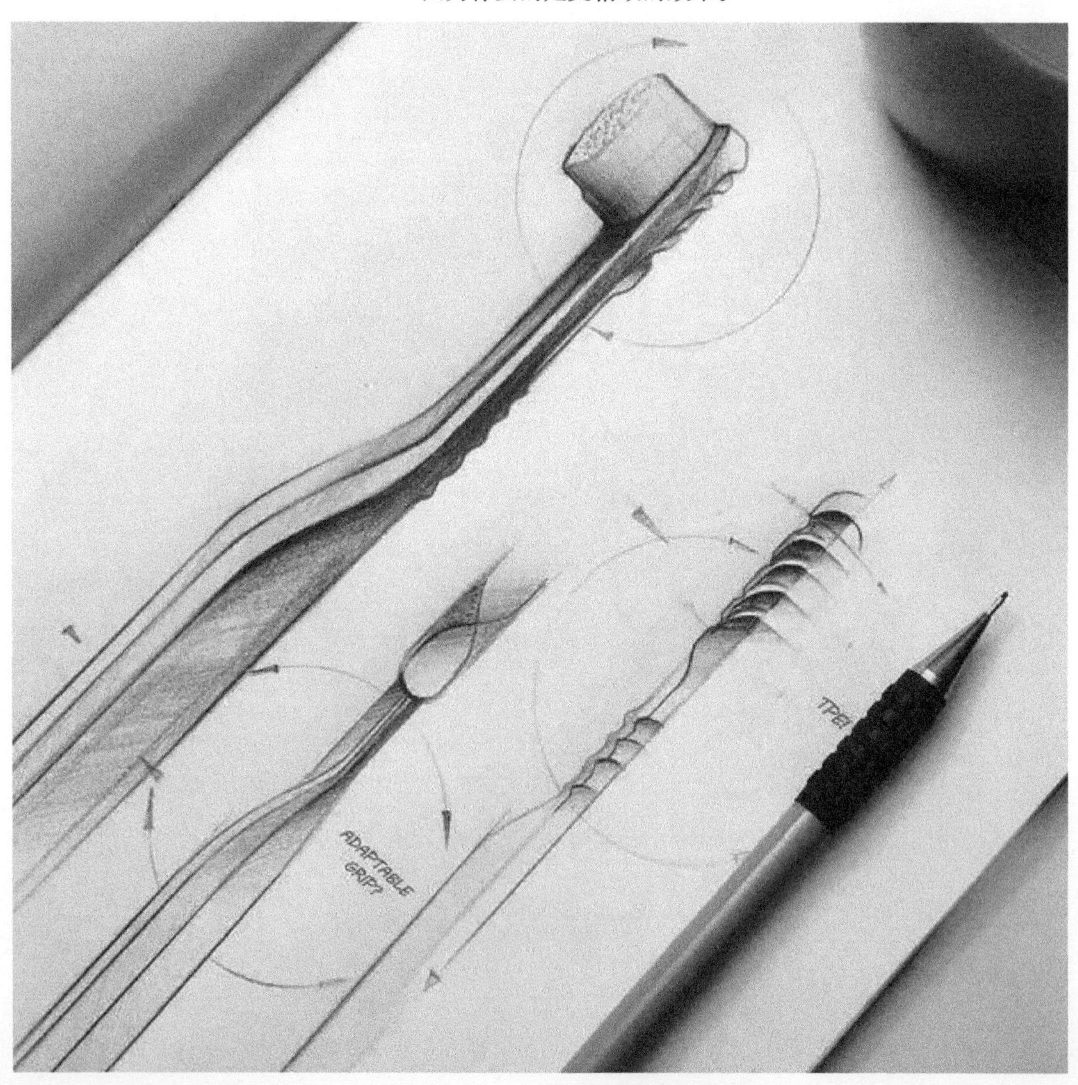

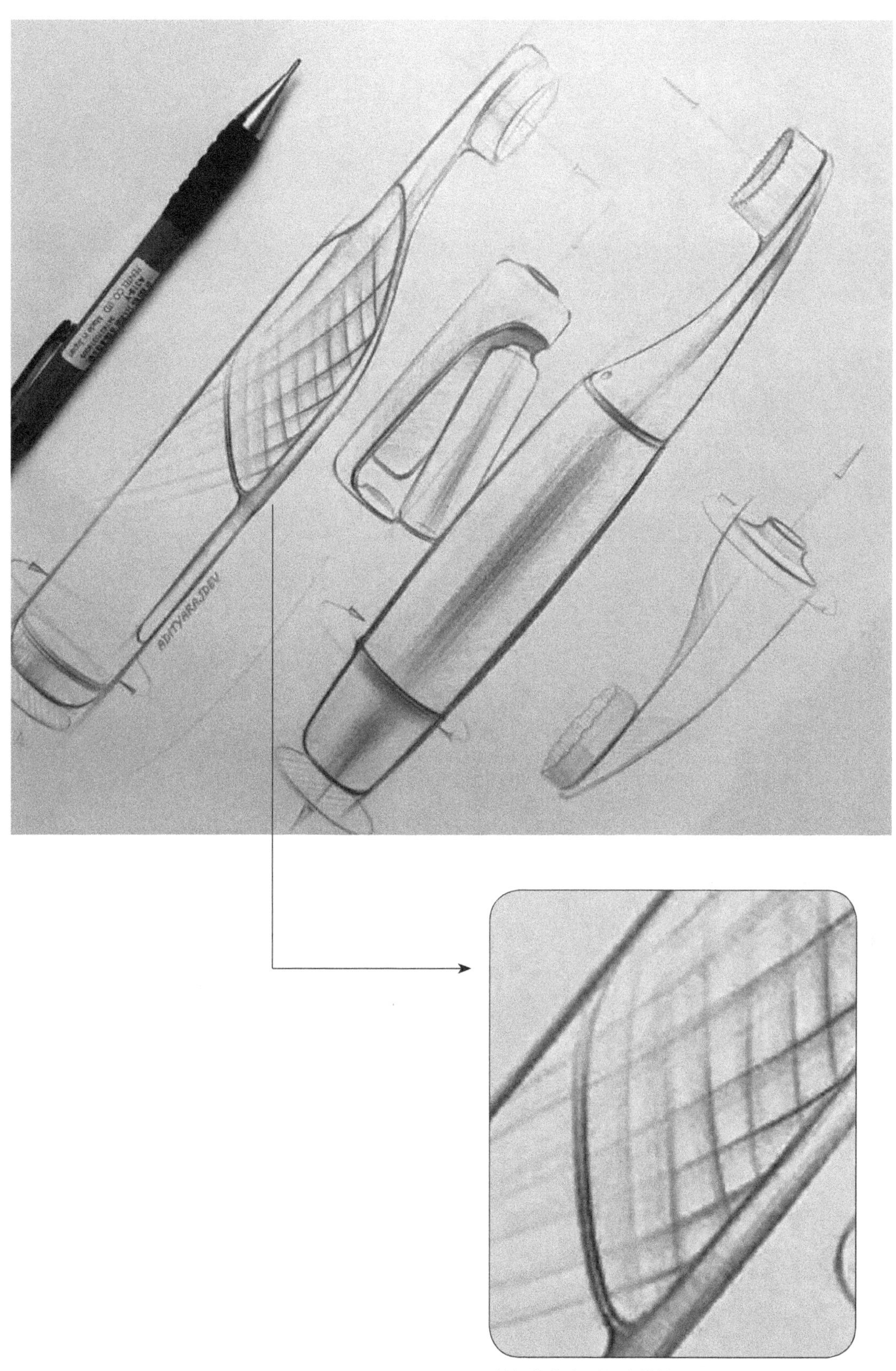

其细节放大后是这样的▲

如何升华

那么问题来了，如果我们想让手绘效果比上面的效果更精致，看着更干净、舒服呢，有没有什么方法？

答案是有！

那就是**传统手绘＋数字手绘** ▼

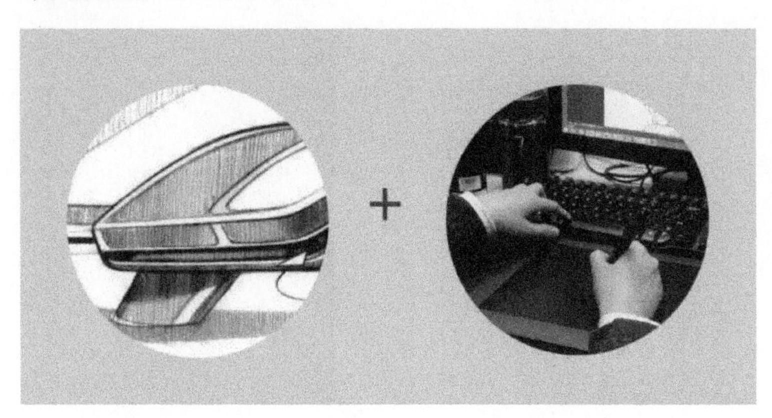

第一步

手绘的线稿要精致。

当然，如果有个别线条分叉，则可以用橡皮擦命令擦干净。

没错，因为它是 Photoshop。

罗剑老师的造型训练 ▼

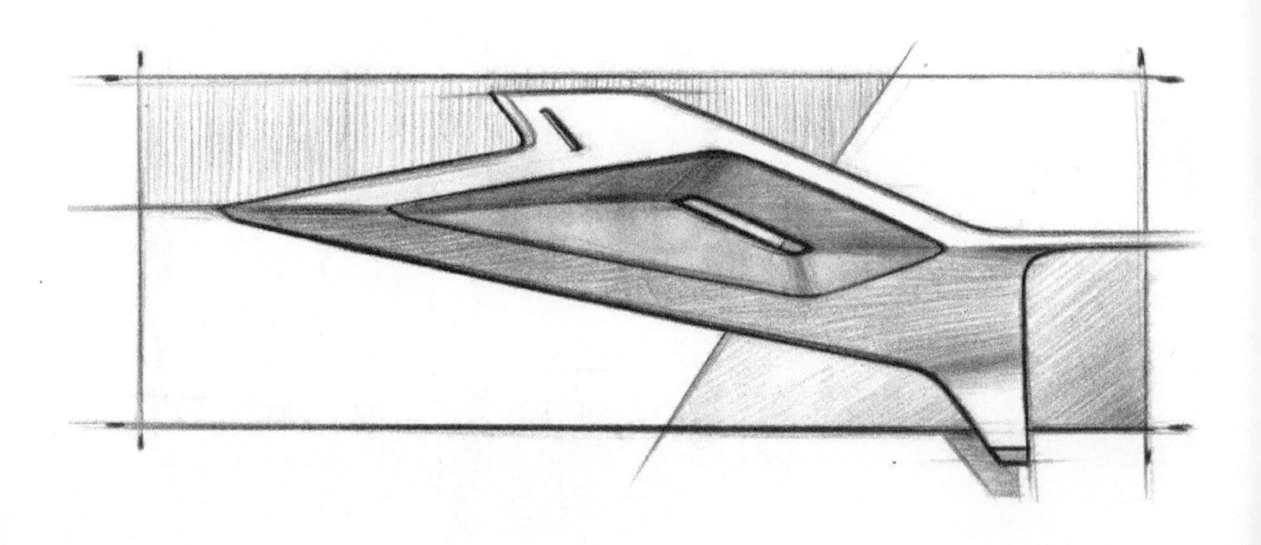

第二步

围绕外轮廓加上背景（顺便对分叉的外轮廓线进行修剪）。

建议背景设为灰色，太黑会显得闷。

▼

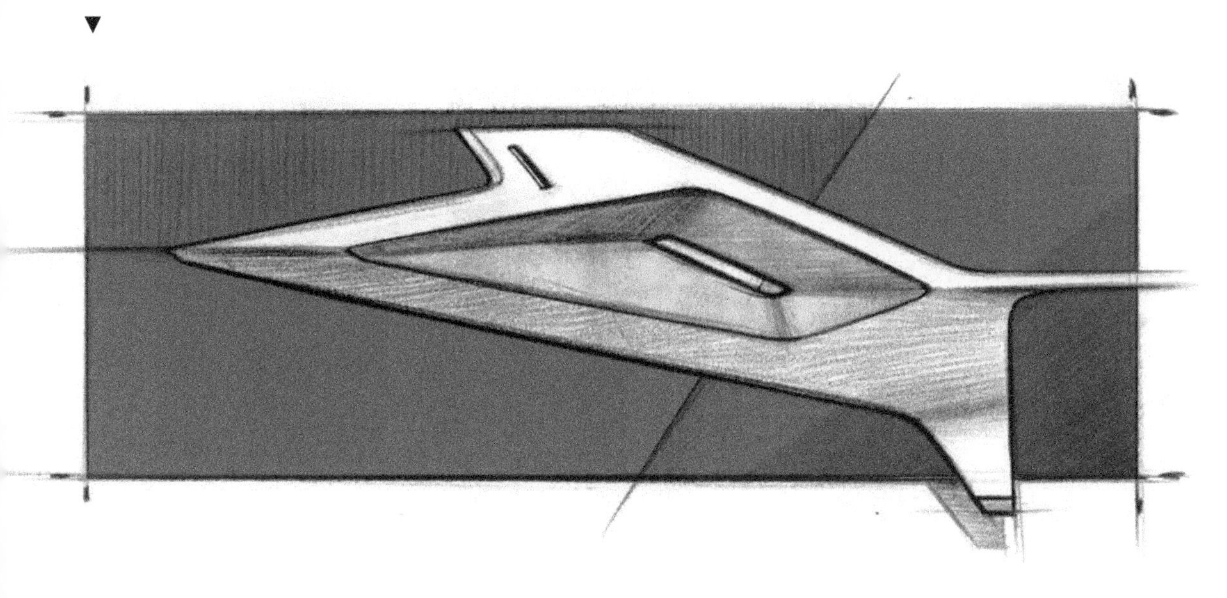

第三步

区分出形体上最深的颜色和最浅的颜色。

▼

第四步

给彩铅“磨皮”。

▼

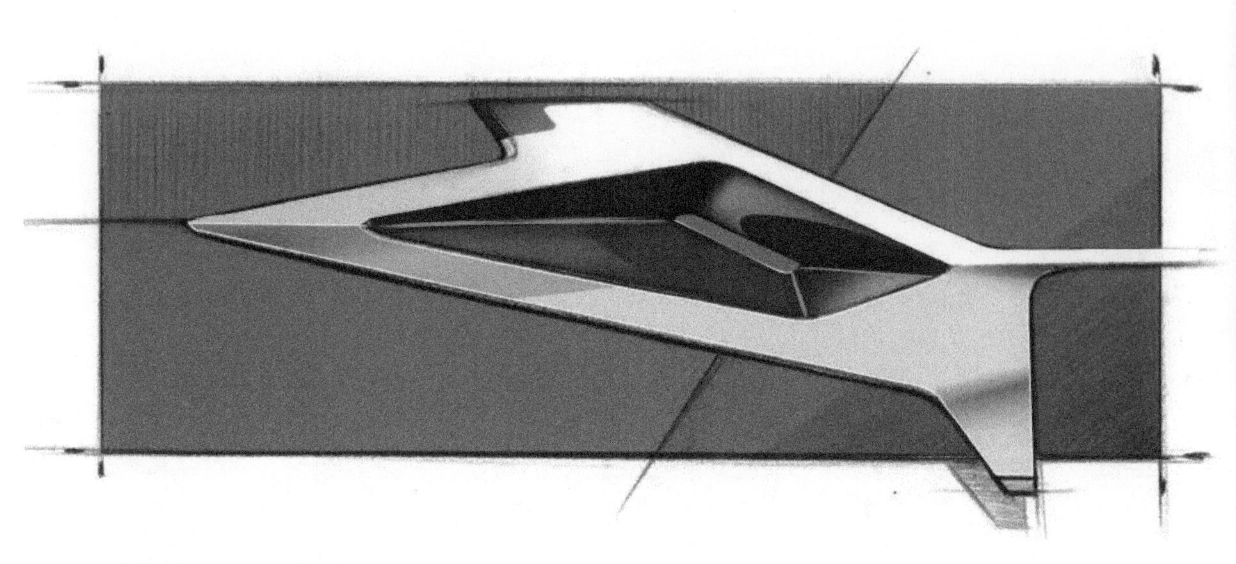

使用 Photoshop 喷笔命令工具

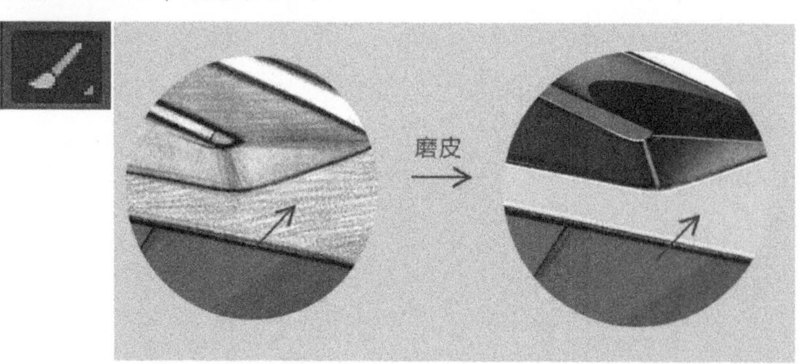

第五步

有质感的肌理表达。

▼

第六步

最终效果呈现。

▼

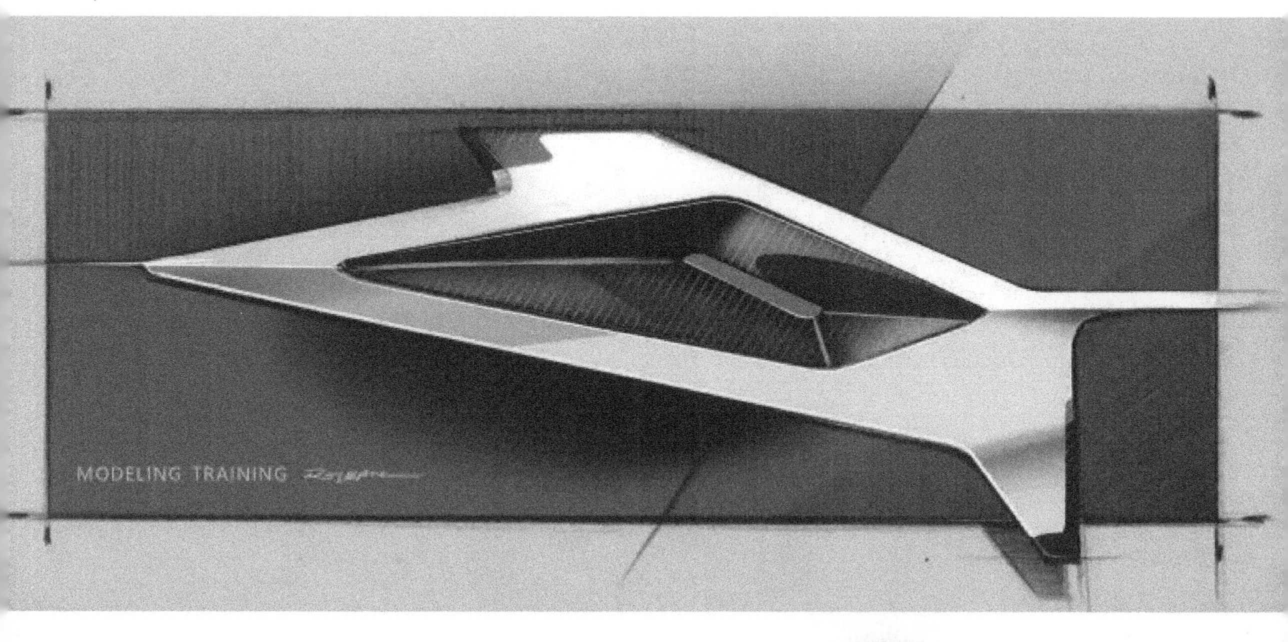

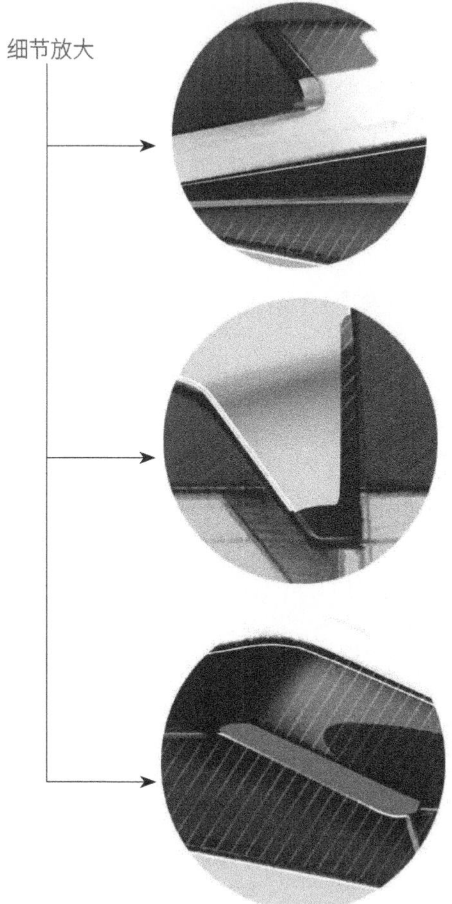

再来尝试另一个造型，省略了操作步骤，轮廓线略微加重。

罗剑老师的造型训练 ▼

传统手绘 + 数字手绘模式

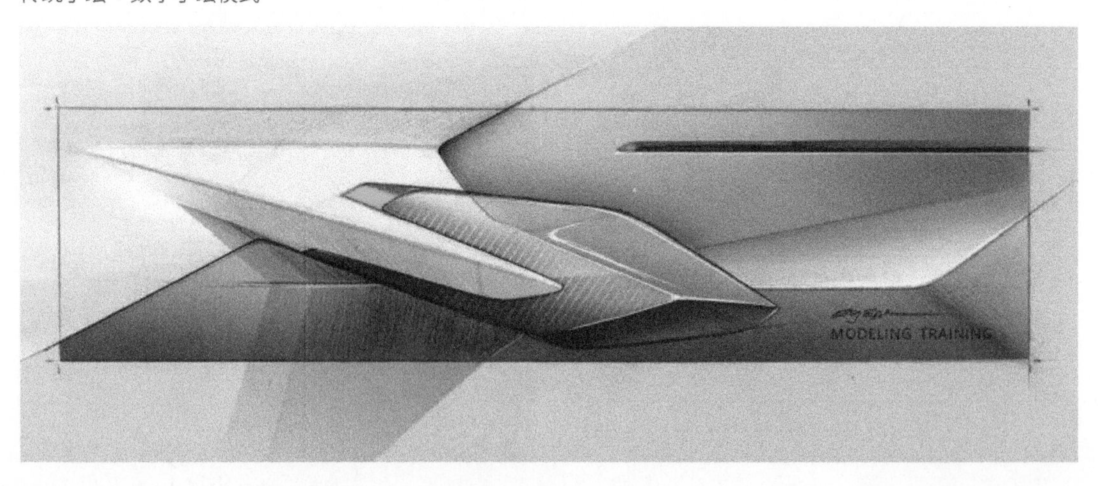

这样一对比，就能直观地感受到传统手绘以最细的手法绘制的造型和数字手绘画出的造型效果的区别，一目了然。

第八节：给你一个拿起数位板的理由

不知道有多少工业设计小伙伴买了数位板后，一开始借着新鲜劲儿练了几天，后来发现不适应，就把板子丢在角落里积灰，再后来看到网络上别人各种炫酷的数位板手绘作品，流露出各种钦佩、惊讶表情，又很想拾起来画，但是又不知道如何下笔。

曾经用过数位板及正在用数位板的小伙伴们，别说你没有经历过上述罗剑老师讲的这种情况。

下面罗剑老师结合小伙伴们用数位板的问题来讲解一下数字手绘中的典型问题如何解决。
其实你和炫酷手绘作品之间还差一张让自己自信心迅速提升的作品。
很多时候，阻碍你的设计、手绘能力的并不是你的技能，而是你的心态。
一开始没有建立起自信心，就很容易把数位板、笔丢到一边。
而建立起自信心的最快途径就是自己完成一张高水准的作品，给自己一个拿起数位板的理由！

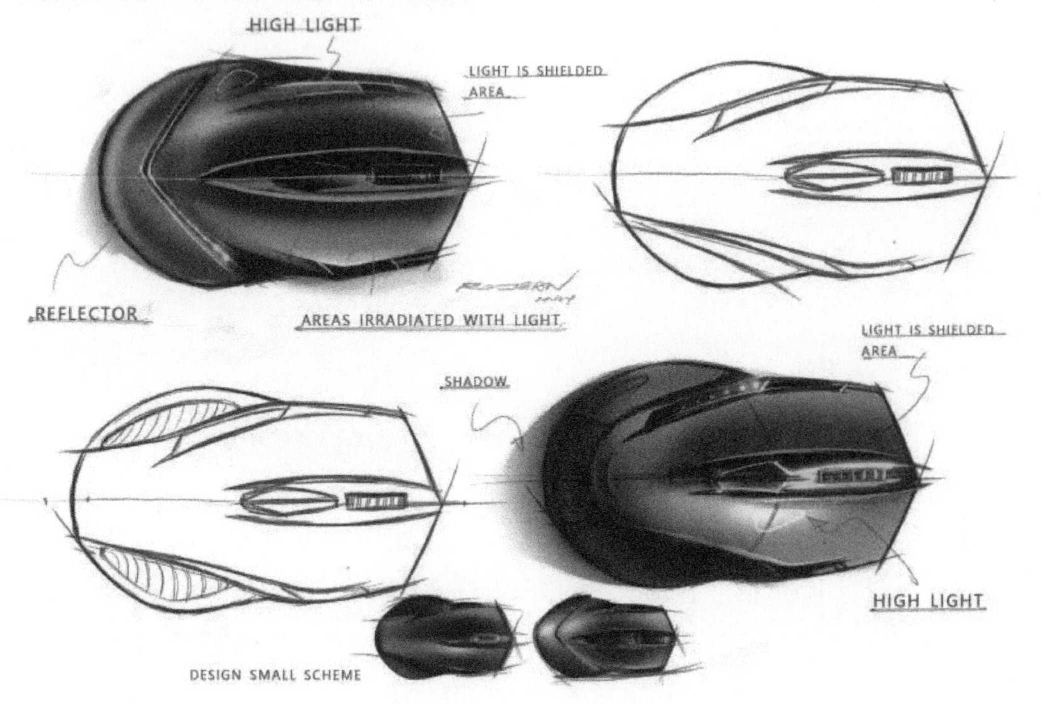

罗剑老师数位板手绘鼠标▲

再来看看同学们在作业练习中存在的问题。▼

这是学生用数位板画的一张鼠标线稿，第一眼就能看出里面存在一个非常大的问题，这也是同学们用数位板进行数字手绘时非常常见的一个问题，即线条的起点和终点不知道在哪里。这线条从哪里来，去往哪里，没有交代清楚。

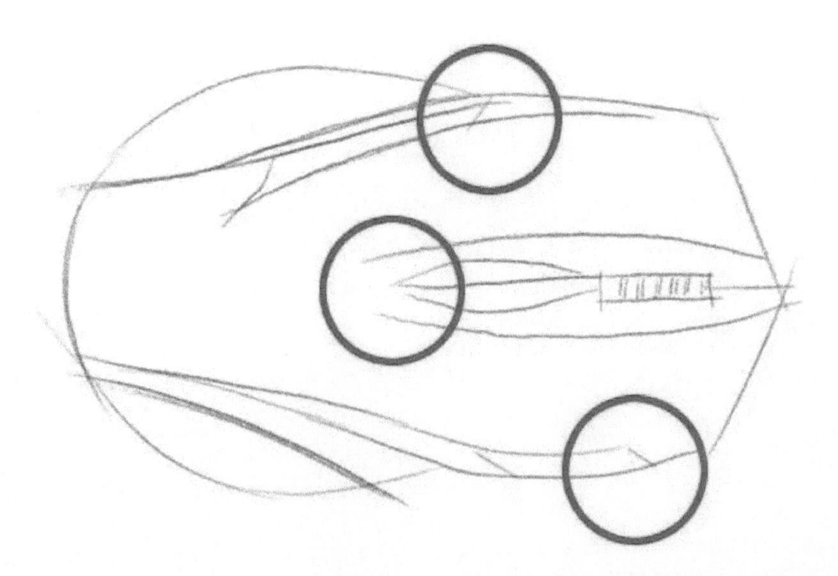

学生数字手绘作业▲

图中偏红色线是罗剑老师在学生作业的基础之上修改补充的线条。▼
哪怕是渐消面，也要渐消得明确一些。
这要求下笔一定要肯定，线条与线条之间也一定要衔接清晰，而不是处于断开的状态。
这样的问题其实比用彩铅在 A4 纸张上手绘要更容易出现，因为数位板和人手之间还隔着一个屏幕，所以线条的练习绝不仅仅是为了把线条画得多么漂亮，而是要适应这种用数位板的状态，手感要强烈。
如果在 Photoshop 中画线角度不适应，则可以转动纸张的角度 (转动纸张角度快捷键为 R ）。

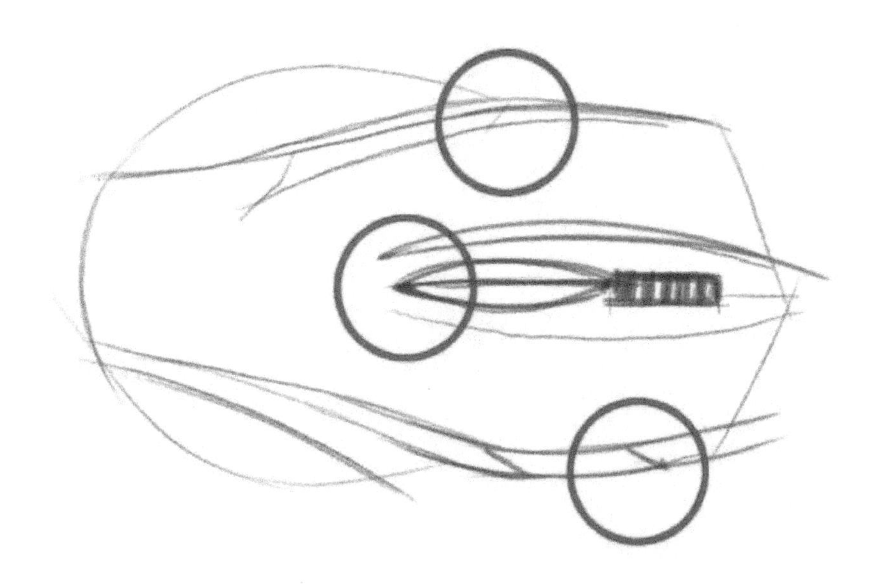

要想让线条清晰，在 Photoshop 中该如何操作呢？

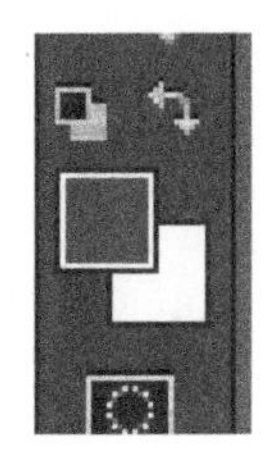

◀在工具栏中将笔刷颜色前景色设置成深灰色。

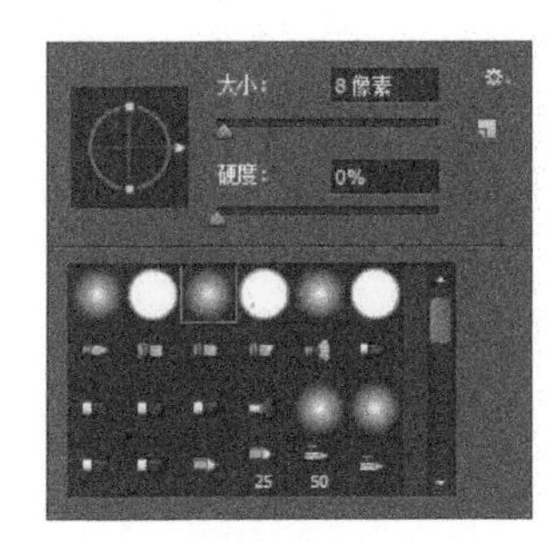

◀笔刷像素大小设置为 8 像素。

▶每画一根线，手中的触控笔移动时间大约为 0.2 秒。
记住，移动笔触的时间一定要严格控制，超过了这个时间或者画出的线条没有准确到达终点，线条就会像老人的皮肤一样。

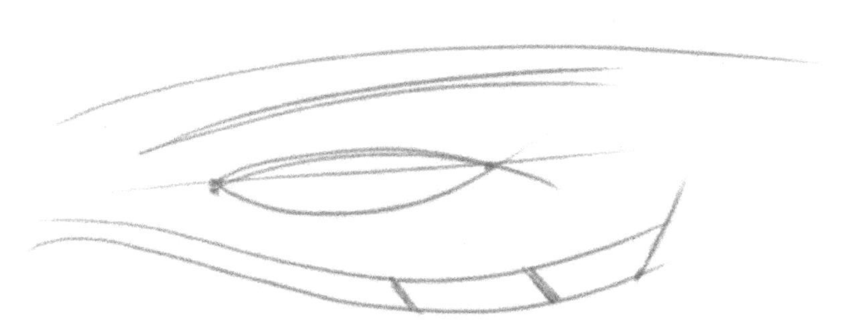

一张图看懂不同线条的区别。▼
左边为罗剑老师修改后的线稿，右边为学生的数字手绘练习线稿。

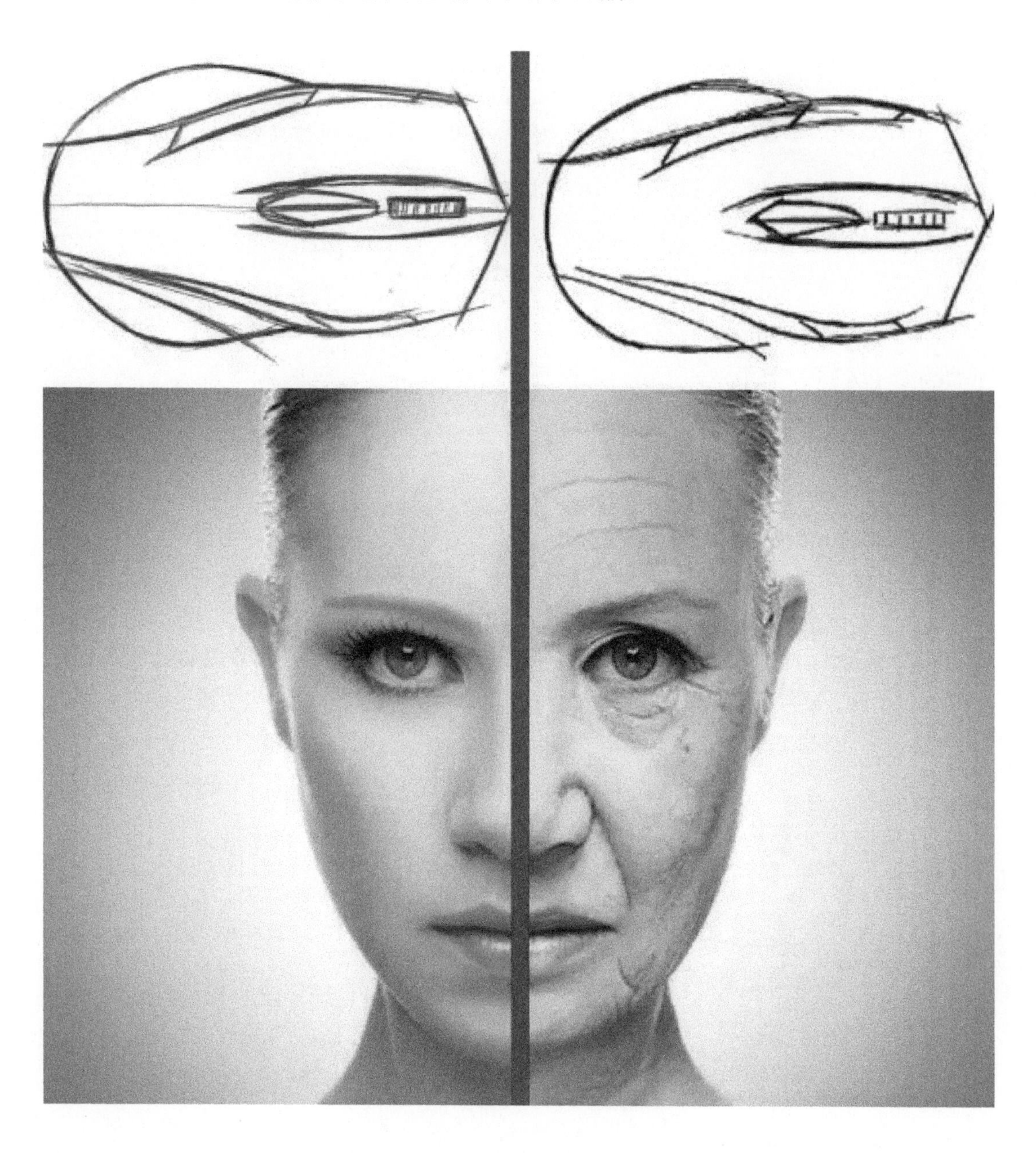

一张能够让自己建立自信心的作品必定是优秀的，而优秀的手绘作品是从线条开始起步的，线条质量的好坏由最基本的线与线之间的关系搭建决定，数字手绘练习时尤其要注意这一点。

第九节：数字手绘从入门到精通

以下演示案例所使用软件为 Photoshop。

数字手绘从入门到精通，从字面上来理解就是从刚刚开始使用数字手绘到熟练应用数字手绘，刚刚开始使用即入门，熟练应用即精通！数字手绘和使用马克笔、彩铅的传统手绘还真的不一样，至于有哪些不一样，后面章节会为大家系统讲解，这里罗剑老师给大家讲讲从入门到精通的“色”部分里面的喷笔塑造环节。

数字手绘相比传统手绘涉及的工具更多，打个比方，你用彩铅手绘图稿，只要有一张 A3 打印纸和一根铅笔即可画出美妙的图稿；而数字手绘需要数位板、触控笔、笔记本电脑，还需要 Photoshop 之类的软件为工具载体，这就要求你的手部协调性要更强，因为所使用的工具多了，每一部分都是环环相扣的。有的同学会觉得数字手绘有些烦琐，原因是本来手绘基础就弱，还要兼顾软件命令怎么用，数字手绘就是要在这两者之间找到平衡点。看到这里，你不要忘记数字手绘的作品是分图层的，也就是说一个效果图由多个图层构成，效果图的每部分都可以单独拿出来编辑、修改。简而言之，数字手绘画好了保存的是“过程”，而传统手绘画好了保存的是“结果”。这两者有本质区别，保存“过程”可以随意改变过程，让结果不断优化；保存“结果”能够做的就是通过后期处理让结果漂亮一些，但如果有其他改变，则只能重新画。

数字手绘从入门到精通可以概括为 3 个字，即“线”“色”“用”。

（1）线：包括线条属性、线稿透视、线稿比例等。

（2）色：包括喷笔的造型基础、光影变化、材质、配色等。

（3）用：如何实际应用所学方法。

与之相呼应的“格色渲染”课程的注释为：1 格 2 色 3 渲 4 染。

1 格：数字手绘中线的部分（用线条搭建的透视和比例要准确）。

2 色：选色、配色的部分（色板选色、配色要提前规划好）。

3 渲：润色、上色的部分（喷笔塑造形体要严谨准确，润色要符合结构、光影关系）。

4 染：后期处理、包装的部分（对氛围的渲染，保持版面美观）。

格色渲染全部讲到位需要一个系统的过程，同时也需要大量的篇幅进行介绍、分析。这里只讲讲喷笔的塑造，就是利用喷笔的属性、轻重缓急变化来体现形体的变化。

要想画出一张相对优秀的手绘图，首先要学会分辨手绘图的好坏。众所周知，传统手绘草图和效果图有好有坏，数字手绘也是如此。高校的手绘课程老师评分都有自己的标准，设计公司实战手绘也有评分的准则，但可以说大同小异，一张高分手绘图必须具备的几个要素决定了这张手绘图的最终分值。换句话说，只要具备高分手绘图必须具备的几个要素，自然而然这张手绘图就是高分的。高分手绘图要具备的要素包括：完整的线稿（包括透视、比例、细节）、统一完整的光影、和谐的衔接、精彩的细节。具备了这些要素，自然而然是一个好作品。在考研或实战过程中，能够清楚表达设计意图的手绘图，就是一张好的手绘图。

先给大家看看喷笔塑造造型的过程，仅供参考。

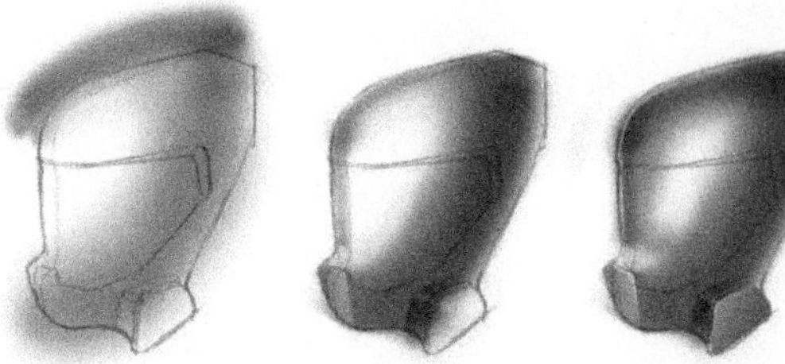

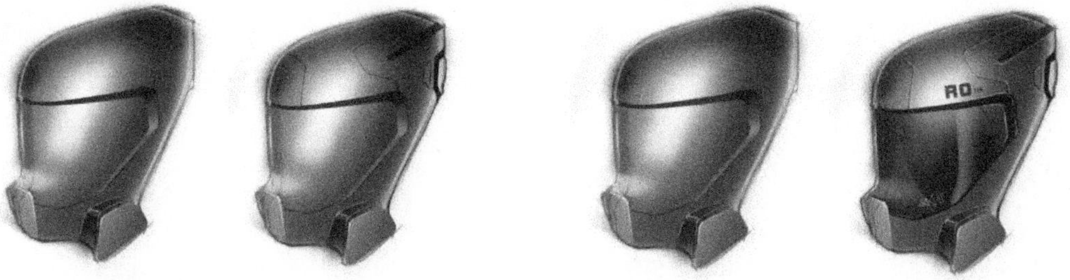

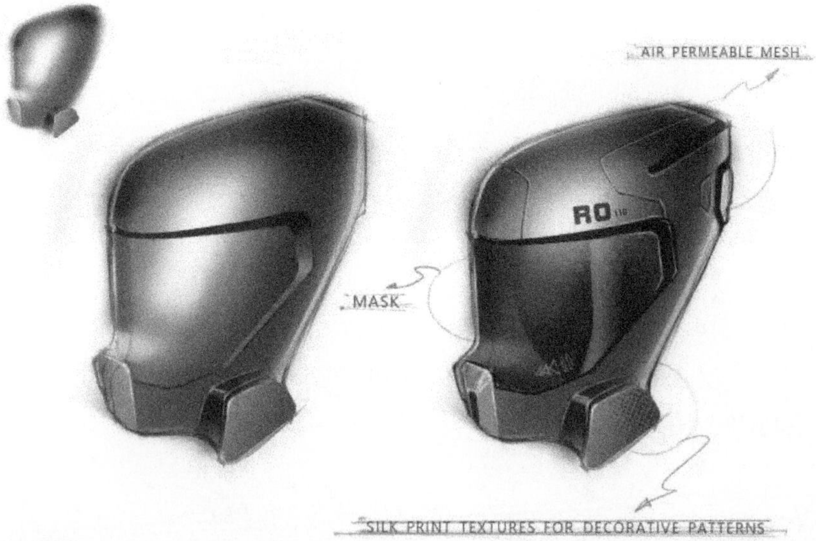

可以明显看出这个头盔面具的造型是由一个椭圆体延展出来的，发生变化的是左下角延伸出一部分，那么其明暗交界区域、高光、受光、背光、反光同时往左下方延伸出来。▼

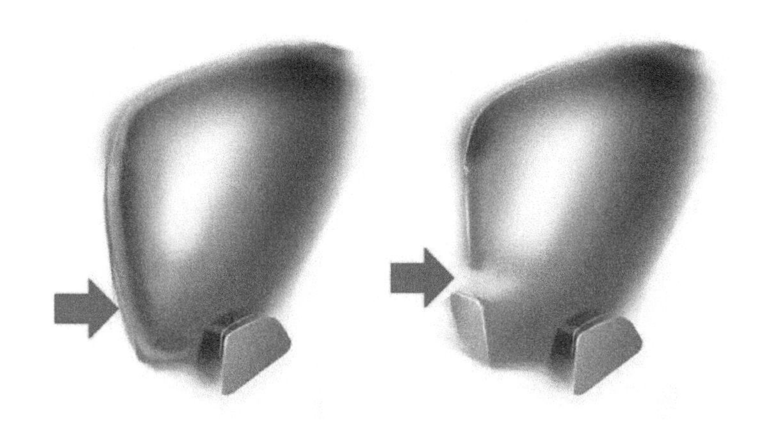

细节的展示。
各种凹槽、造型、分界线、Logo、丝印等都有相应的表现处理方式。▼

通过上面的数字手绘效果图可以感觉到，一个造型的表达除考虑喷笔属性外，还有一个常常被人忽略的因素，那就是留白。换句话说，就是在使用喷笔塑造形体时要知道怎样留白、留在哪些位置、留多大面积，这些都需要考虑清楚。

举例说明，用喷笔塑造形体之前有两个因素需要考虑进去：第一，喷笔属性；第二，留白。

喷笔属性——选择喷笔的款式，说得通俗一点就是，用马克笔的时候通过换很多支不同的马克笔来达到不同笔头、笔触、颜色的效果；而数字手绘始终只有一支触控笔，通过调节软件中的笔头、笔触、颜色来达到不一样的效果。与软件中喷笔款式相关的有三点：喷笔的形状；喷笔直径大小；喷笔的边缘是坚硬的还是柔和的。

（1）**喷笔的形状**。根据物体的不同形态、质感等进行调整，比如有的产品外形以硬朗风格为主，那么喷笔形状可以调整为方正形态；有的产品外形以圆润风格为主，那么喷笔形状可以调整为圆形笔头。

（2）**喷笔直径大小**。毫无疑问，喷笔直径大小和所要表达的线稿面积大小成正比。如果物体线稿大面积空白，则可以把喷笔直径设置得偏大一些；如果物体线稿面积空白较小，则可以把喷笔直径设置得小一些。

（3）**喷笔的边缘是坚硬的还是柔和的**。这和物体的材质有很大关联，如果物体材质是硬质的，比如石材、玻璃等，就需要选用边缘坚硬的笔头；如果物体材质是柔软的，比如布料、棉绒等，就需要选用边缘柔和的笔头。

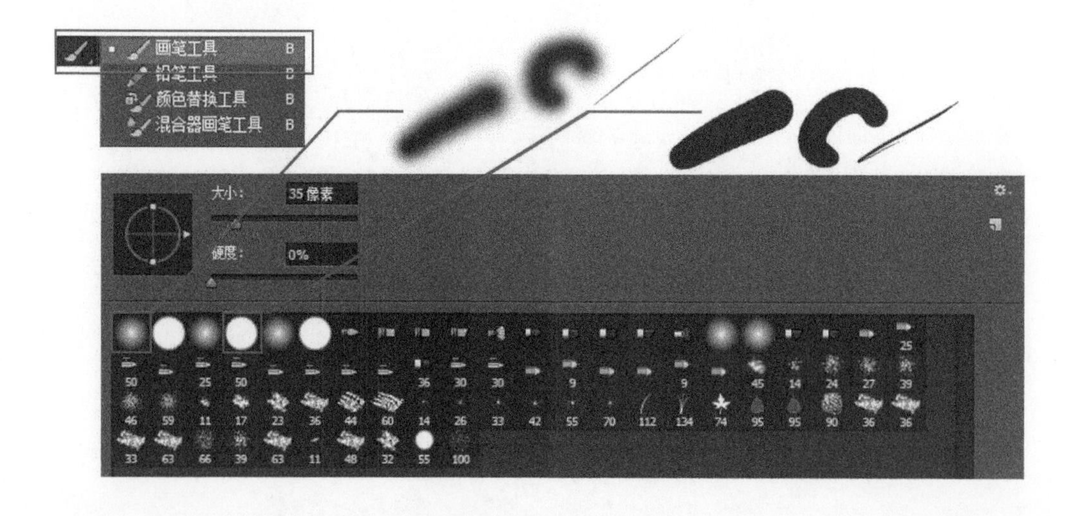

留白——传统手绘中马克笔绘图需要留白，数字手绘中触控笔绘图也需要留白。留白在下笔之前就应该计划好，那怎么计划呢？首先要学会分辨受光、背光、反光等区域的位置，我们看到的留白的部分其实就是受光、反光这些受到光照影响的区域。我们可以把下方左图看作想象的效果，右图是想好以后开始画的过程。

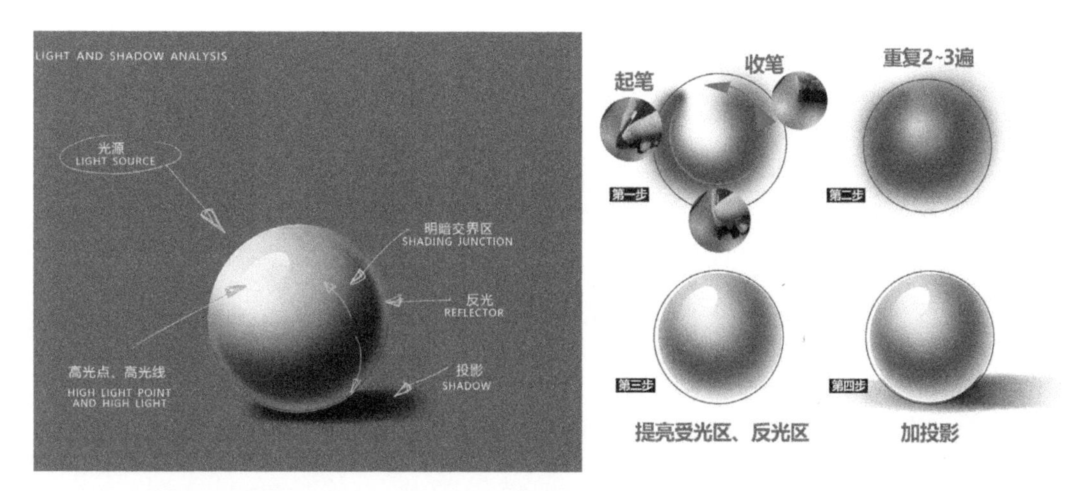

不同形体对应的笔触方向、留白的部分也不同。

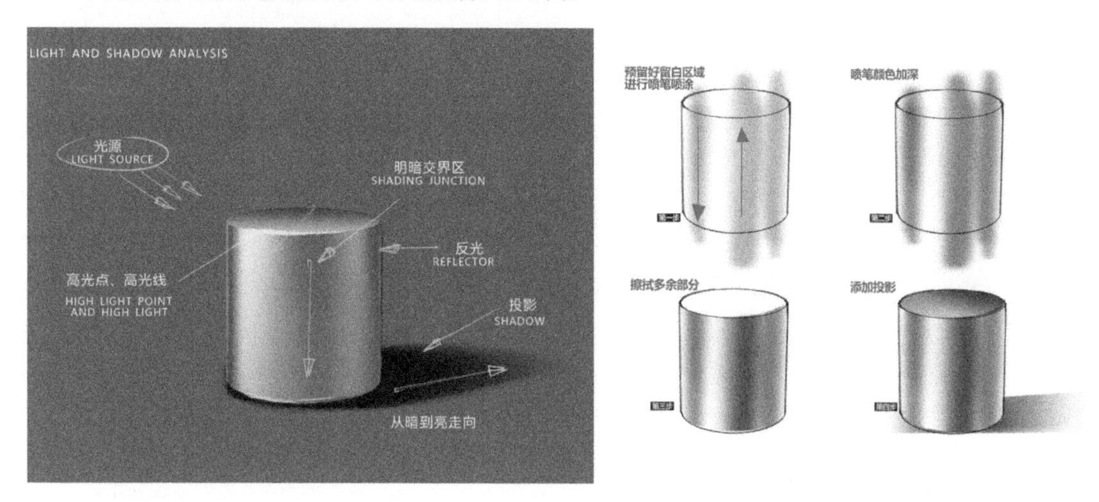

罗剑老师经常说意在笔先，即思想永远走在手下笔之前，上面绘制形体时是想好形体留白区域以后用笔触绘制塑造面体。

我们都知道，三根线形成一个面，那么三根喷笔喷涂的笔触也形成一个面体，如图所示。依照这样的原理，我们可以快速表现产品造型，比如汽车的面体关系可以这样构建，通过不同位置方向的笔触迅速搭建一个完整的面体。

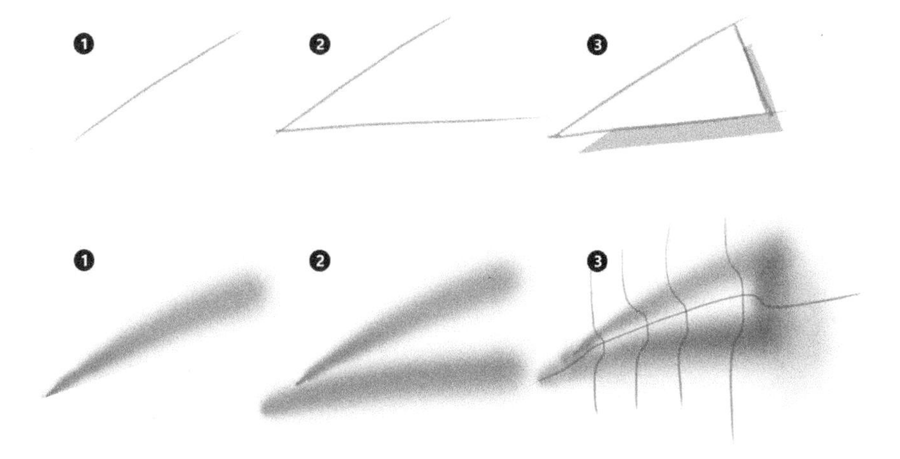

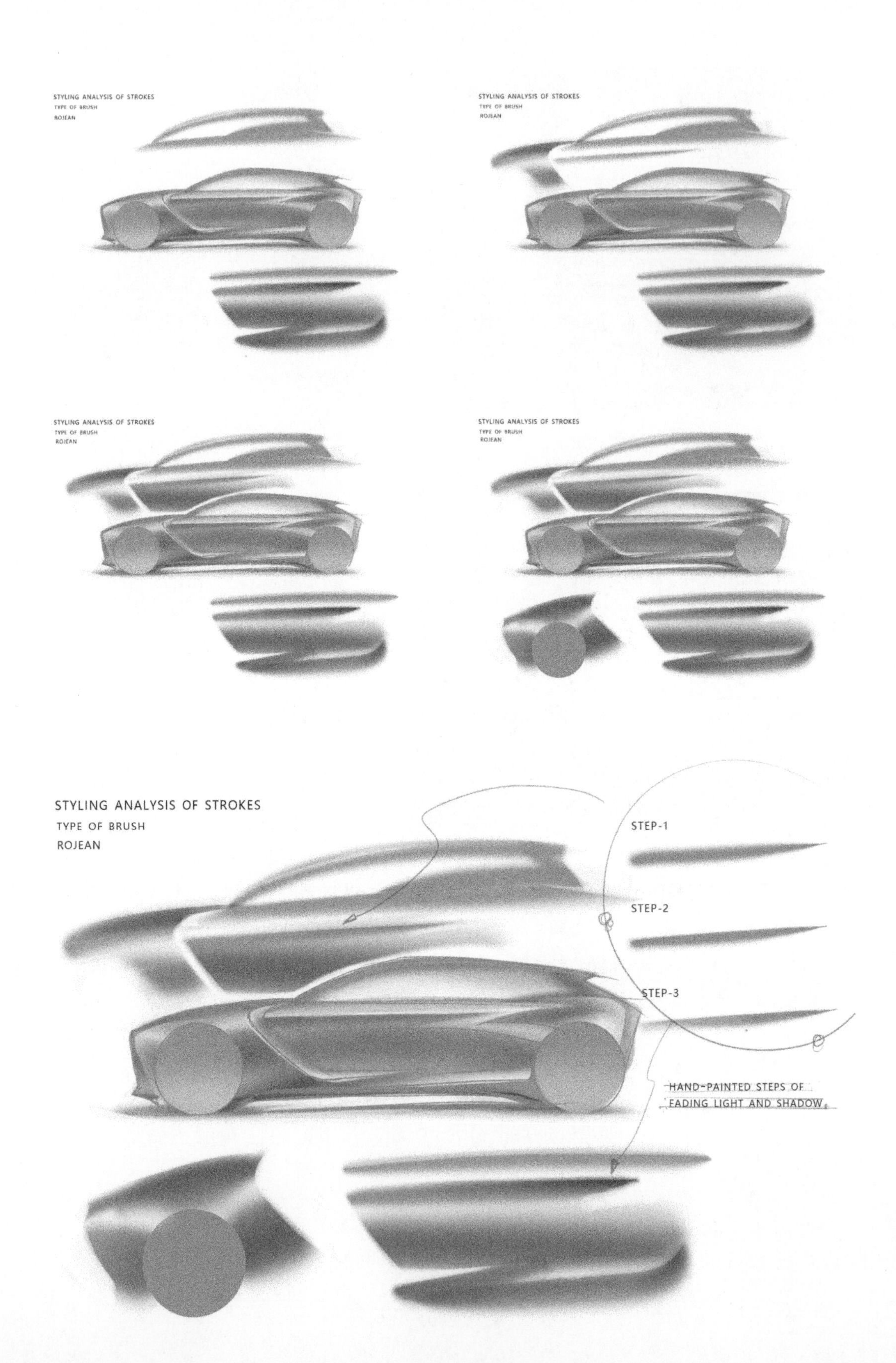
STYLING ANALYSIS OF STROKES
TYPE OF BRUSH
ROJEAN
STYLING ANALYSIS OF STROKES
TYPE OF BRUSH
ROJEAN
STYLING ANALYSIS OF STROKES
TYPE OF BRUSH
ROJEAN
STYLING ANALYSIS OF STROKES
TYPE OF BRUSH
ROJEAN
STYLING ANALYSIS OF STROKES
TYPE OF BRUSH
ROJEAN
STEP-1
STEP-2
STEP-3
HAND-PAINTED STEPS OF
FADING LIGHT AND SHADOW

第二章

数字手绘工业设计提升

第一节：什么样的线稿才是好线稿

手绘从画线开始，然而，什么样的工业设计数字手绘线稿才算好线稿？

手绘初学者及有一定经验的设计师是怎么看的？

其实，线稿没有好与不好之分，只要能够表达清楚设计意图、思路即可。

你也许会说，如果是这样，那罗剑老师还把这个问题摆出来干什么？

我想说，你得从设计的角度去考虑，**思考手绘图的用途，即陈述方案思想，用手绘说话、讲故事。**

如果用手绘讲故事，那吐字是不是越清晰越好？普通话是不是越标准越好？这样听故事的人（看你设计方案的人）才会更容易接纳你陈述的设计想法。

反之，你用方言含糊地讲故事，故事虽然可以讲明白，但是你考虑过听故事的人的感受吗？

手绘表达也是如此。

对比一下下面的两组手绘图。

用方言含糊地讲▼

用普通话清晰地讲▼

线条有轻重缓急就相当于吐字有抑扬顿挫。

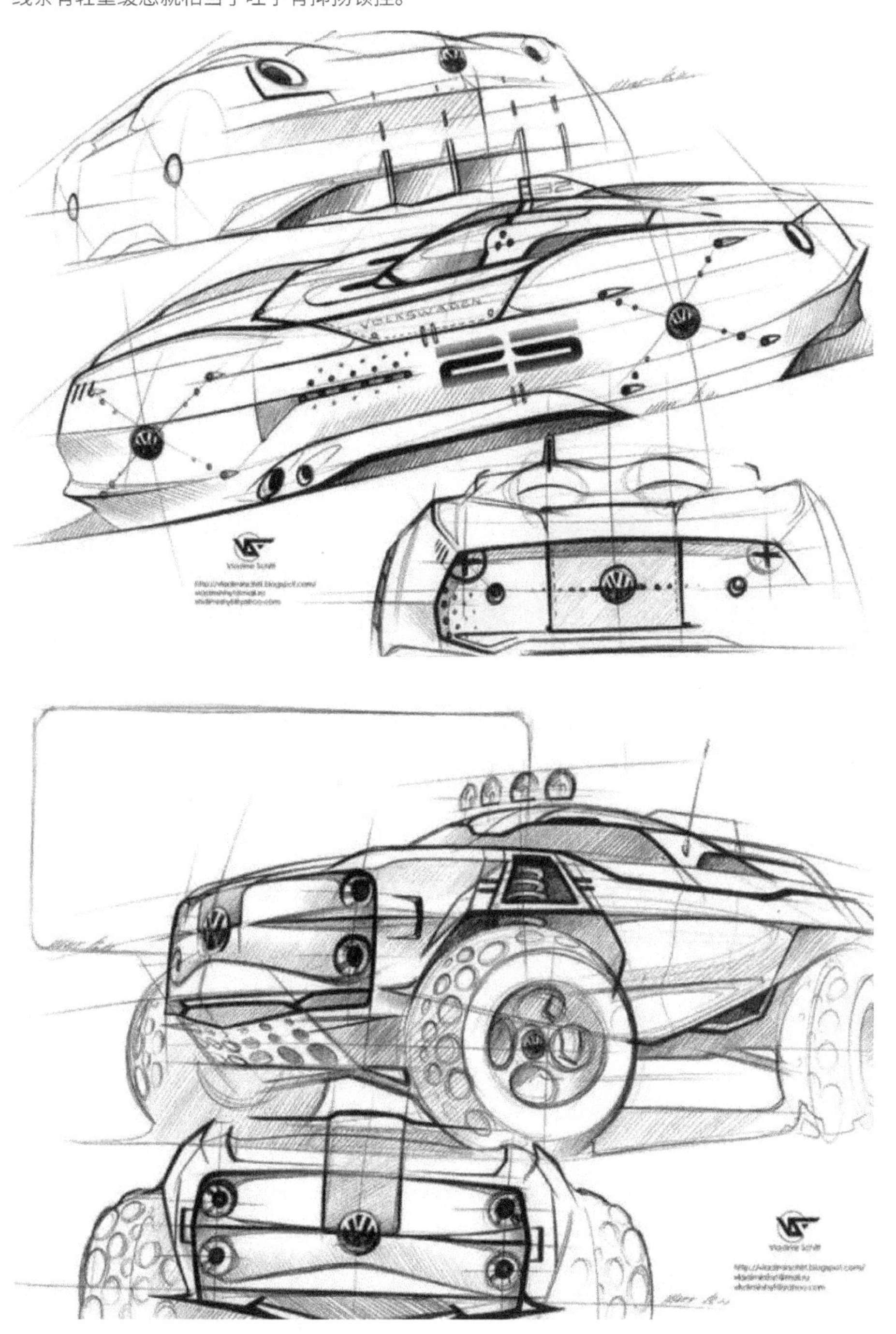

手绘图表达没有最清晰，只有更清晰，表现在以下方面：

（1）线条不分叉，没有断断续续的情况。

（2）细节塑造结构清楚。

（3）线条周围没有其他干扰。

以上观点对于传统手绘（汽车手动挡）、数字手绘（汽车自动挡）、传统手绘+数字手绘（手自一体变速器）均适用。

罗剑老师以前说过：**“传统手绘是做加法（彩铅、马克笔），数字手绘是做加减法。”**这句话是什么意思?

比如，下面的手绘图是用圆珠笔画的，其中画的不对的线，用橡皮擦是擦不掉的。

所以说，在传统手绘中，无论你用圆珠笔还是水笔画，只能不断地在上面添加各种线条，因此每次下笔都要非常谨慎。

要不就是这样：

那么数字手绘呢？

下面这个电钻，虽然看着干净，但实际上是线条重叠集中 + 橡皮擦的功效。

因为在数字手绘中是可以进行撤销操作的，所以你可以反复修改。

DESIGN OF A ELECTRIC DRILL

BOSCH

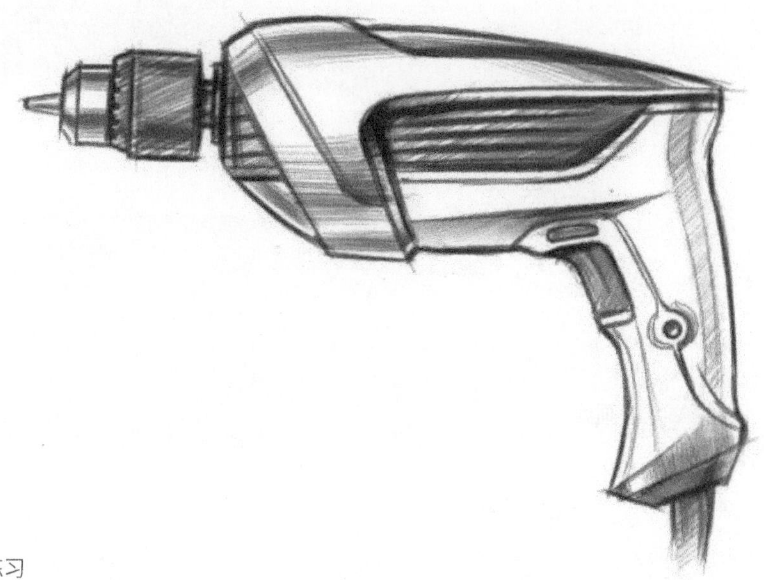

▲罗剑老师五金产品练习

Step 1

局部放大，为了保持线条的干脆、利落特性，线条头尾两端超出线稿边框也没有关系。

Step 2

在 Photoshop 左侧的工具栏中找到橡皮擦工具。

将不透明度调到 100%。

将画笔硬度调到 100%（这样才能确保完全擦除干净）。

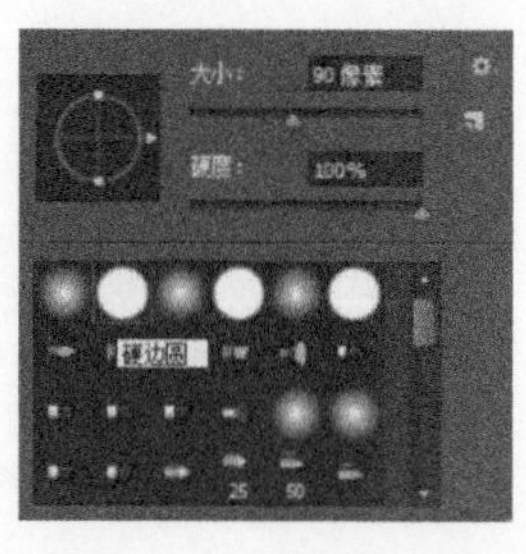

Step 3

开擦，完美贴合产品外轮廓弧度，擦得很干净、不留痕迹。

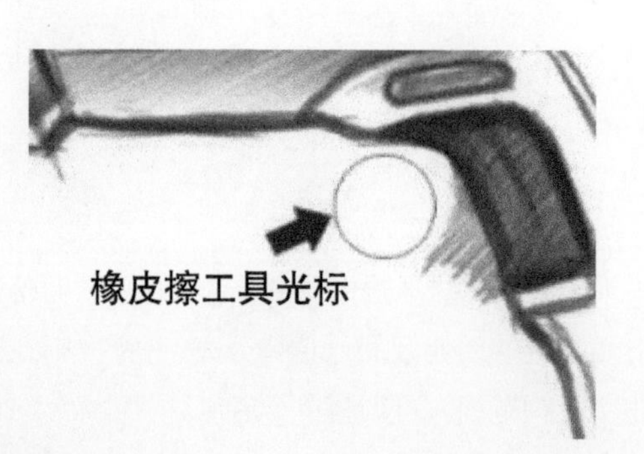

得出结论，数字手绘表现工业设计手绘图，图面可以更加干净，因为它可以做加减法。

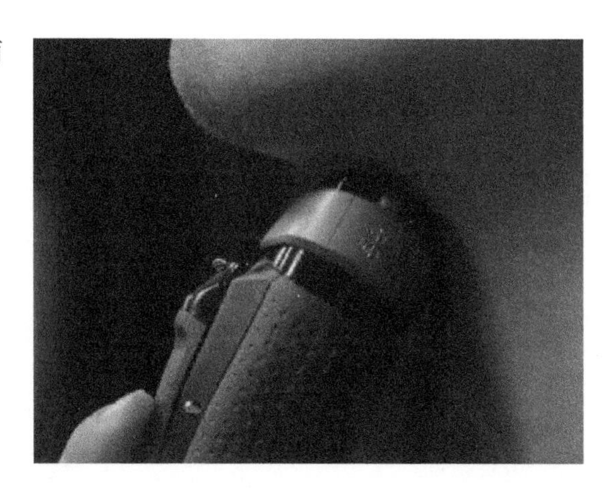

小小建议：

数字手绘先练习画线条，不急着上色。

虽然最实用的是上色，没有购置马克笔的成本，并且颜色可以随便选；没有购置遮挡纸的成本；下笔后还可以随时变化颜色、饱和度，还可以有喷笔、喷枪、无笔触痕迹效果等；但还是要打好基础——画好线稿。

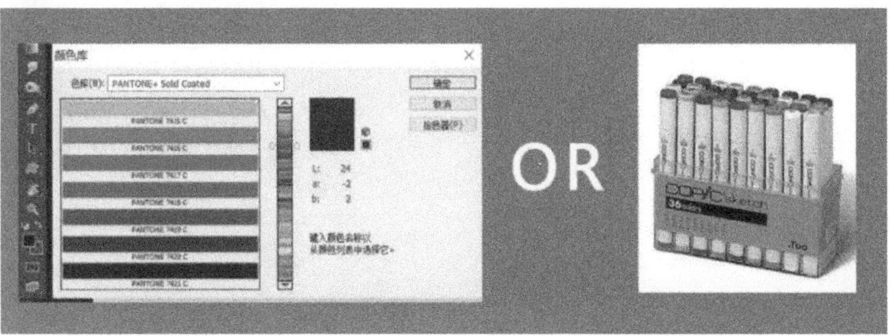

第二节：零基础如何画出好线稿

以下演示案例所使用软件为 Photoshop。

不管你是零基础还是有基础，一接触到手绘课程，一开始总少不了线条的练习 。无论是传统手绘，还是数字手绘，大家一看到这两个字：

画 线

脑海里首先浮现出的就是手握一支笔来回摆动的场景。

那么今天就让罗剑老师颠覆一下传统画线的方式。在数字手绘领域，如果让你画一条线……

第 1 种方式

你是否一开始想到的是这样的 ▼

使用数位板的匹配动作是这样的 ▼

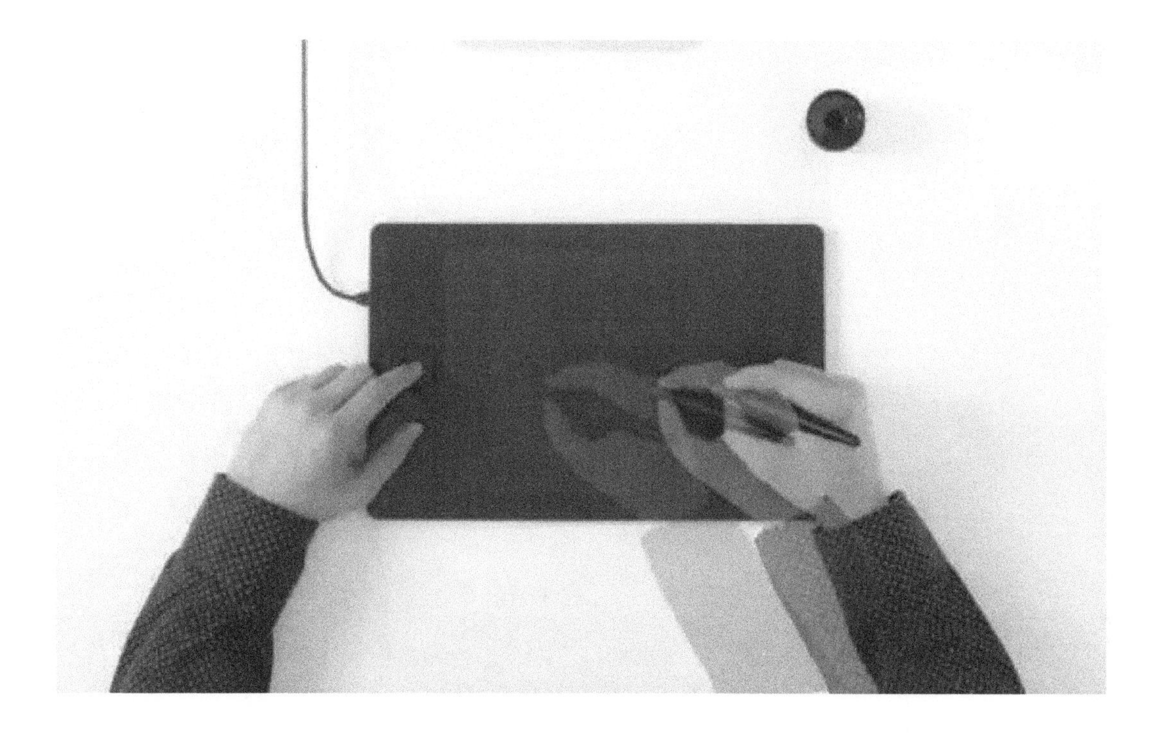

第 2 种方式

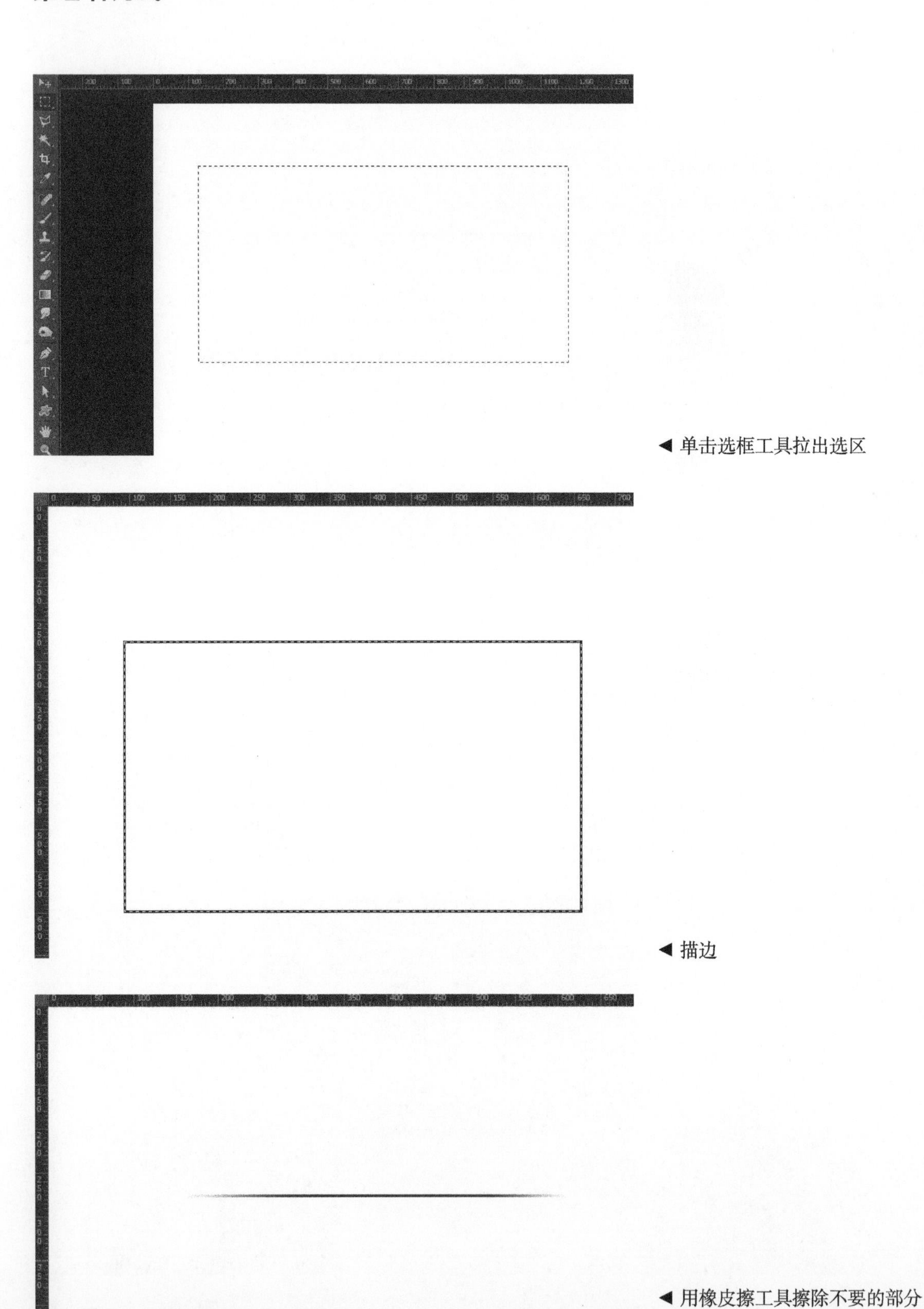

◀ 单击选框工具拉出选区

◀ 描边

◀ 用橡皮擦工具擦除不要的部分

是否还有

第 3 种方式?

答案是：有!

左手按住键盘上的 Shift 键，右手握笔肆意点两个不同位置的点。▼
从严格意义上来说，这种线不是画出来的，而是点出来的。

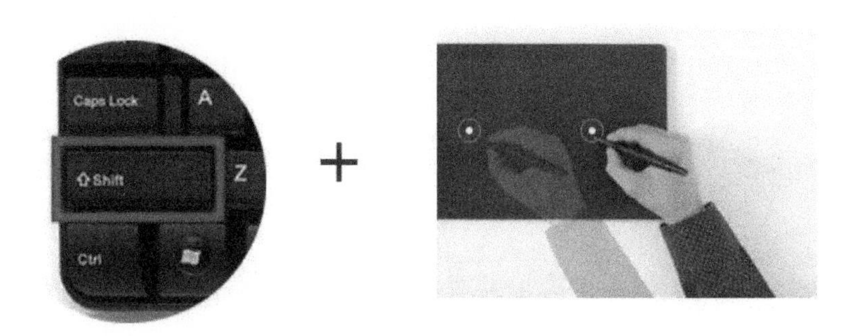

用第 3 种方式画出来的线条是下面这样的，有没有发现和第 1 种方式、第 2 种方式有什么不一样?
（1）比第 1 种方式画出的线条更直挺。
（2）比第 2 种方式画出的线条更具变化性。
第 3 种方式实际上是第 1 种方式和第 2 种方式的结合，不仅缩短了时间、提高了效率，还使得线条更加具有画味（笔头按压越用力，线条越粗）。▼

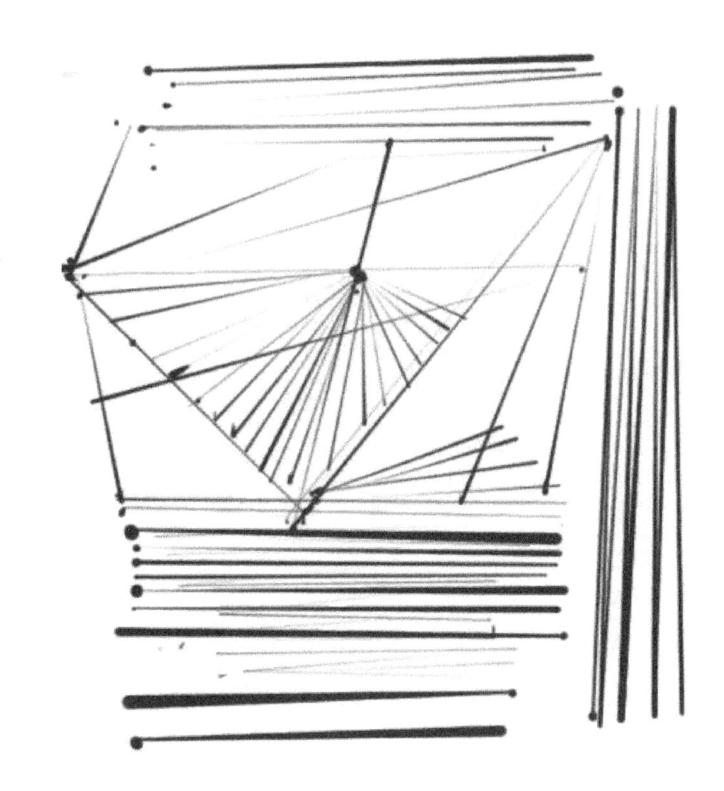

按住 Shift 键结合数位笔点对点画线的作用

作用一

适合轻松画出辅助线 ▼

作用二

适合轻松画出造型大框架 ▼

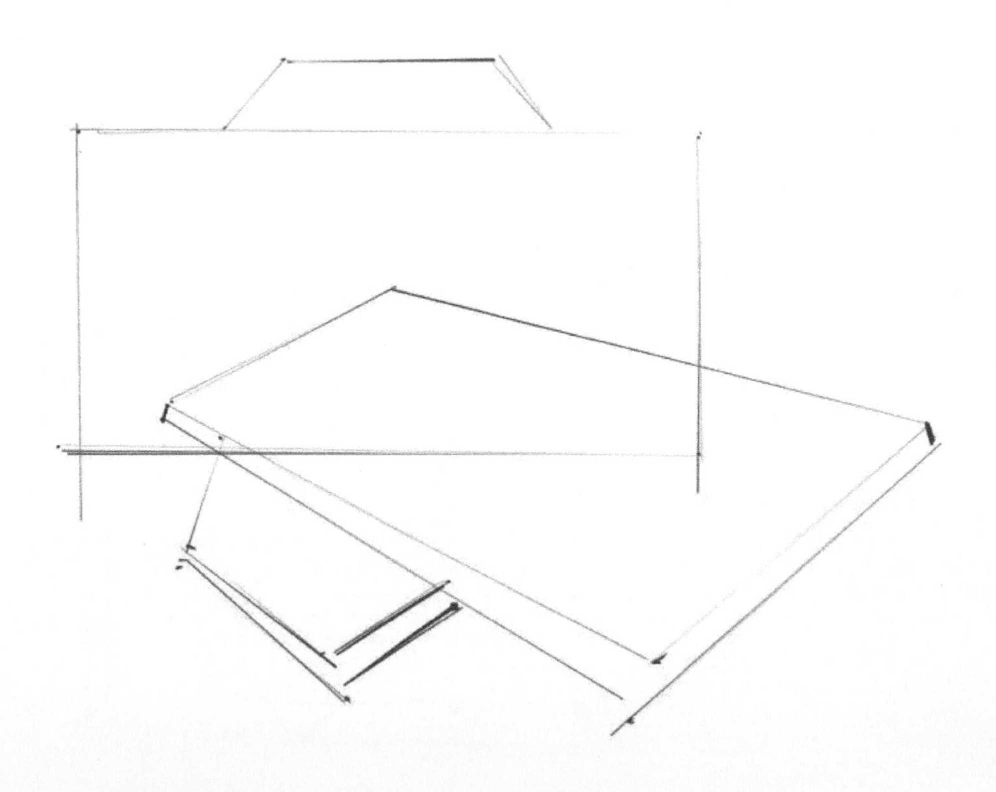

作用三

更有用的是，适合画出各种产品的厚度、结构的壁厚、细致的凹槽、造型精密的细节等。

为了让大家看到直观的效果，我们来看一个对比案例。
直接用数位笔在板子上手绘是这样的 ▼

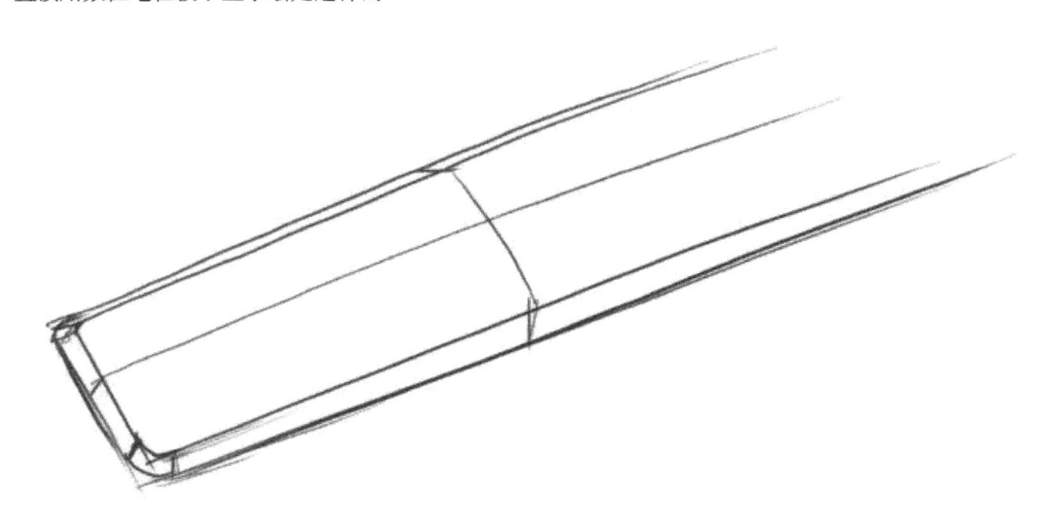

按住 Shift 键用数位笔在板子上手绘是这样的 ▼

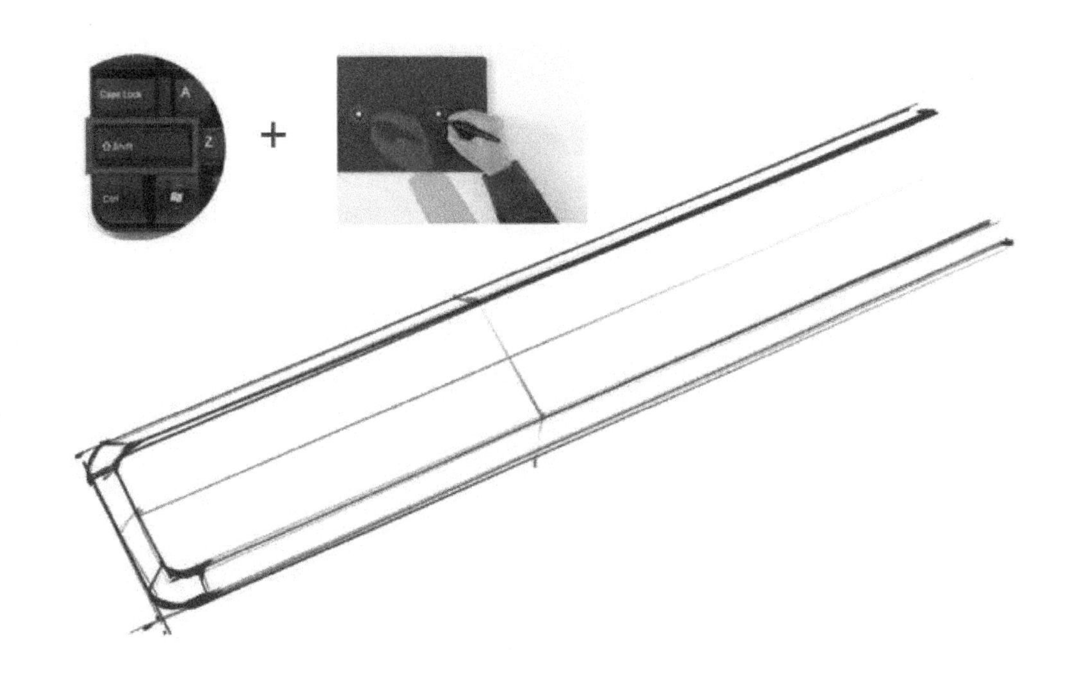

罗老师数字手绘产品练习步骤（基本都是按住 Shift 键点出来的）▼

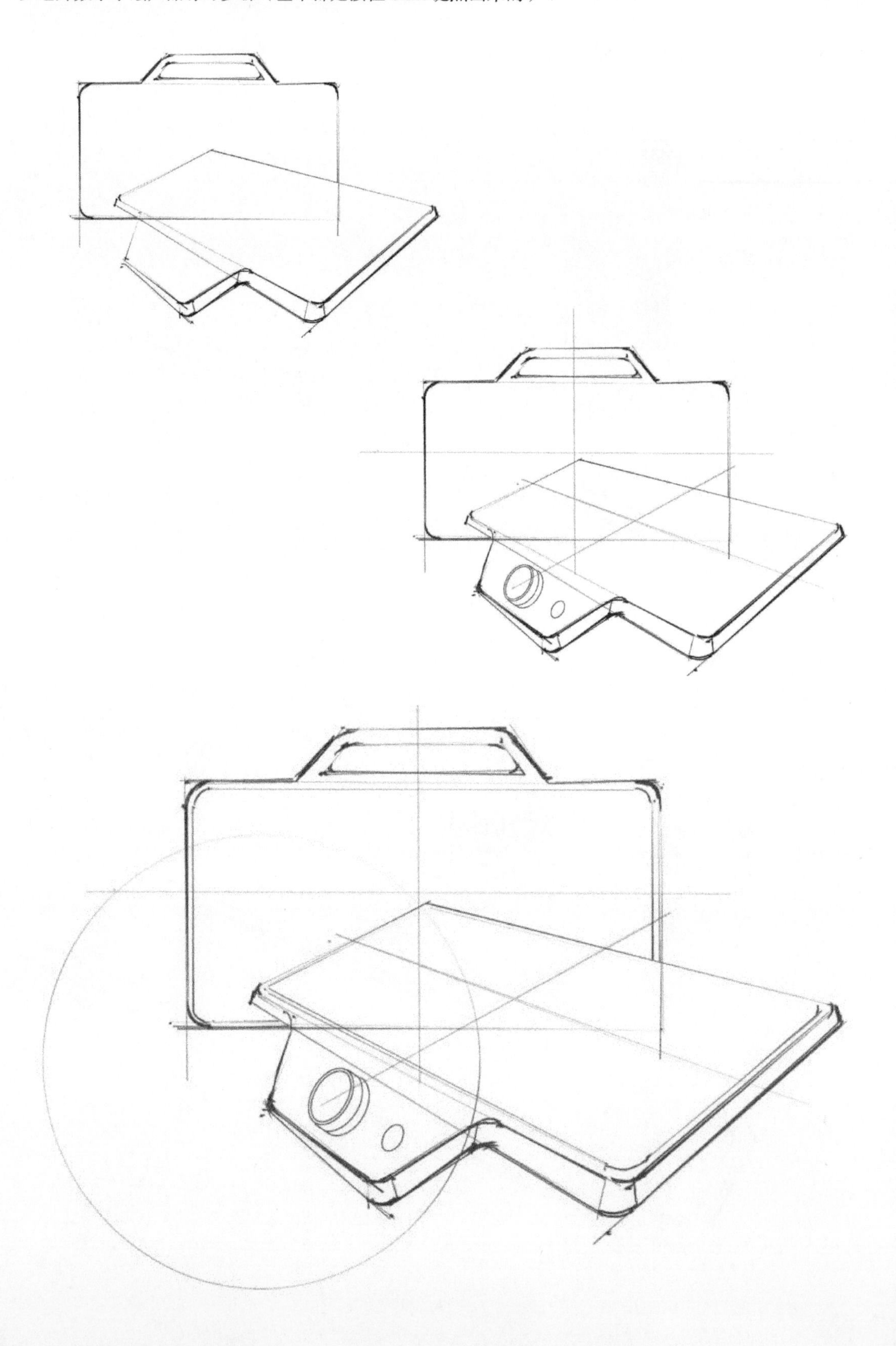

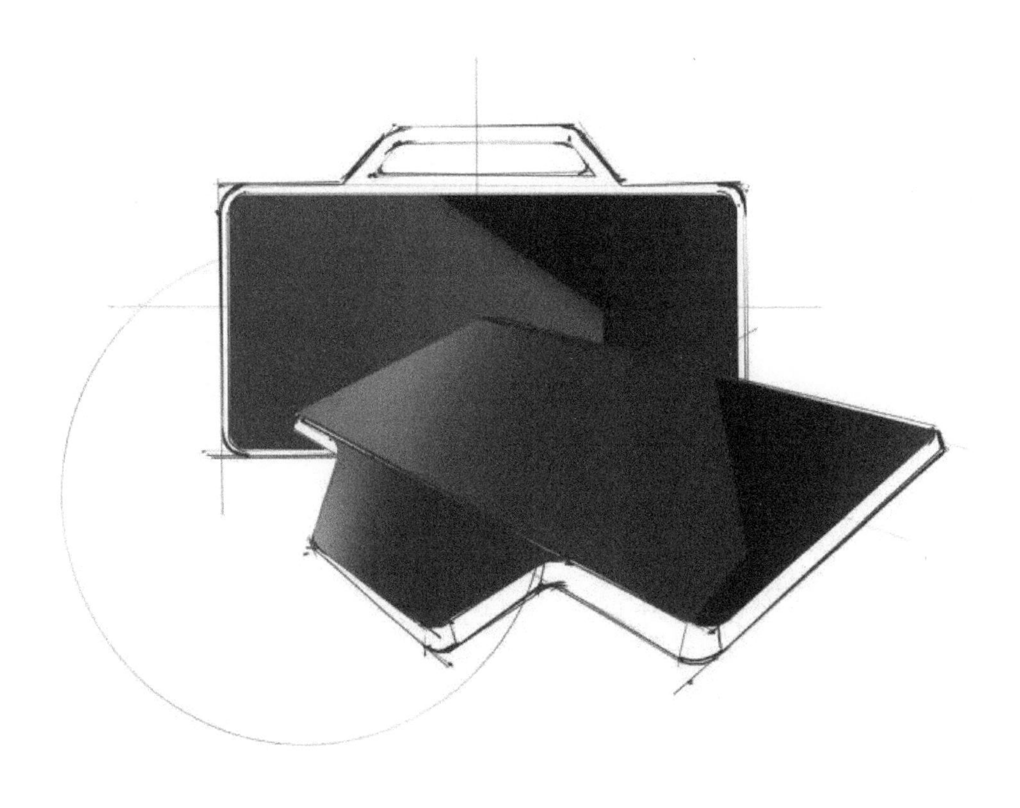

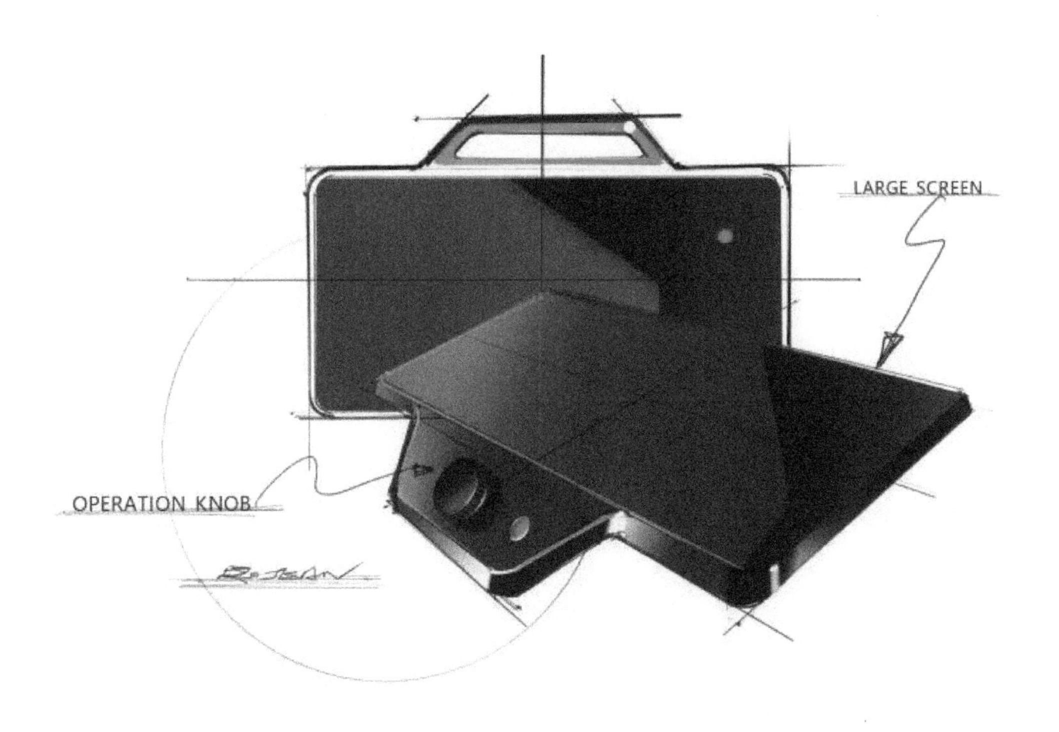

LARGE SCREEN
OPERATION KNOB

罗老师数字手绘产品练习步骤 ▼

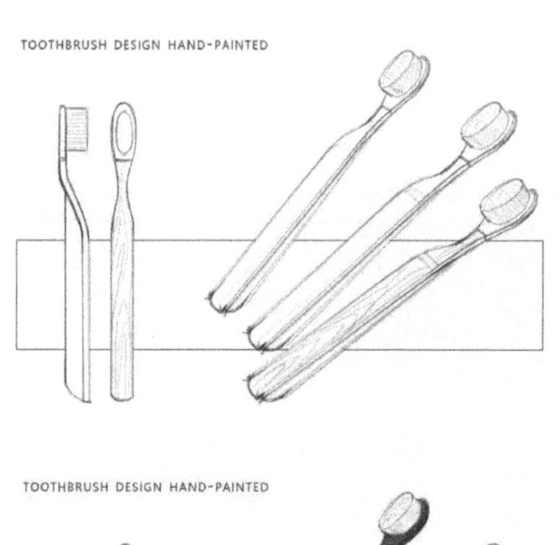

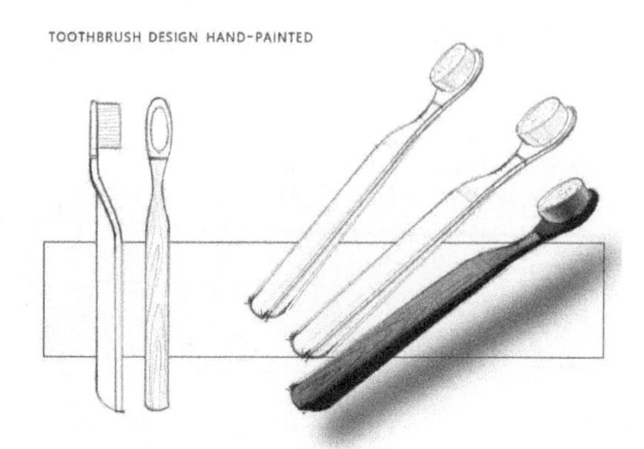

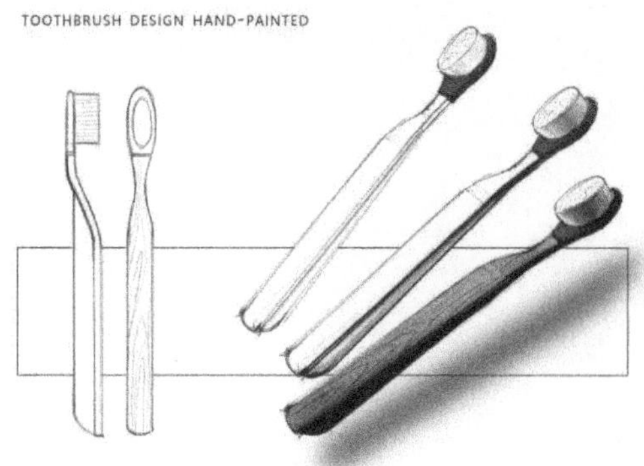

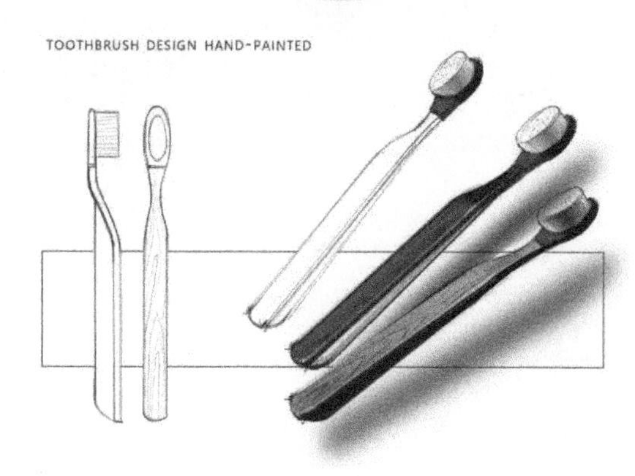

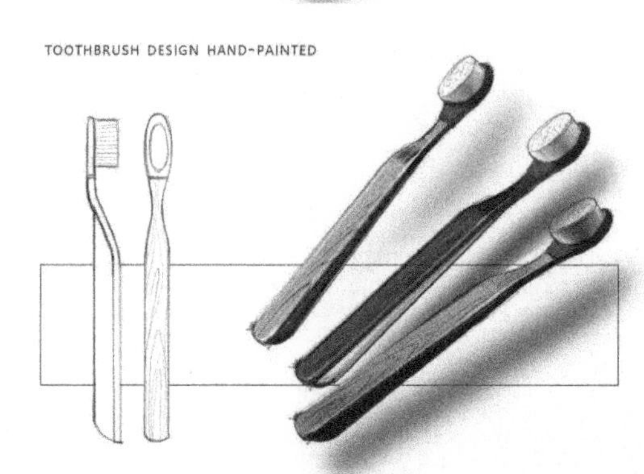

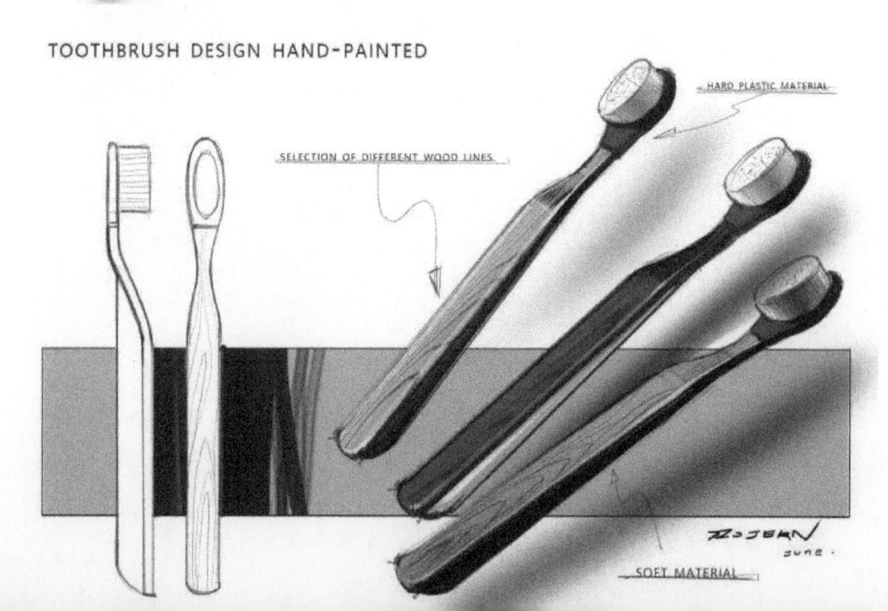

用上面罗老师讲授的方法，在画线时既能够节省时间，又能够得到不一样的效果。而应用到汽车手绘图中，一个好的汽车线稿作品，用数字手绘画到下面这个程度就可以了。

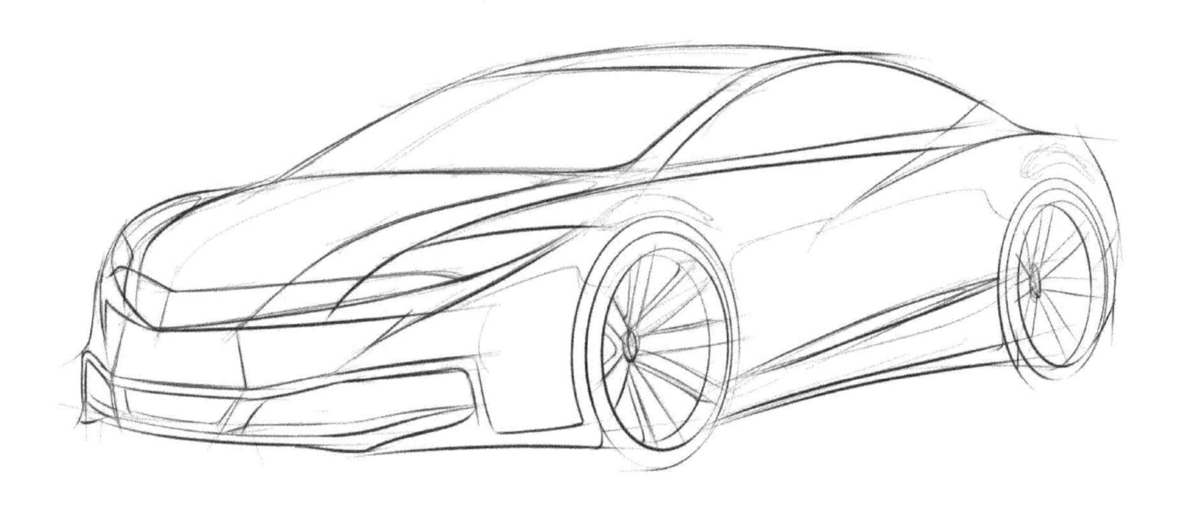

看到这里，你也许会问：

罗老师，这只能保证线画得直挺，但是

透视画不对
比例画不准
怎么办?

别担心，因为这是数字手绘，我们有“Ctrl+Z”。

什么意思？

用一张图来说明。

线①的位置和方向你认为一次就能画准吗？

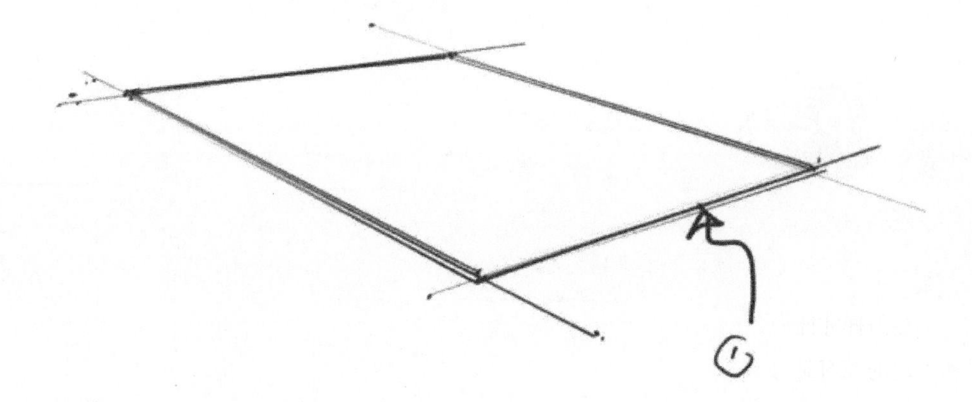

实则是按了几次 Ctrl+Z 得到的效果。

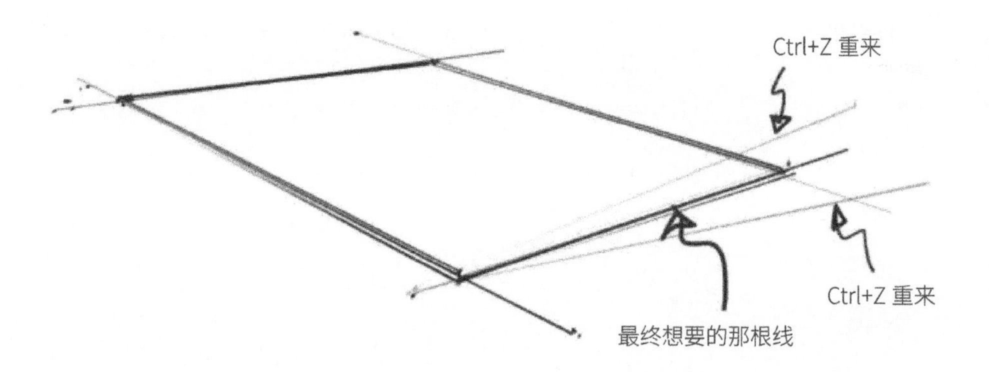

对于零基础的小伙伴来说不可能笔笔画准，使用 Ctrl+Z 可以让之前画错的线完全消失，因此可以消除大家手绘时的顾虑。

第三节：如何才能做到手笔合一

以下演示案例所使用软件为 Photoshop。

数字手绘怎样才能做到手笔合一？

这和一定的练习量分不开。

那么，画多少张作品才能达到你心中的目标？

罗老师要说一句，在数字手绘领域中，不存在多少张，只能说多少 MB，或者多少 GB。

比如，你硬盘里存了多少 GB 的视频？

你硬盘的文件夹里存了多少 GB 的数字手绘作业练习文档？

传统手绘这样存放作品

数字手绘这样存放作品

平时的草图手绘

所以，在数字手绘领域中，应该说画多少 GB 可以达到你心中的目标，或者画掉多少支笔可以达到你心中的目标？答案就是一直画 + 正确有效的方法。

每张作品画到自己满意为止。

每张作品画到能清晰表达自己的设计思想为止。

每张作品画到和互联网上的优秀作品不相上下为止。

把下面这些数位板专用笔画掉、摩擦掉就应该差不多了……

下面罗老师以五金产品电钻的钻头为例讲一讲排线的方法。

画出产品线框是首要的▼

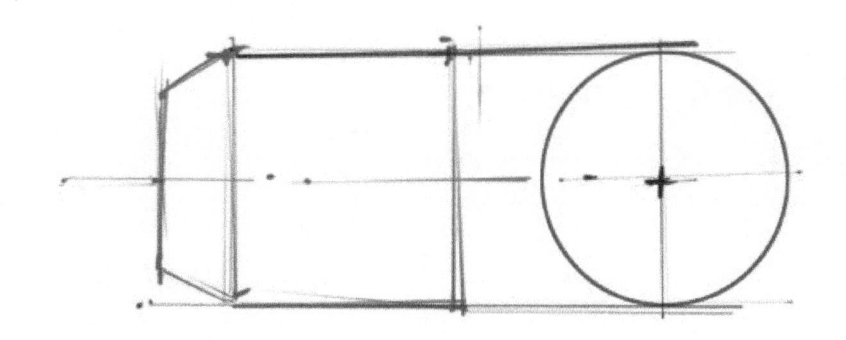

记住，有线框后一定要新建一个图层，因为线条画好以后要用橡皮擦擦拭掉多余的部分，因此排线一定是单独的图层才可以▼

开始排线，排出的线条要超出线稿本身，否则就会造成线条排线畏畏缩缩的感觉▼

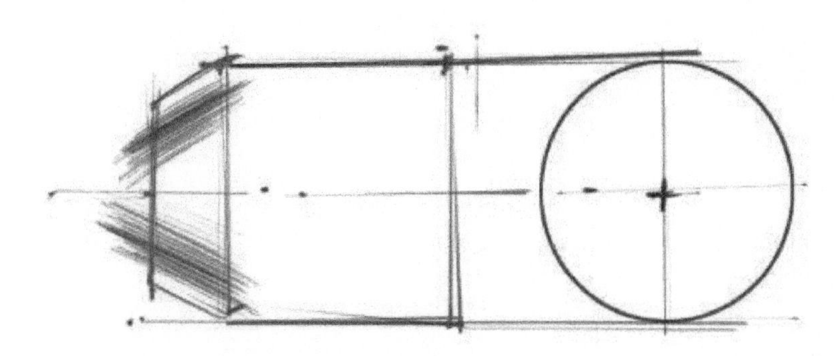

把线条细节放大后的效果▼

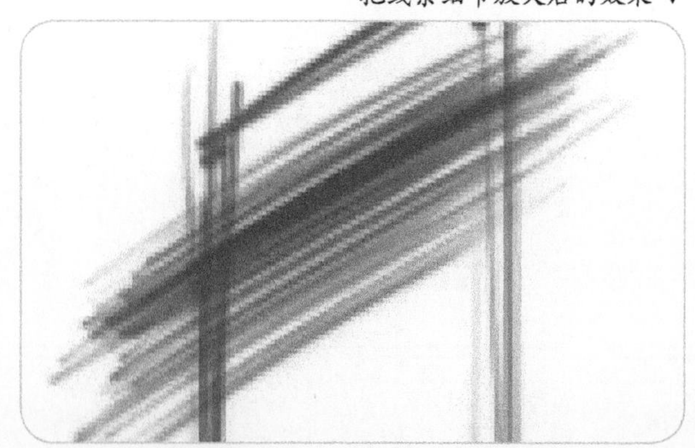

在 Photoshop 左侧的工具栏中找到橡皮擦工具▼

设置硬度属性为 100%▼

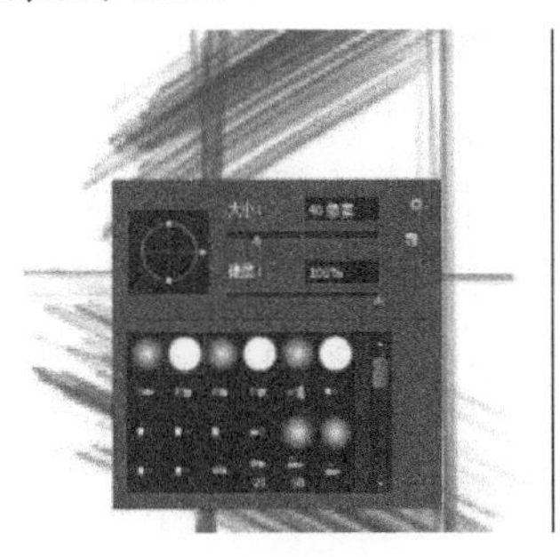

使用橡皮擦工具上下擦拭掉多余的部分▼

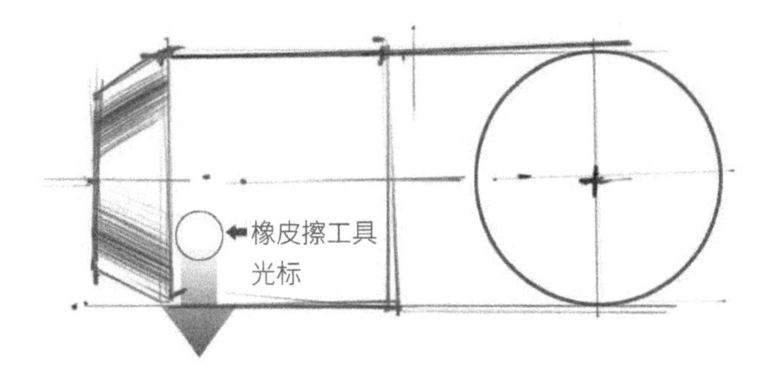

同样的原理，画出其他地方的排线▼

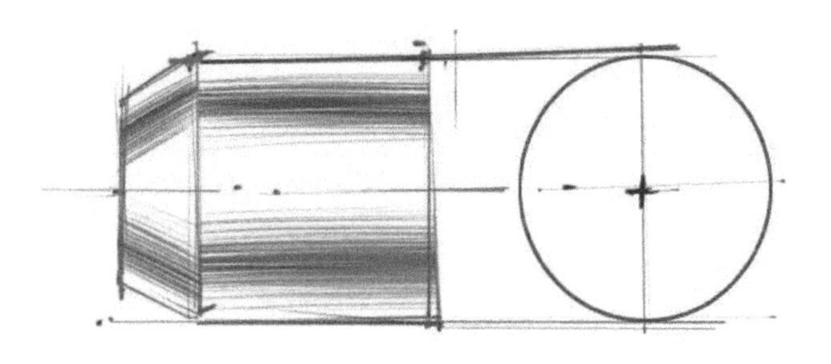

加上底色，效果更佳 ▼

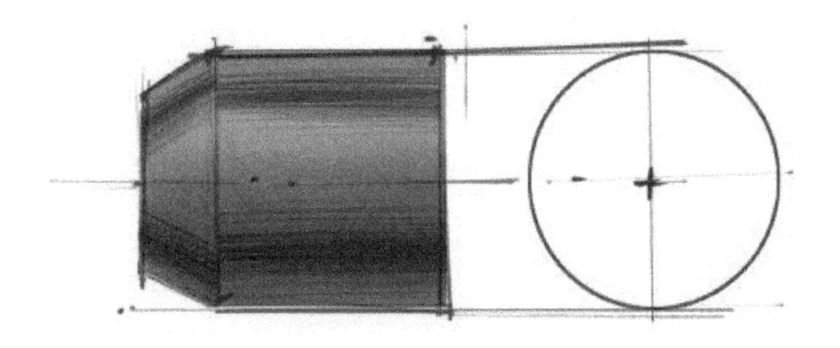

从上述手绘案例可以看出数字手绘与传统手绘画线、排线、铺线的区别，数字手绘是一种完全不一样的手绘逻辑关系，所以在画线过程中有很多方法和顺序是要遵循数字手绘逻辑的。

第四节：数字手绘画线稿基础讲解与演示

一、数字手绘画线稿基础讲解

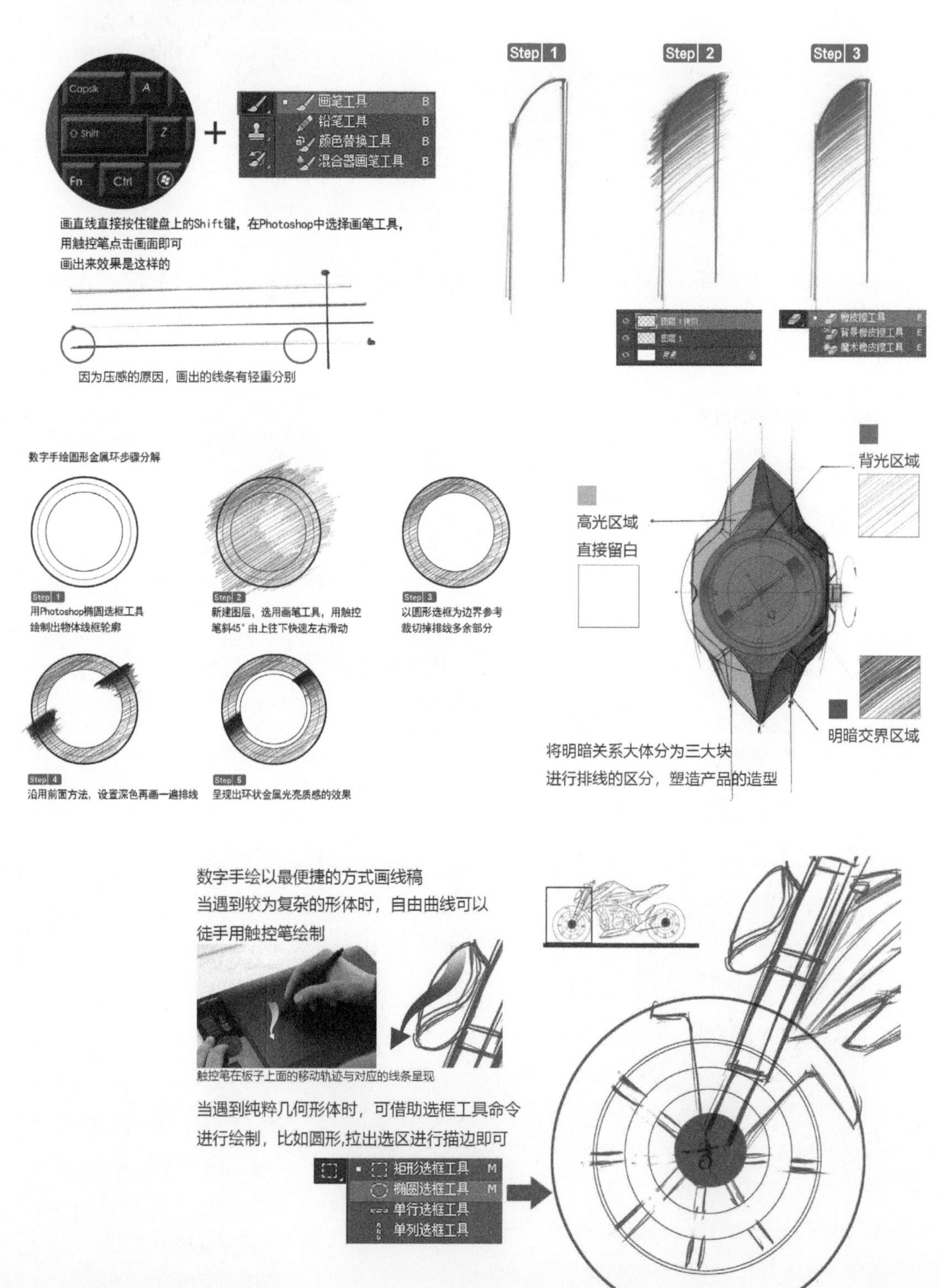

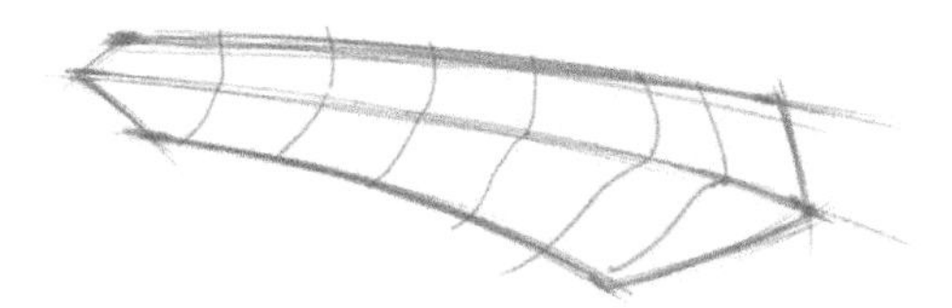

Step 1 绘制出造型线稿，预先设置想好造型的曲面。

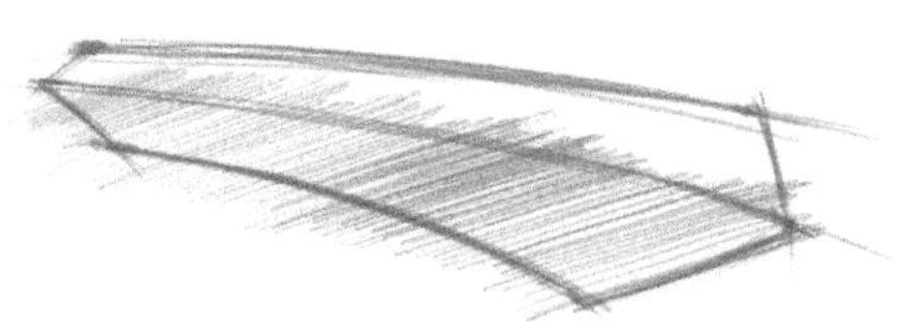

Step 2 开始排线，通常斜 45°，线头排出也没有关系，关键是线条一定要放松排列。

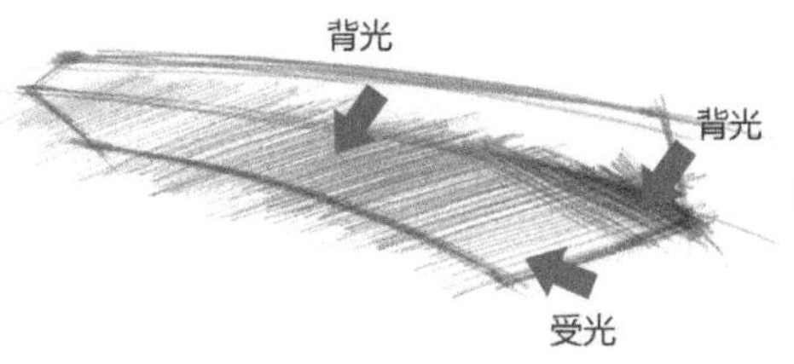

Step 3 用线条的疏密来区分受光和背光。

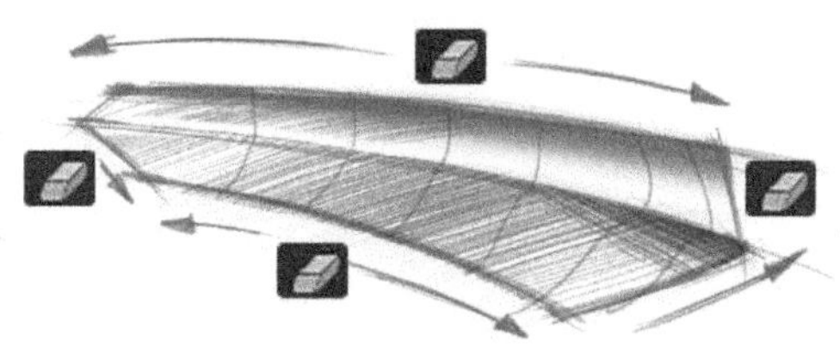

Step 4 用橡皮擦工具擦拭掉外轮廓线之外多余的排线，将橡皮擦工具的不透明度设置成 100%。

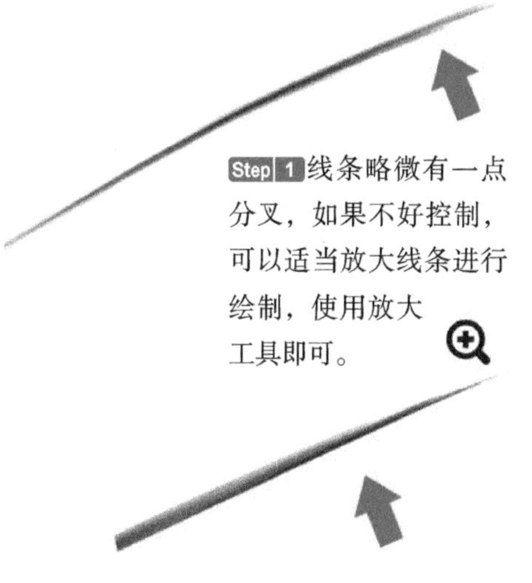

Step 1 线条略微有一点分叉，如果不好控制，可以适当放大线条进行绘制，使用放大工具即可。

Step 3 放大后再进行叠加画线，会让线条更加准确地画在该画的位置上。

Step 2 放大以后，线条分叉的地方会看得比较清晰。

二、格色渲染教师作品

（一）数字手绘画短弧线

选用 Photoshop 软件进行数字手绘步骤演示讲解。

Step 1 选择 Photoshop 软件工具栏中的画笔工具，笔头半径调小，透明度调整到 50%，开始绘制造型线稿。

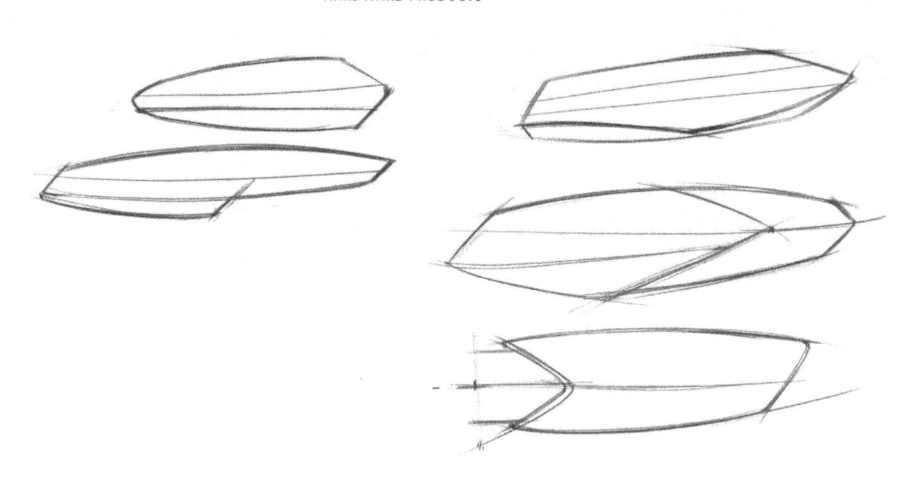

Step 2 开始排线，用于表现刀具把手造型的背光区域，线条角度为斜 45°，由左下方向右上方反复排列线条。

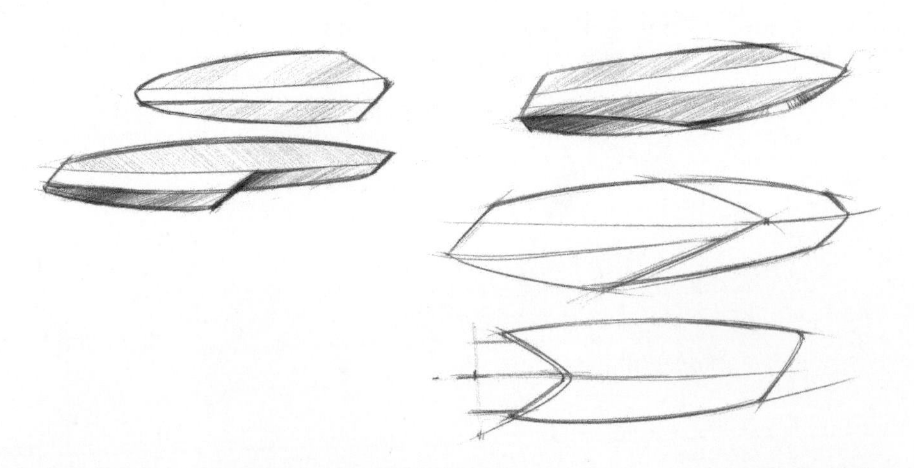

Step 3 继续排线，排列出的线条一定要有疏密之分，让其有一定的变化。

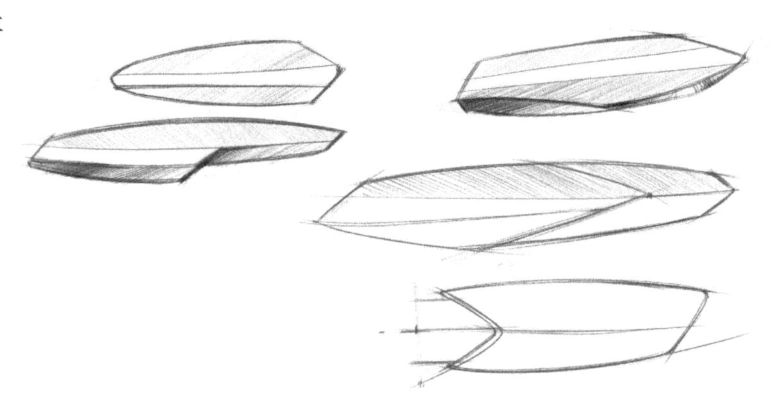

HARDWARE PRODUCTS

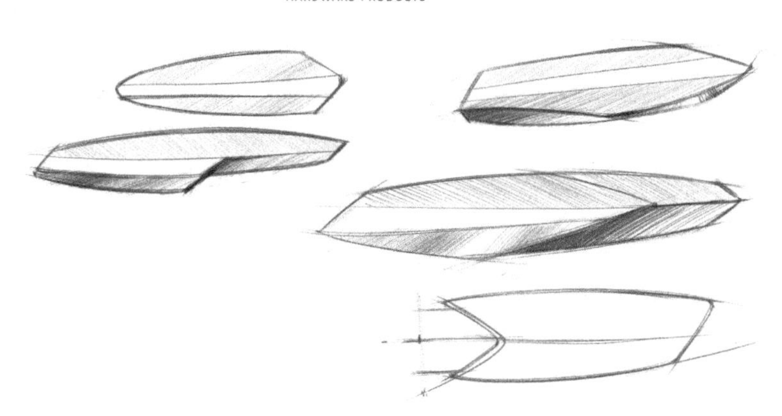

Step 4 继续用排线法塑造刀具把手造型，握触控笔时手腕不要按压笔头太重，手部力度需适中，快速滑动。

Step 5 可重复叠加排线（叠加次数越多，颜色越深），增加明暗对比效果。

HARDWARE PRODUCTS

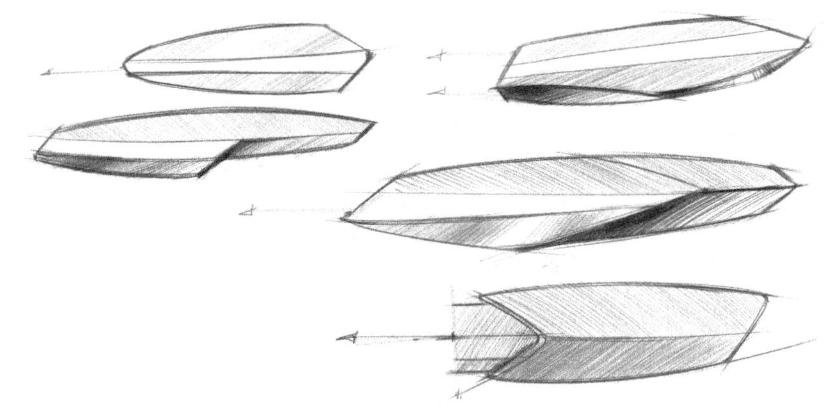

Step 6 基本每部分排线都单独提取出来进行对比，可看出面与面交接的地方排线最密。

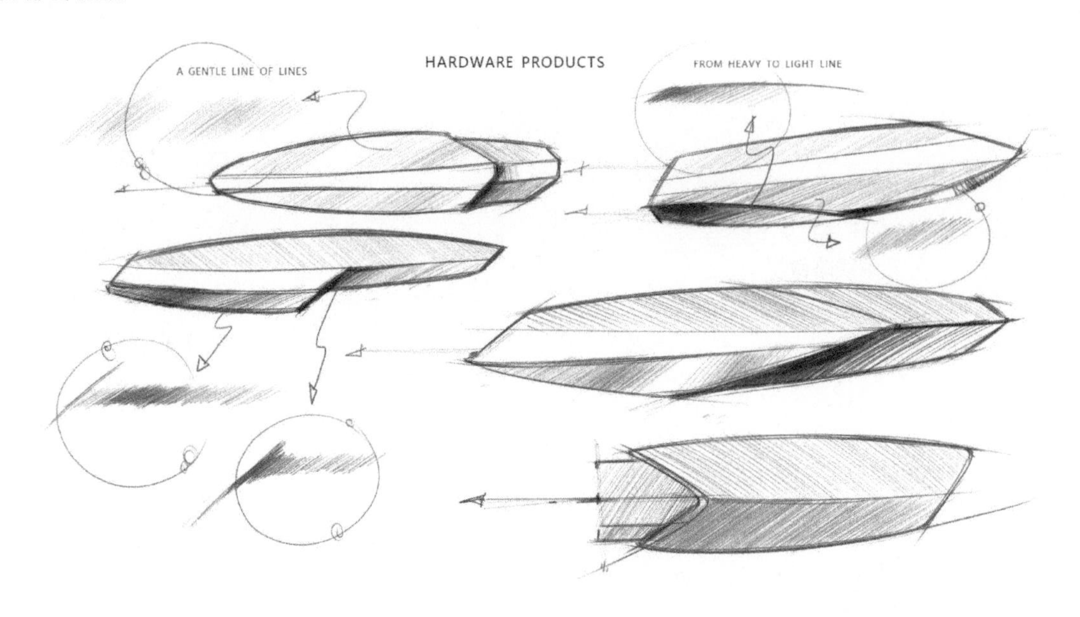

Step 7 添加背景颜色提亮高光线，让造型更加凸显，刀具把手造型最终效果呈现如下。

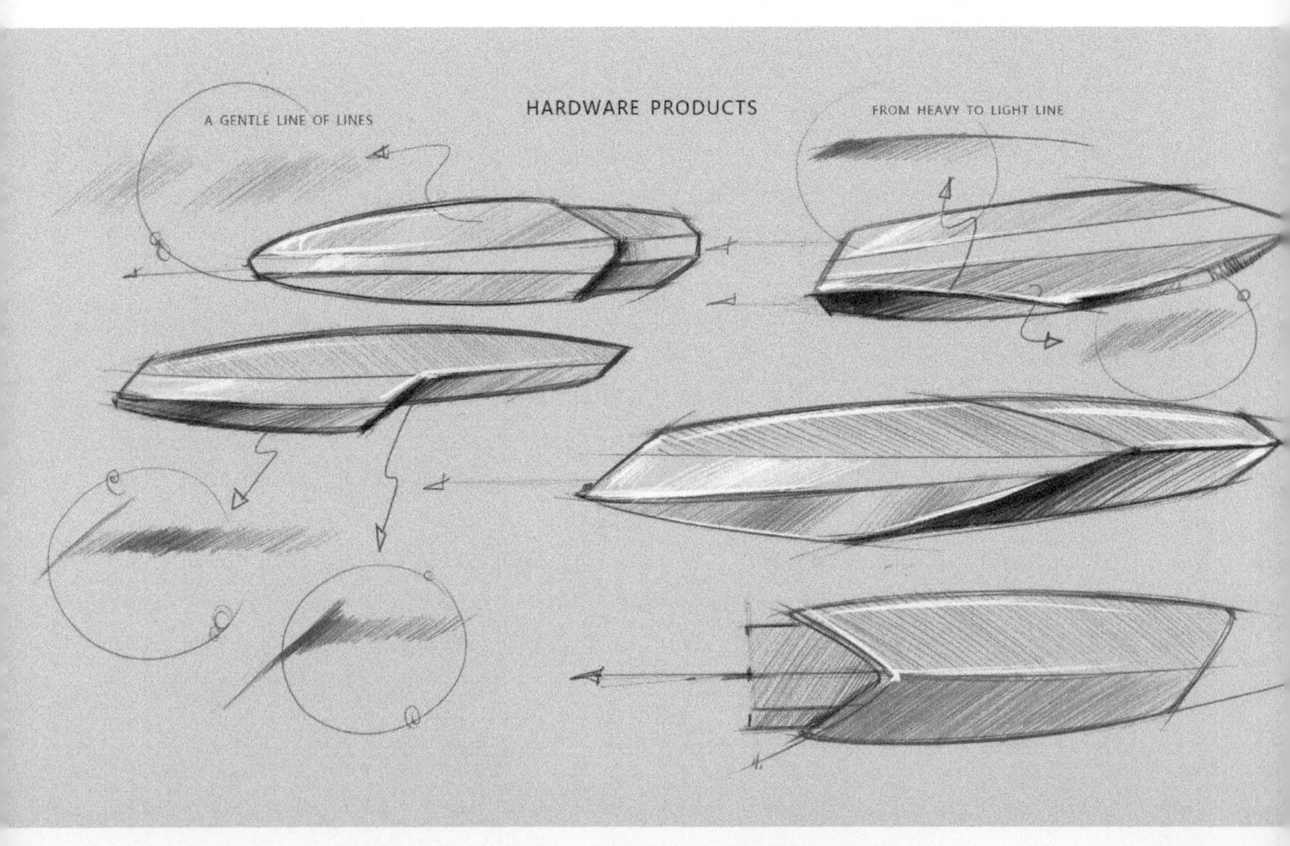

（二）数字手绘排线

选用 Photoshop 软件进行数字手绘步骤演示讲解。

Step 1 选用深蓝色配合画笔进行线条的绘制，先绘制出线条的大体外轮廓、结构线，要稍微有所区分，外轮廓线略微粗一点。

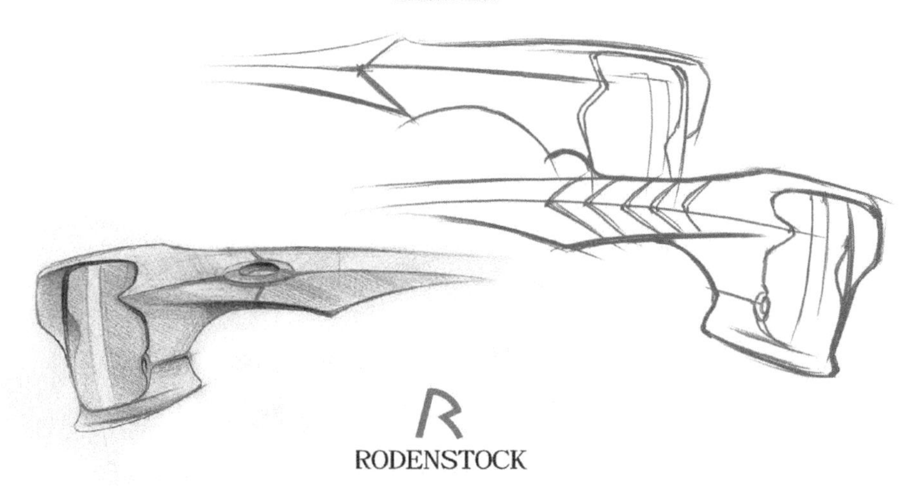

Step 2 开始排线，排线的方式和传统彩铅排线的方式不太一样，如图所示。

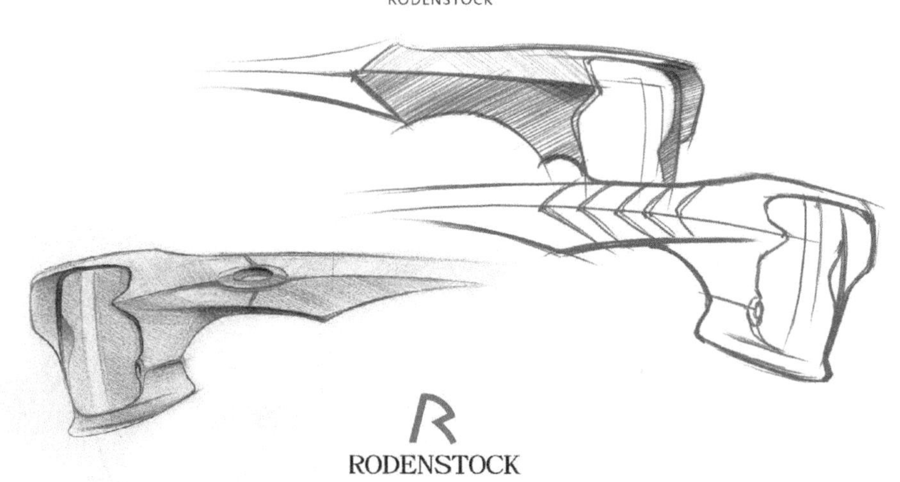

Step 3 眼镜镜框尾部也持续用细密的排线进行塑造。

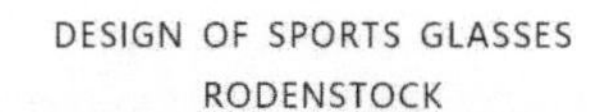

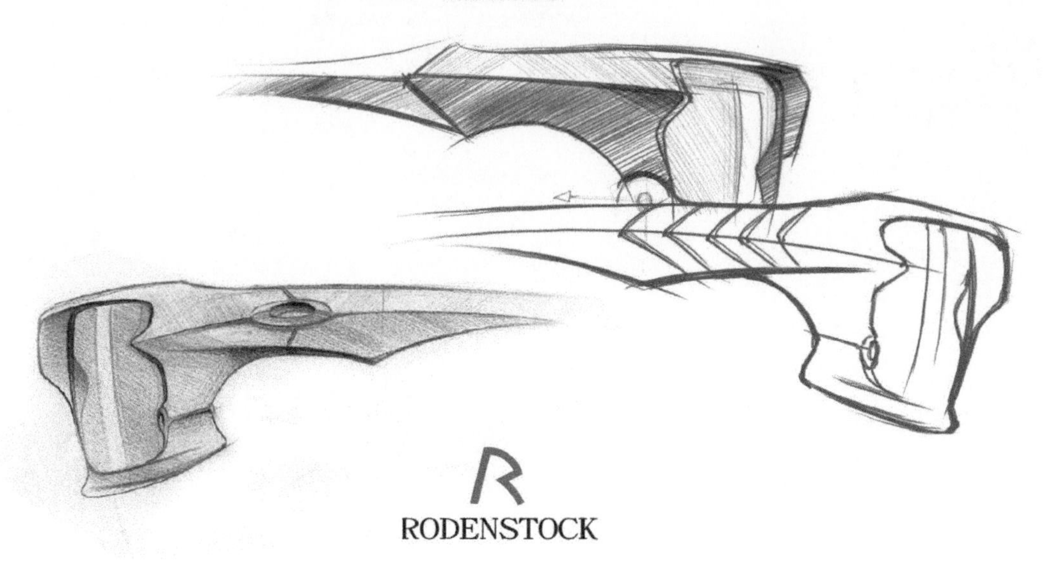

Step 4 开始塑造镜片，中间留出空白，对两边进行排线塑造。

DESIGN OF SPORTS GLASSES
RODENSTOCK

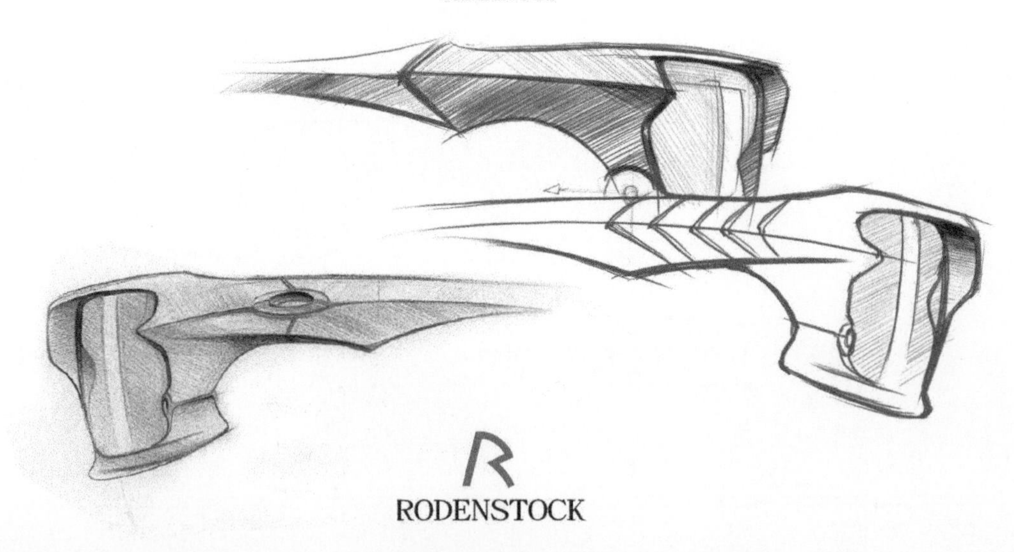

Step 5 塑造前面眼镜的镜框架部分，笔触要细，颜色要深，突出深浅对比。

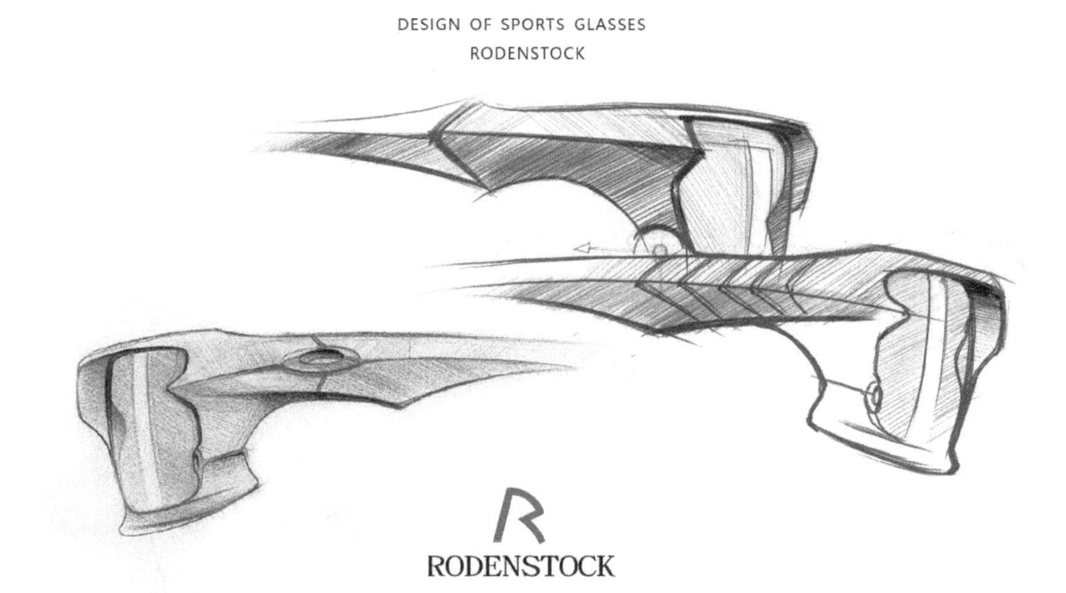

Step 6 加上文字标注和箭头，最终效果如图所示。

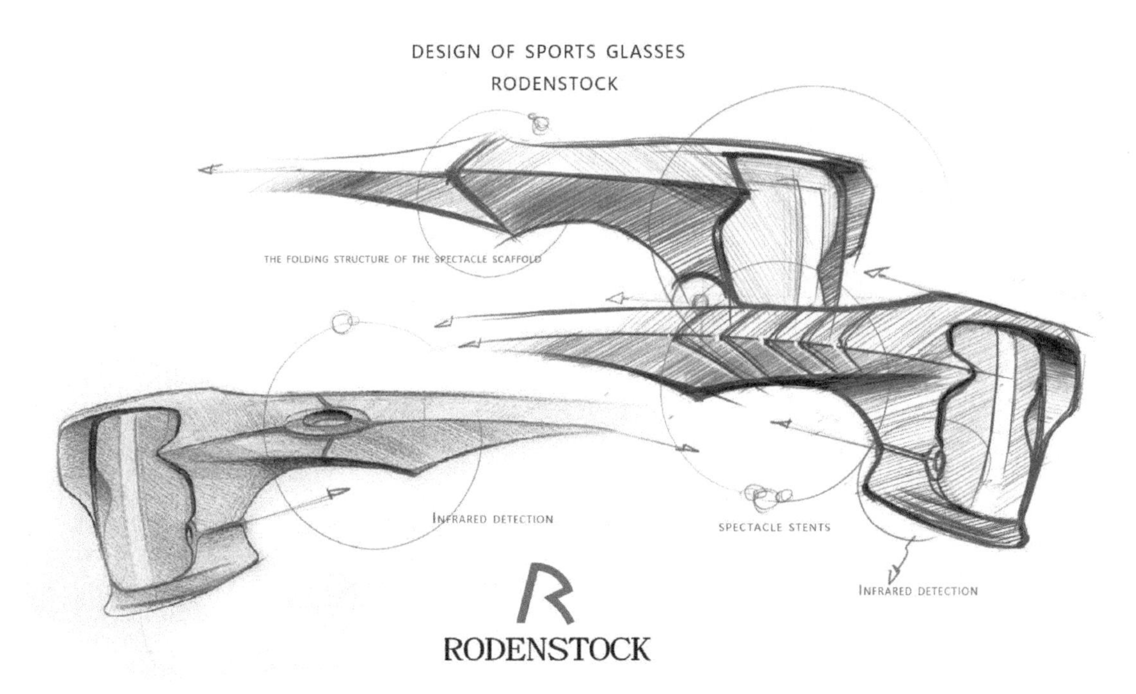

（三）数字手绘画线稿细节

选用 Photoshop 软件进行数字手绘步骤演示讲解。

Step 1 传统彩铅手绘出本节的效果图需要彩铅、直尺、圆模板，而在数字手绘中，只需要 Photoshop 软件和数位板即可，Photoshop 软件中的矩形选框工具命令、椭圆选框工具命令、画笔工具命令就相当于直尺、圆模板、彩铅。

传统手绘工具（右）和数字手绘 Photoshop 软件工具（左）的对比（Photoshop 软件一个工具栏"单挑"右侧这些传统手绘工具）

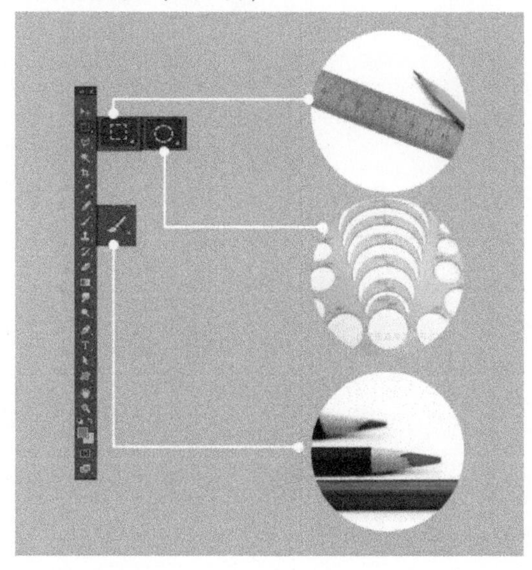

数字手绘画直线的方法：

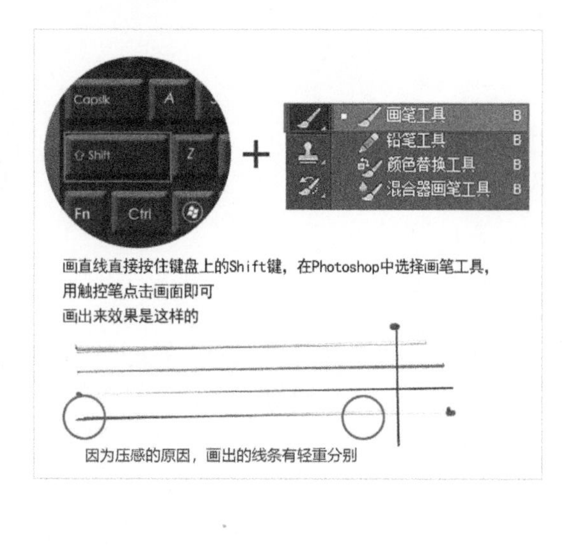

在规定范围内数字手绘排线：

Step1 画出线框，排出的线不能超过线框范围。

Step2 新建图层后，用喷笔工具由密到疏排线。

Step3 选择橡皮擦工具，将不透明度调到 100%，擦拭掉多余部分。

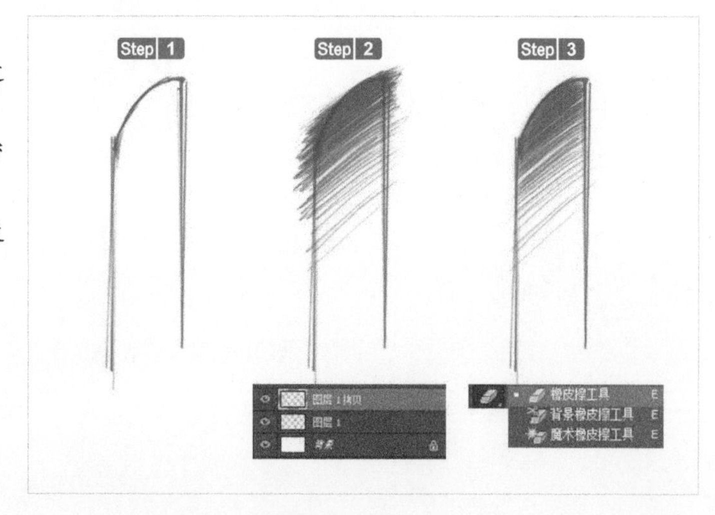

用同样的方法
画出其他部分。

数字手绘圆形金属环步骤分解

Step 1
用Photoshop椭圆选框工具
绘制出物体线框轮廓

Step 2
新建图层，选用画笔工具，用触控
笔斜45°由上往下快速左右滑动

Step 3
以圆形选框为边界参考
裁切掉排线多余部分

Step 4
沿用前面方法，设置深色再画一遍排线

Step 5
呈现出环状金属光亮质感的效果

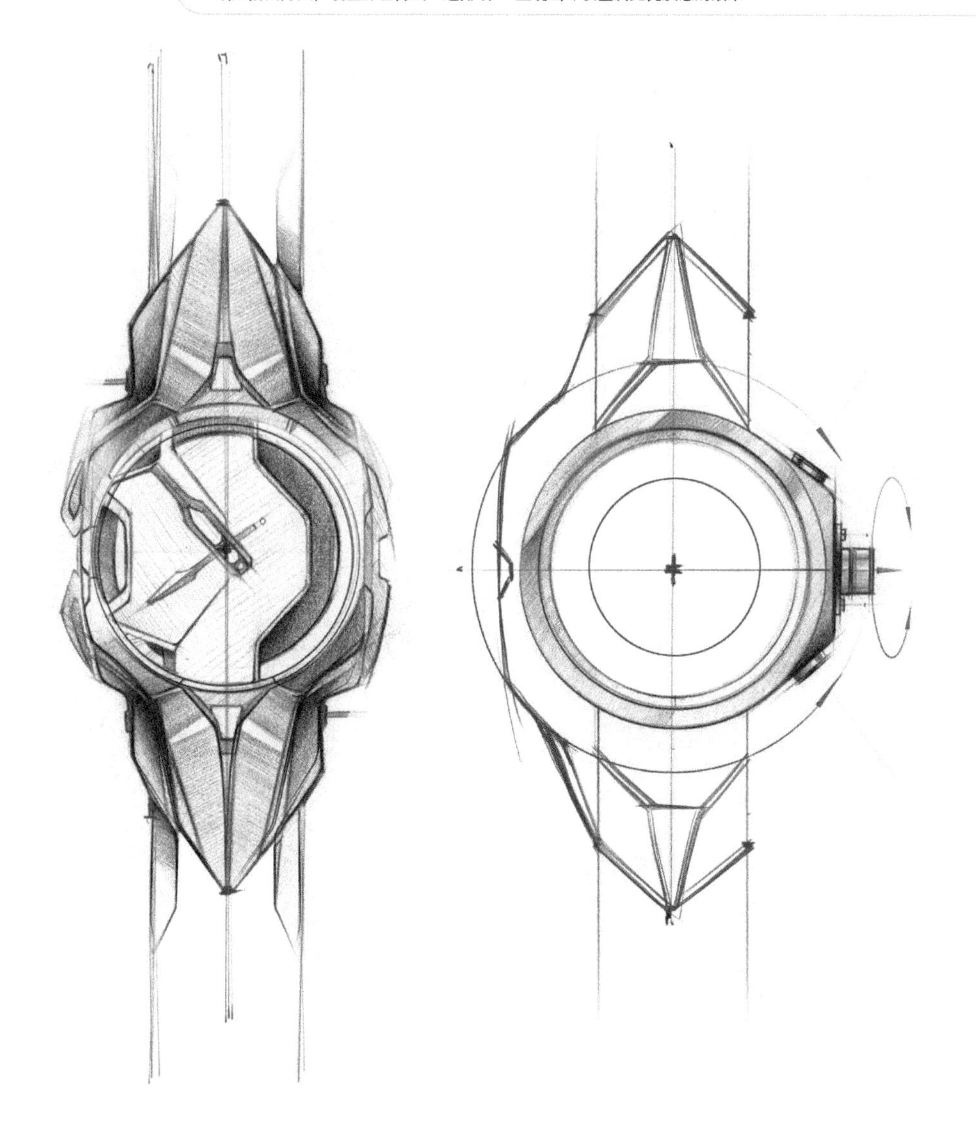

Step 2 对于左右完全对称的部分，可以用复制、镜像旋转的方式提高作图效率，也就是说在数字手绘中只画一半，另一半直接复制，再进行变换、水平翻转。

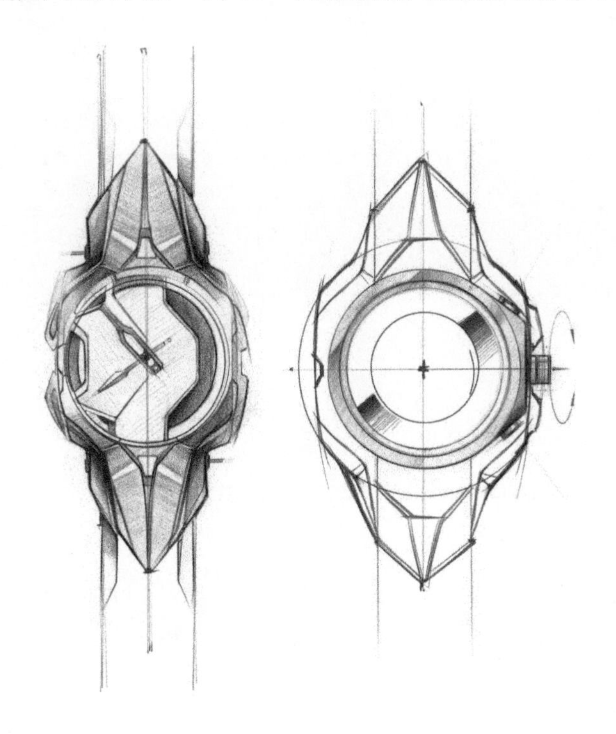

Step 3 绘制出手表的指针，在数字手绘中，如果没有把握徒手画直线条，则可以按住 Shift 键进行点画，无须借助选框、直尺等工具。

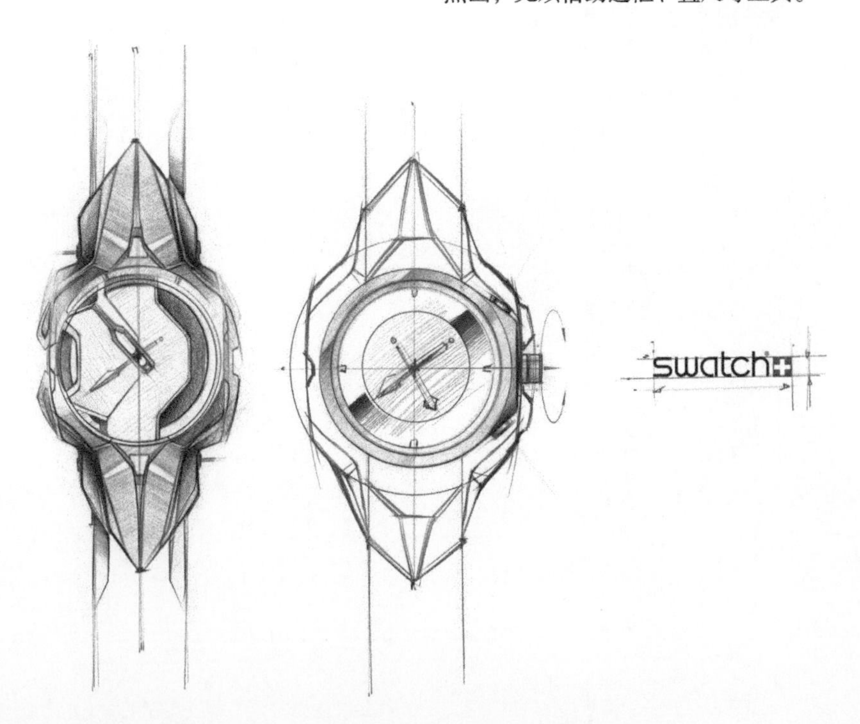

Step 4 最终效果图呈现。

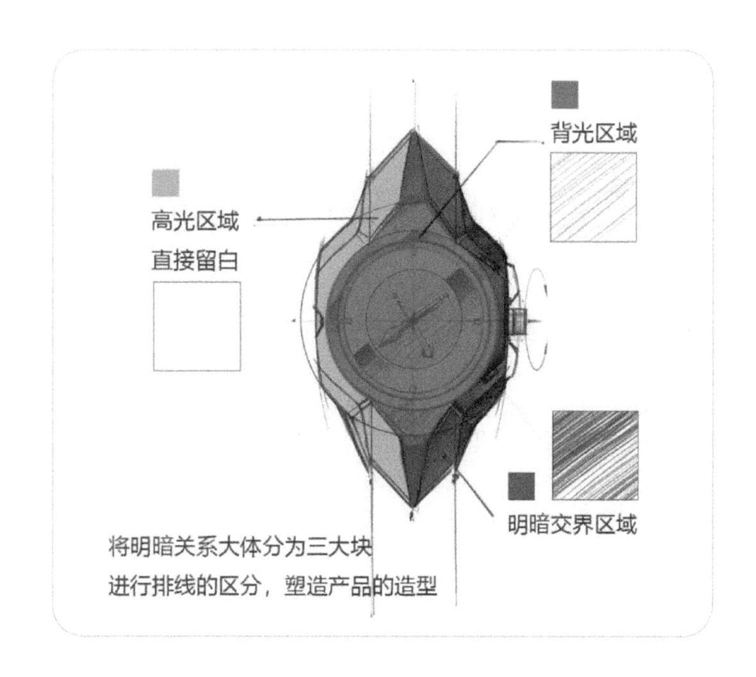

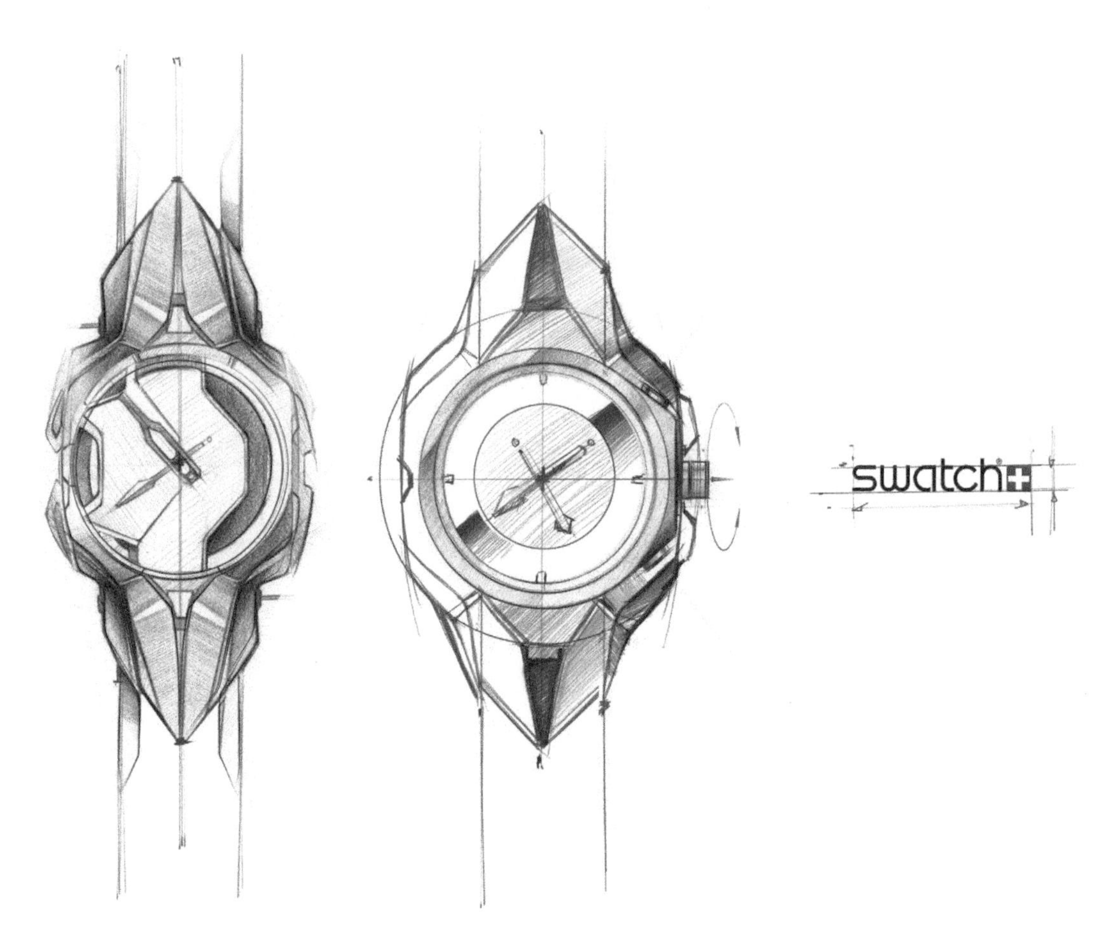

（四）数字手绘画简单形体

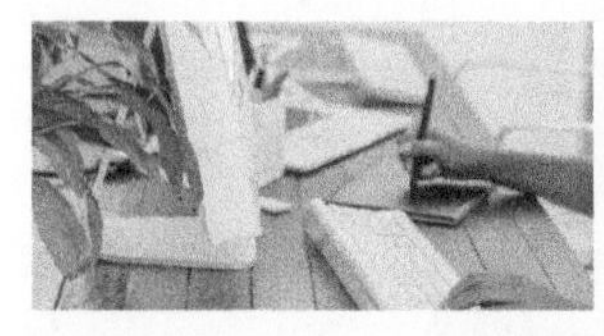

选用 Photoshop 软件进行数字手绘步骤演示讲解。

Step 1 五金产品数字手绘线稿要求非常严谨，细节等要绘制清晰，因此就需要使用 Photoshop 中较小直径的笔头，画的每一根线条要足够细致，才能达到严谨的效果。图中罗老师刻意把线头部分用橡皮擦工具擦除，从而使画面整洁干净。

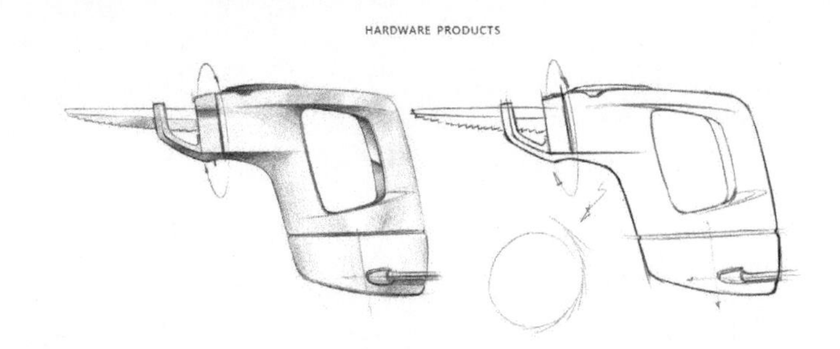

Step 2 开始尝试排线，可以先从最暗部开始，排线时不要拘谨，一定要放开，排出线框多余的线条后续可以用橡皮擦工具擦除。

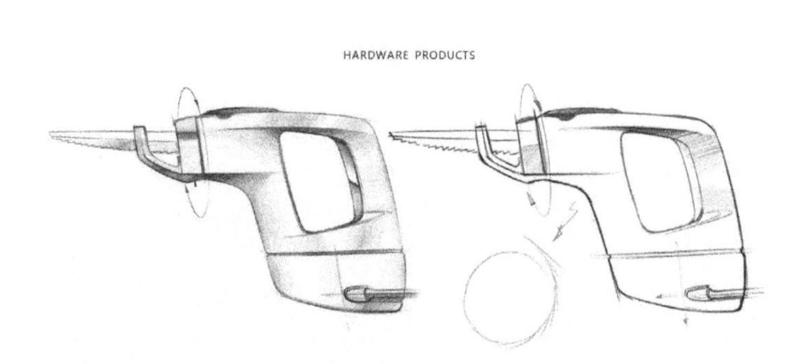

Step 3 继续用排线方式塑造形体，这个线稿里面所有的暗部都是以排线方式存在的。手握触控笔的力道大小对于绘制出线条轻重缓急起着决定性作用，手部不能按压太重，应该力道适中，触控笔笔头轻触绘板即可。

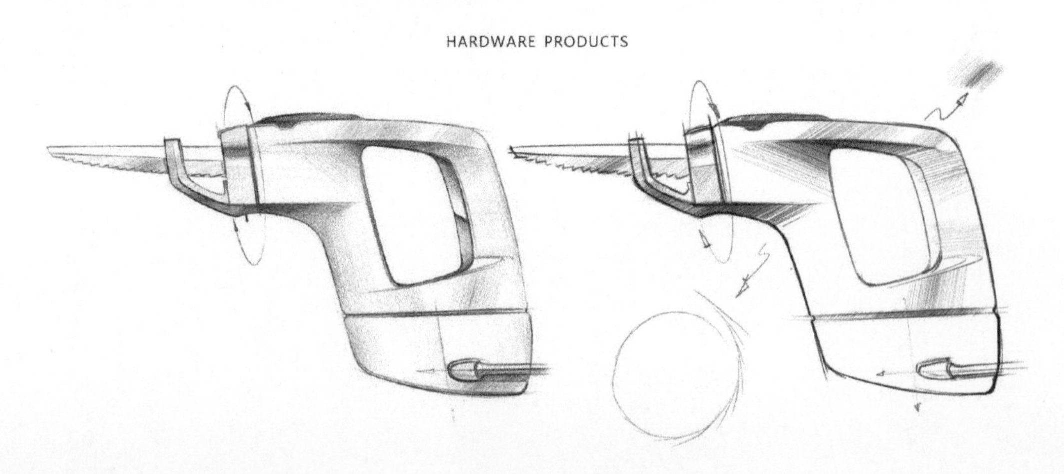

Step 4 五金产品最终线稿效果图呈现。

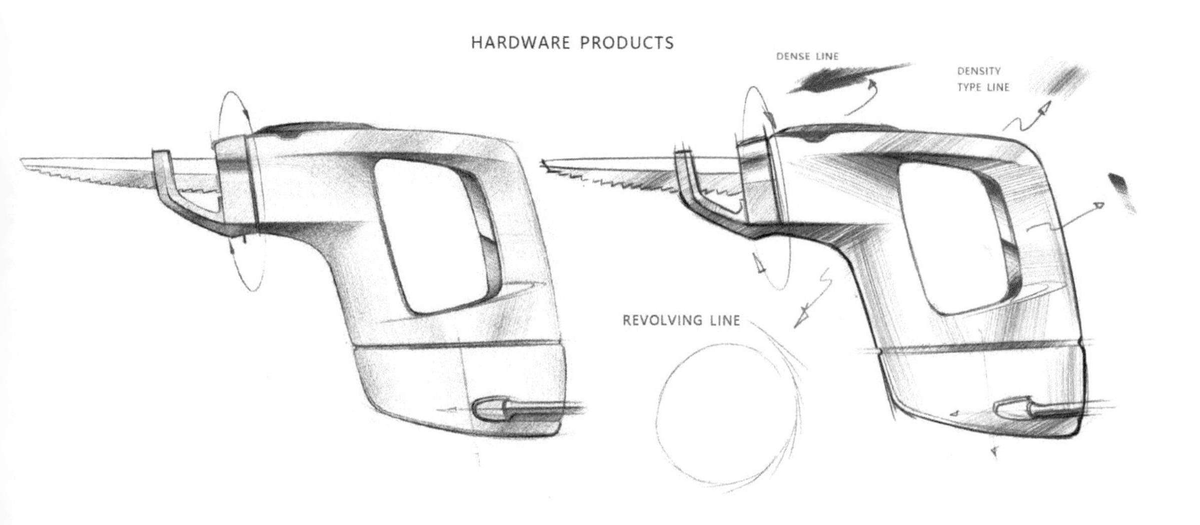

BOSCH

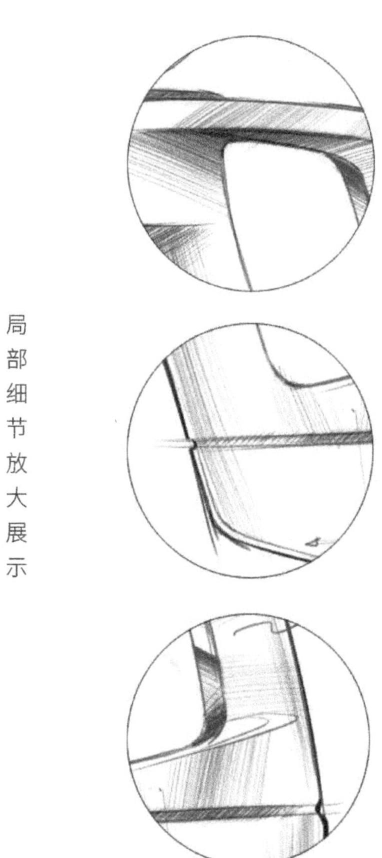

（五）数字手绘画复杂形体

选用 Photoshop 软件进行数字手绘步骤演示讲解。

Step 1 有许多学习数字手绘的同学认为，数字手绘工业设计效果图可以让产品的润色变得更加方便，提升作品的质量，但却忽略了数字手绘在塑造产品线稿方面的优势。举一个简单的例子：应用 Photoshop 中的 Ctrl+Z 命令可以让很多初学者找到自信，其比使用彩铅、钢笔、水笔、勾线笔要方便、好用，因为它可以使你完全不留痕迹地返回到上一步操作，这也就意味着允许初学者画错。而使用彩铅在纸上作画画错时，即使用橡皮擦了也有痕迹，要想不留痕迹，只能重新换一张纸。我们就拿这张概念运输机械作品为例，自己想象的造型可以随意在数字手绘的过程中变化，一旦画错或者对自己绘制的造型不满意，则可以随时返回上一步或者返回到自己想要的那个步骤。

Step 2 逐步增加局部细节，但是这种增加是有先后顺序的，一定要逐渐缩小范围，由大到小。

Step 3 笔触轻重则是由轻到重，缓缓加深（数位板的压感完全可以做到这一点），强调车体的外轮廓线，人物的外轮廓线也需要强调。

Step 4 继续深入细节的刻画，各种零部件的细节逐渐塑造出来。数字手绘还有一个绝对优势，就是可以放大你要画的图，让细节更精致到位。

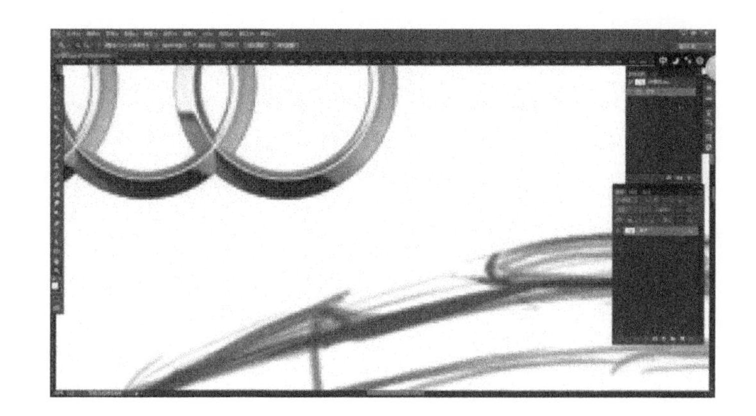

三、格色渲染学生练习

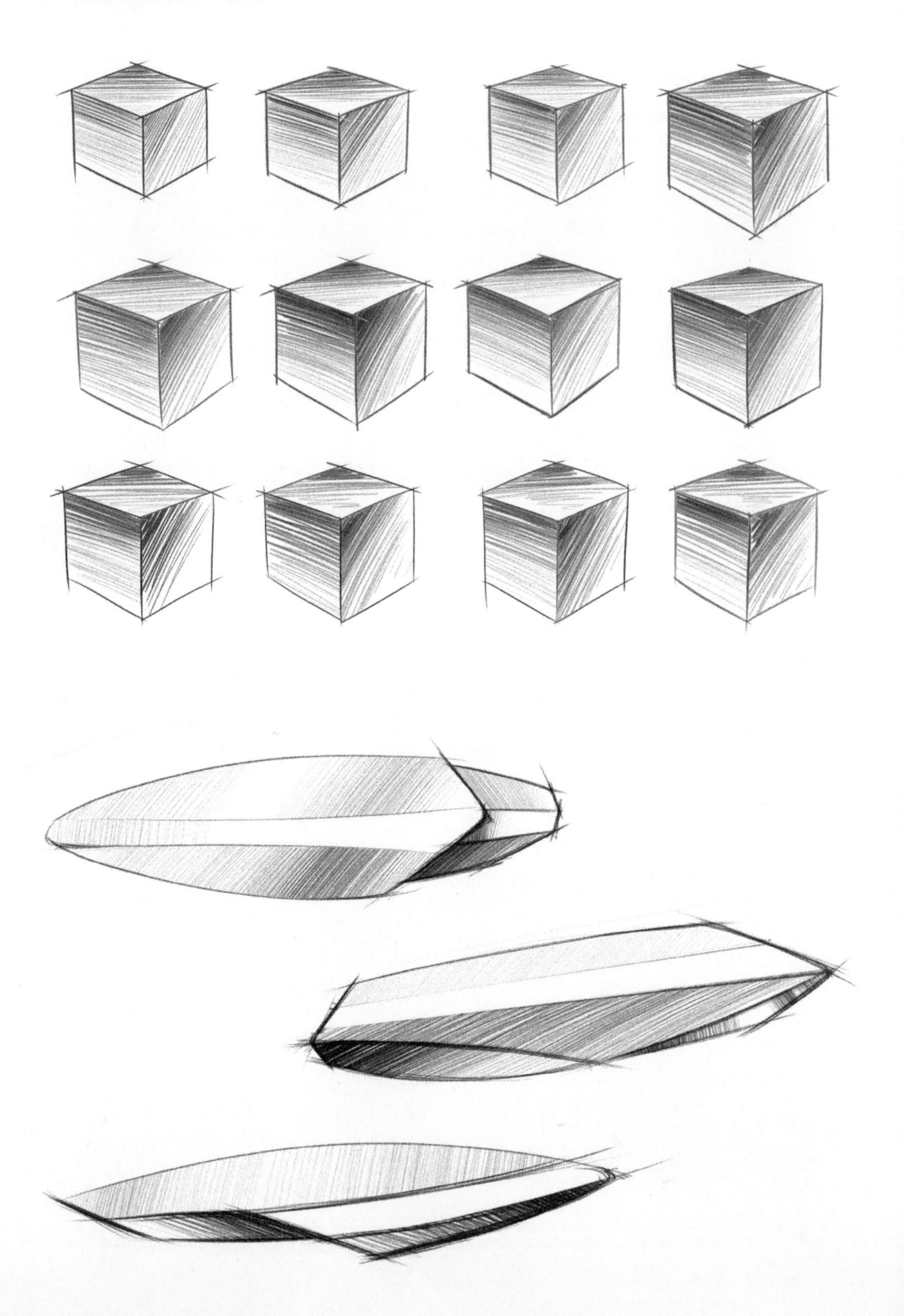

四、数字手绘怎样把圆画好

数字手绘怎样把圆画好？

彩铅徒手画圆有正确的方法，数字手绘画圆也有一套正确的方法，而且更加容易实现。为什么这么说？看步骤分析就清楚了。

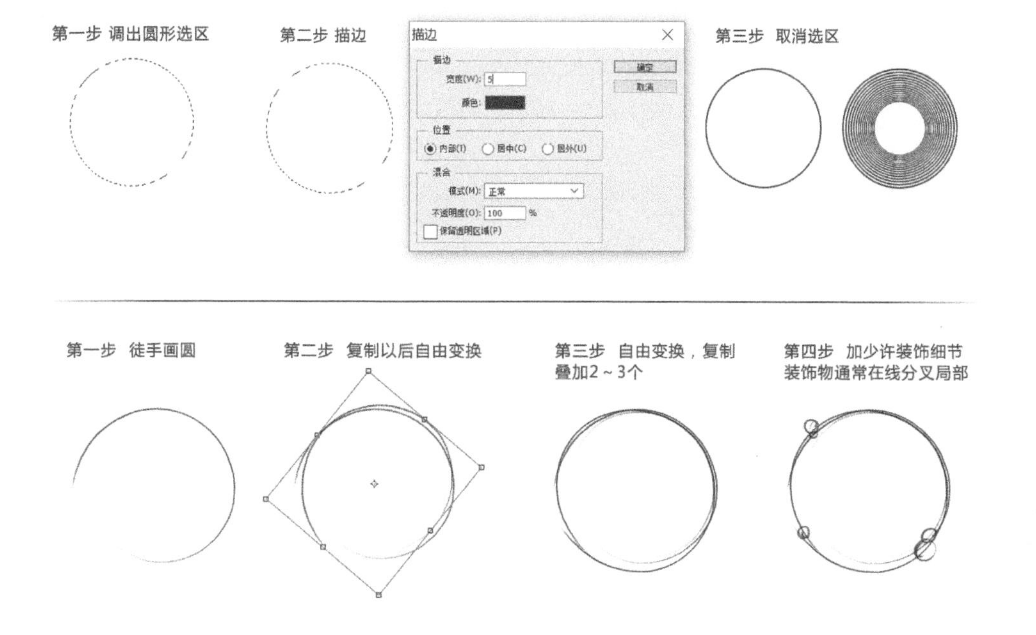

圆画好了可以用在哪些地方呢？

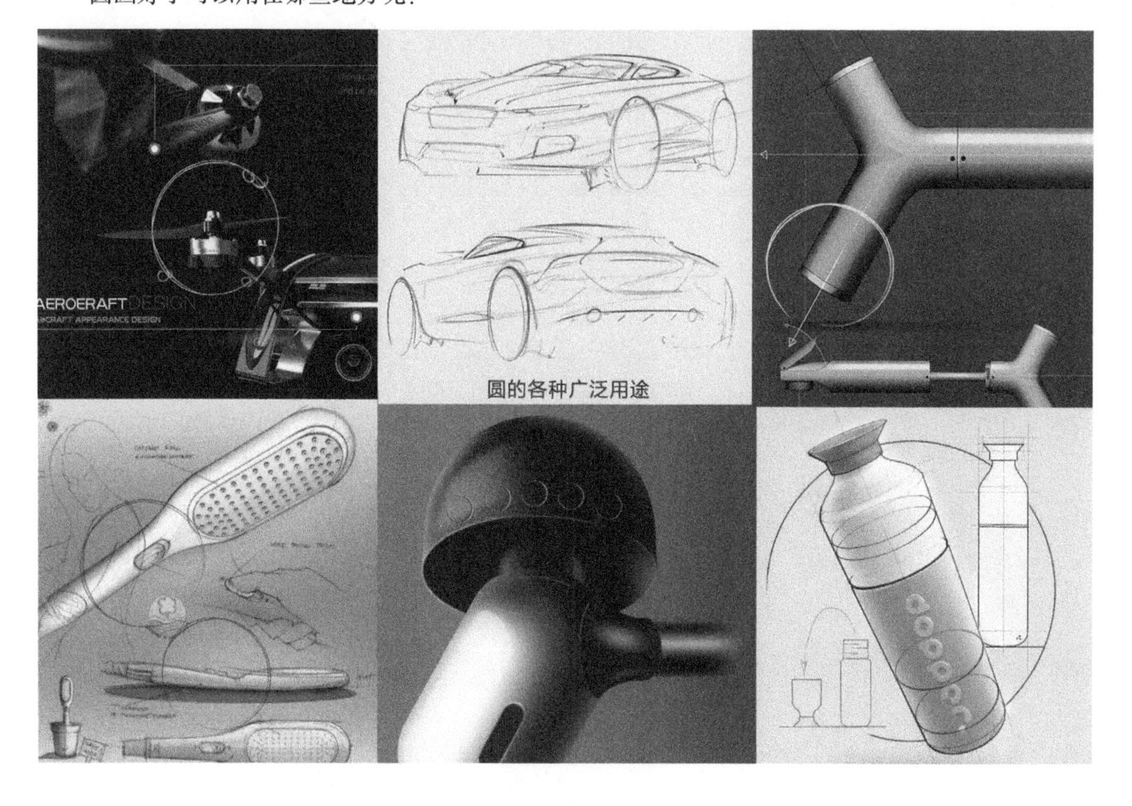

圆的各种广泛用途

第五节：数字手绘画线稿案例

格色渲染学员作品－仇文轩

▶ 剃须刀线稿练习

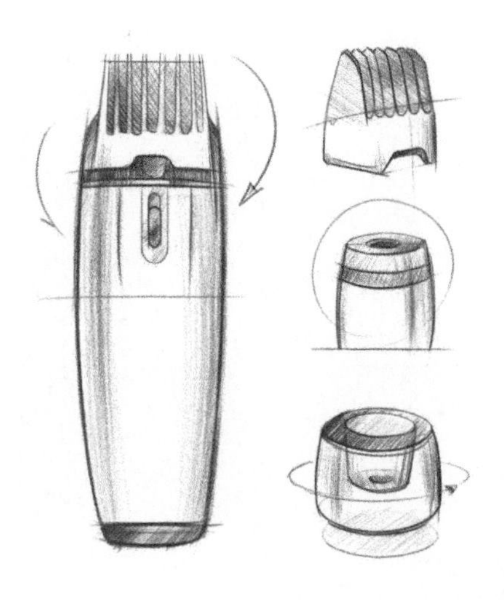

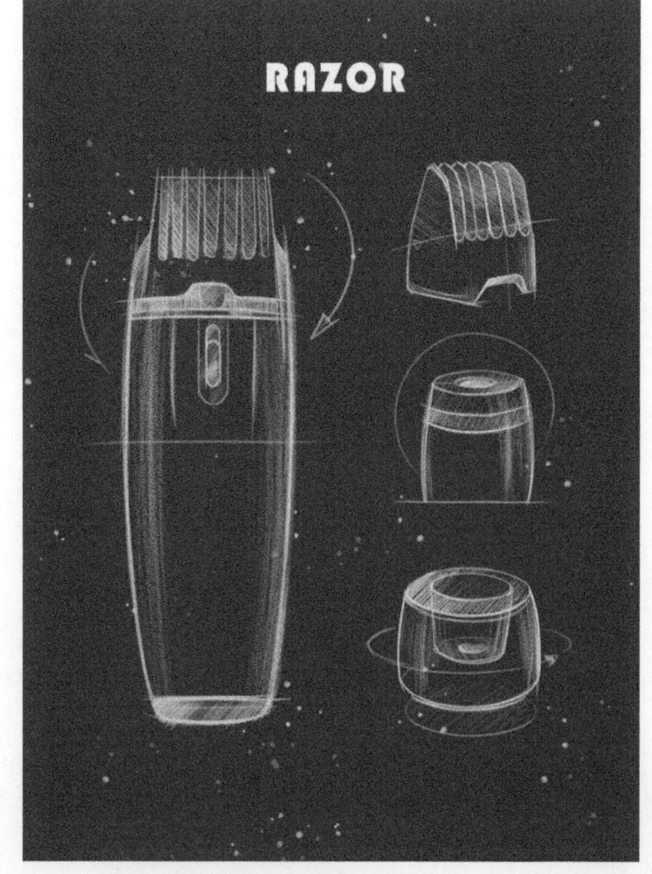

▶ 香水瓶线稿练习

▶ 眼镜线稿练习

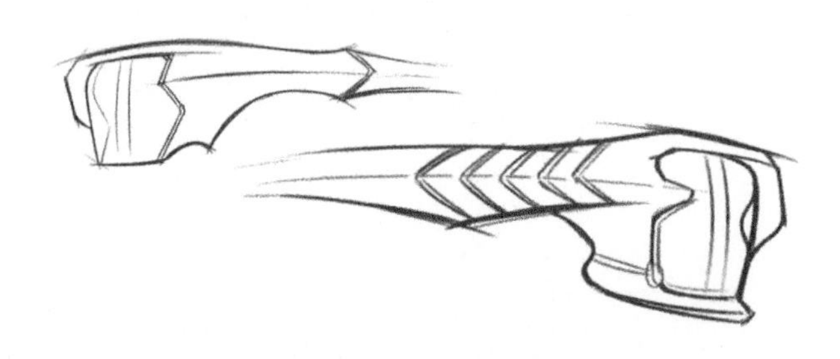

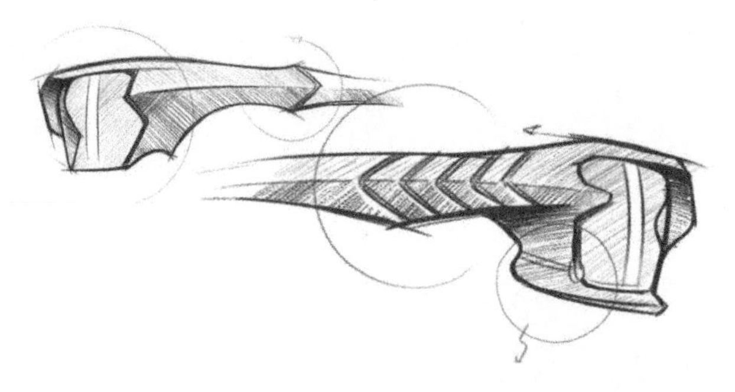

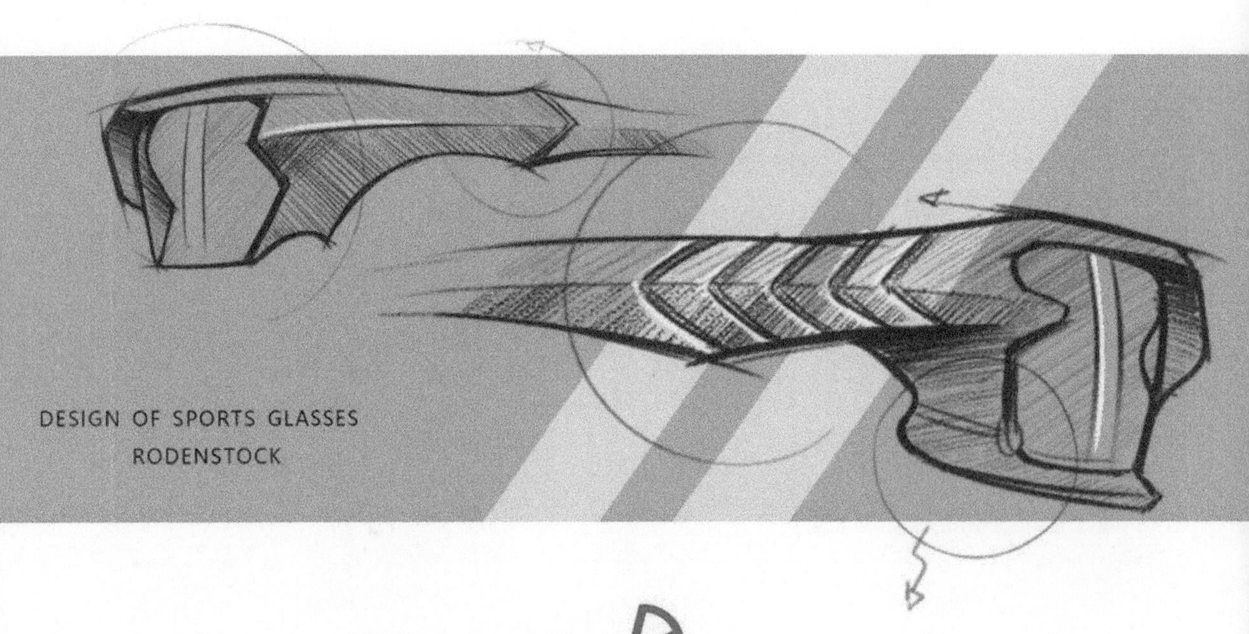

格色渲染学员作品－崔学维

▶ 眼镜线稿练习

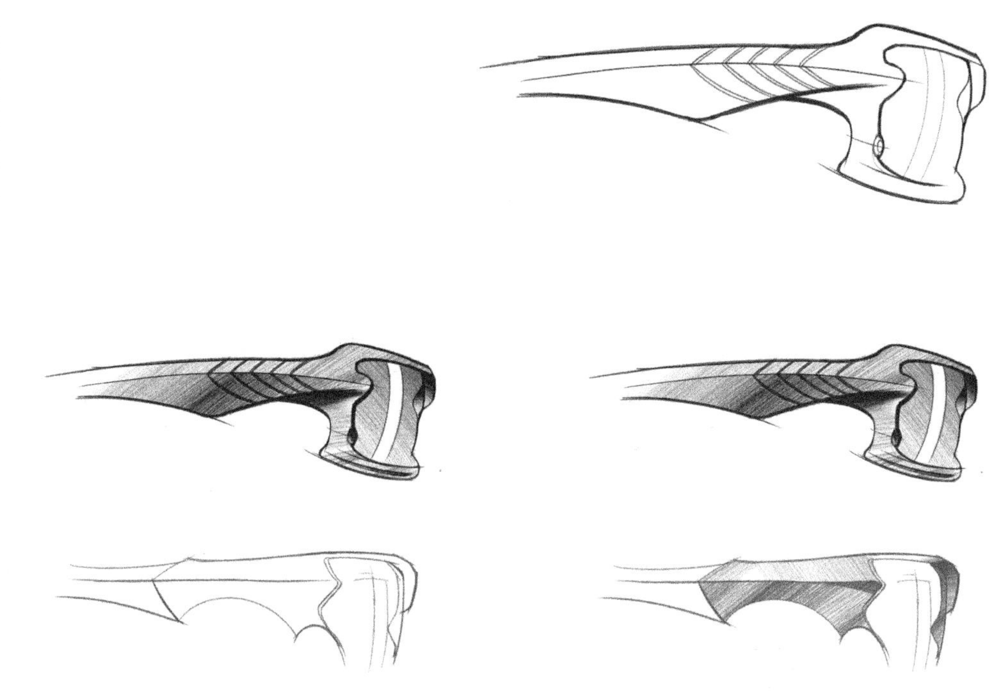

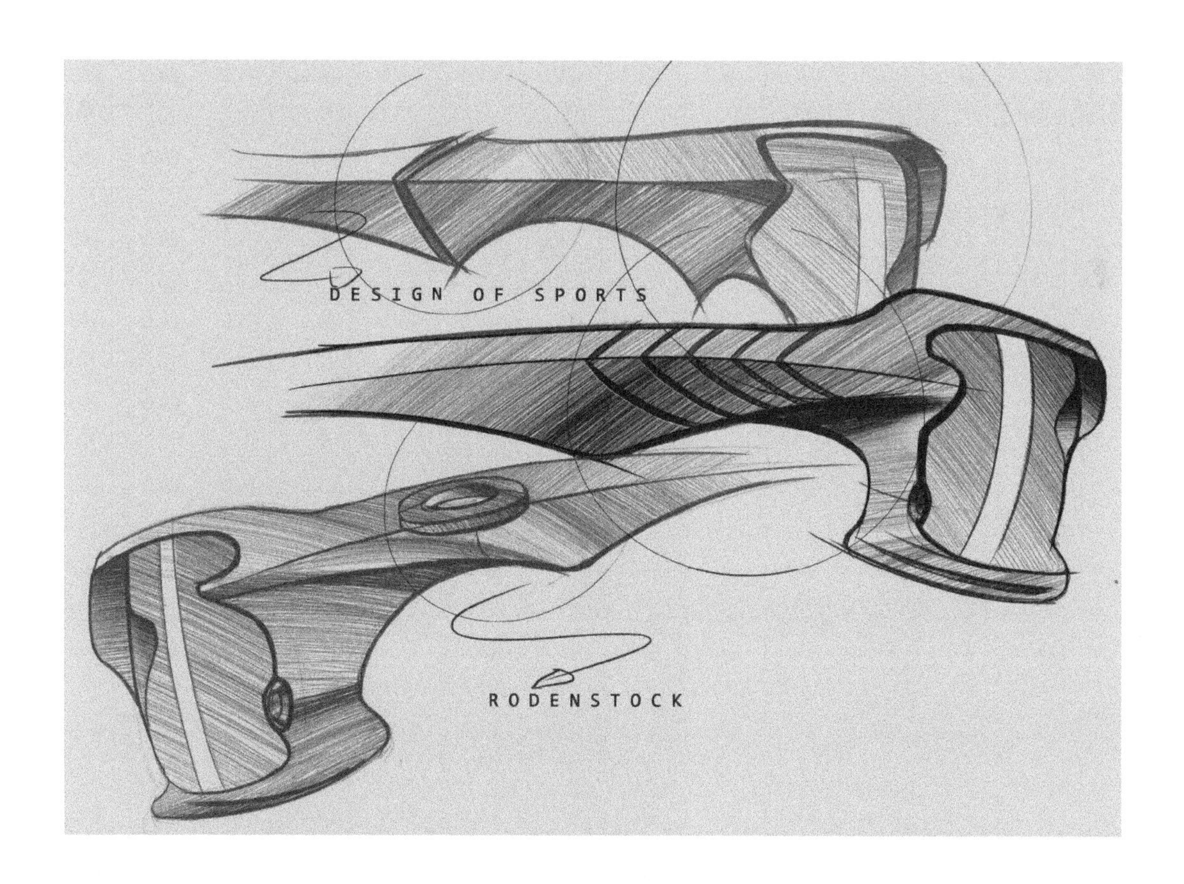

格色渲染学员作品 - 黄艺殊

▶ 眼镜线稿练习

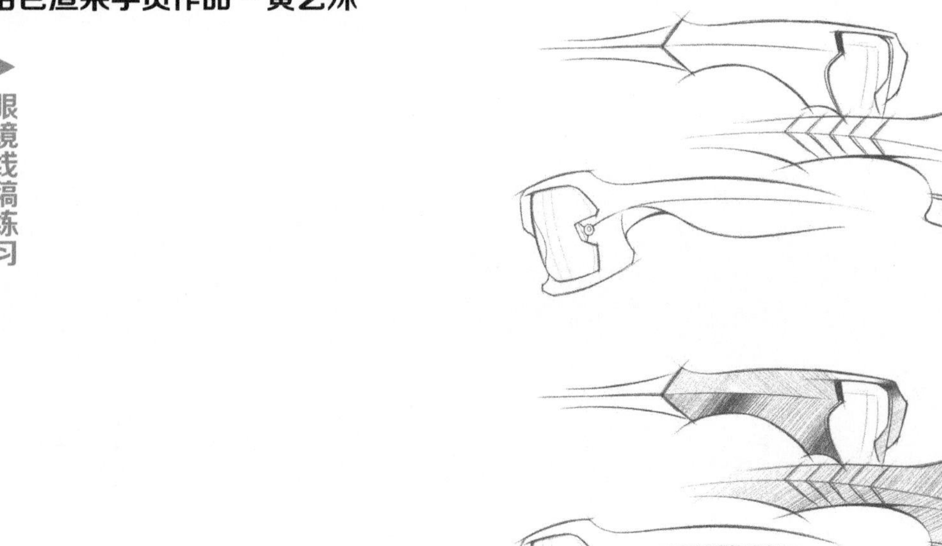

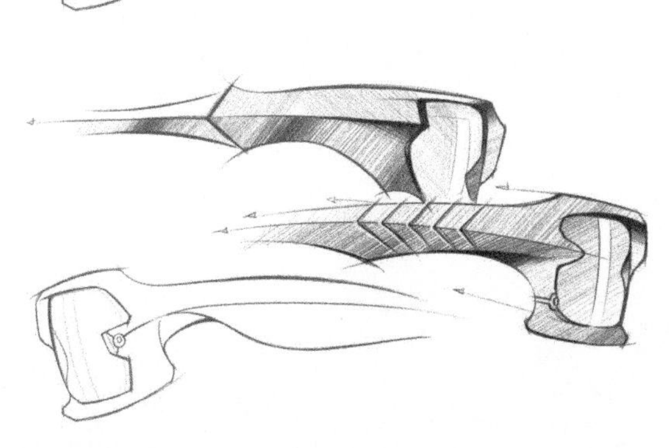

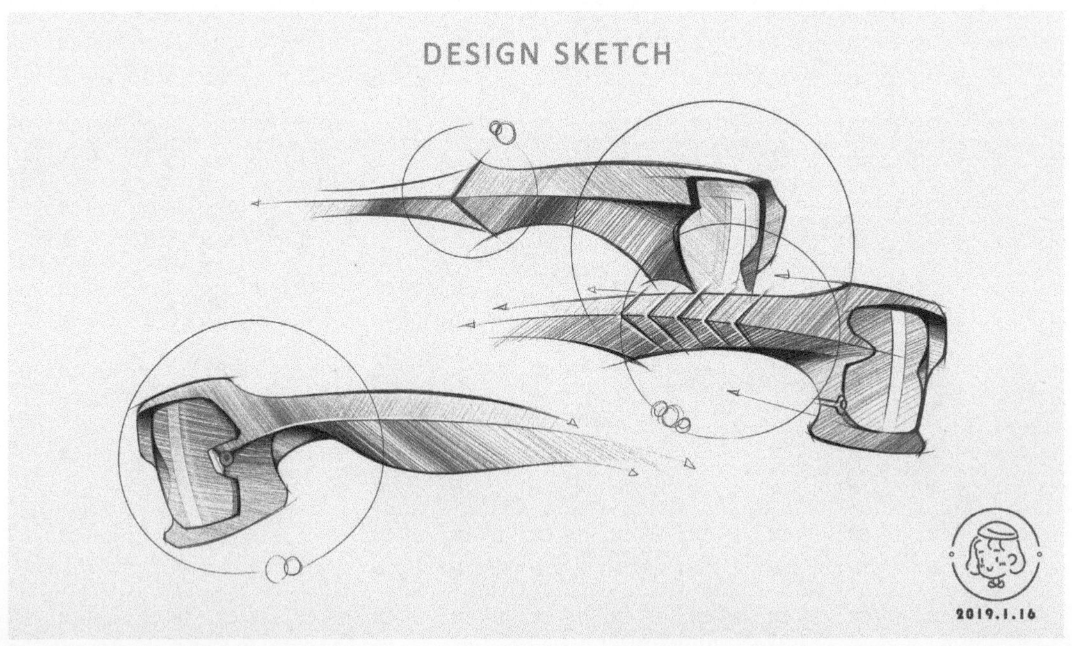

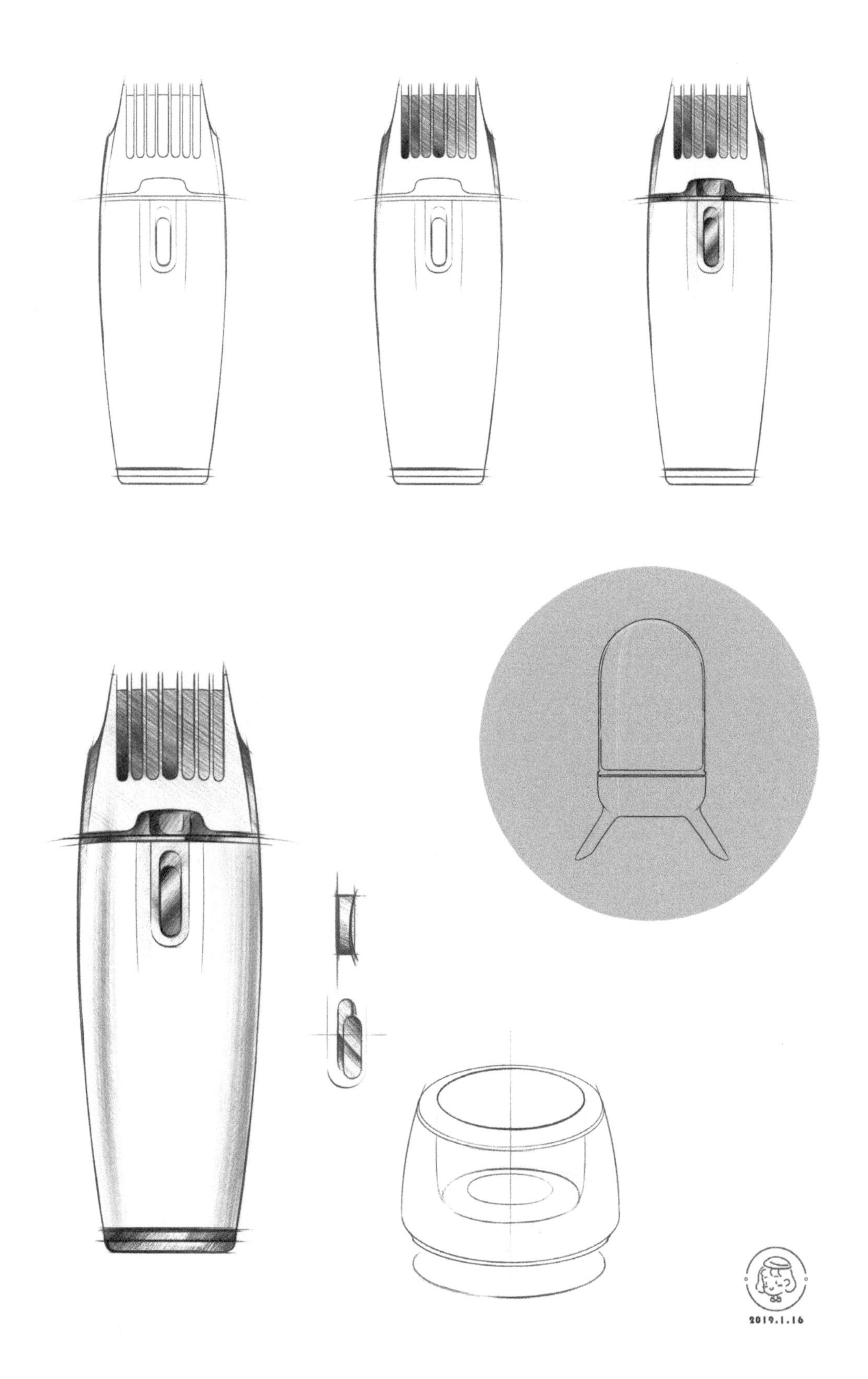
2019.1.16

格色渲染学员作品 – 刘一函

▶ 香水瓶数字手绘线稿

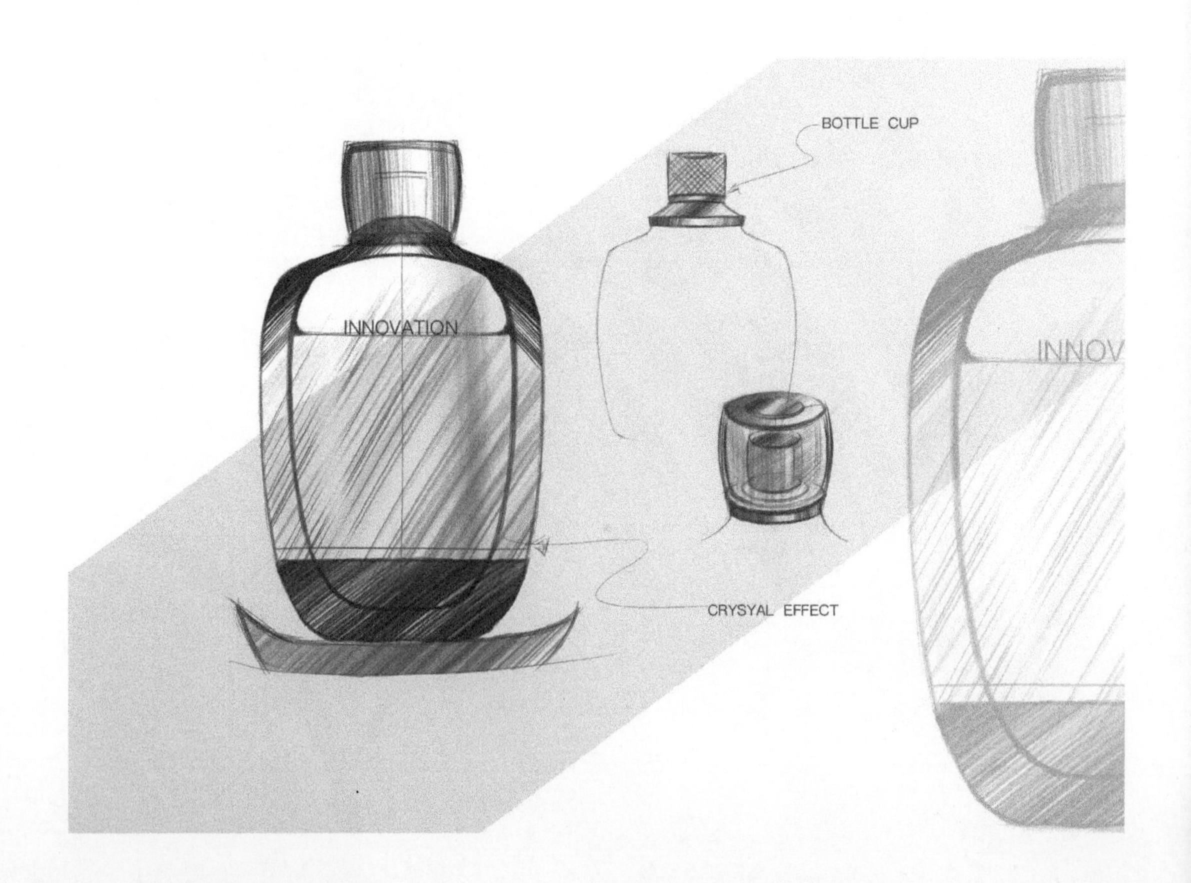

格色渲染学员作品－杨力兴

▶ 剃须刀数字手绘线稿

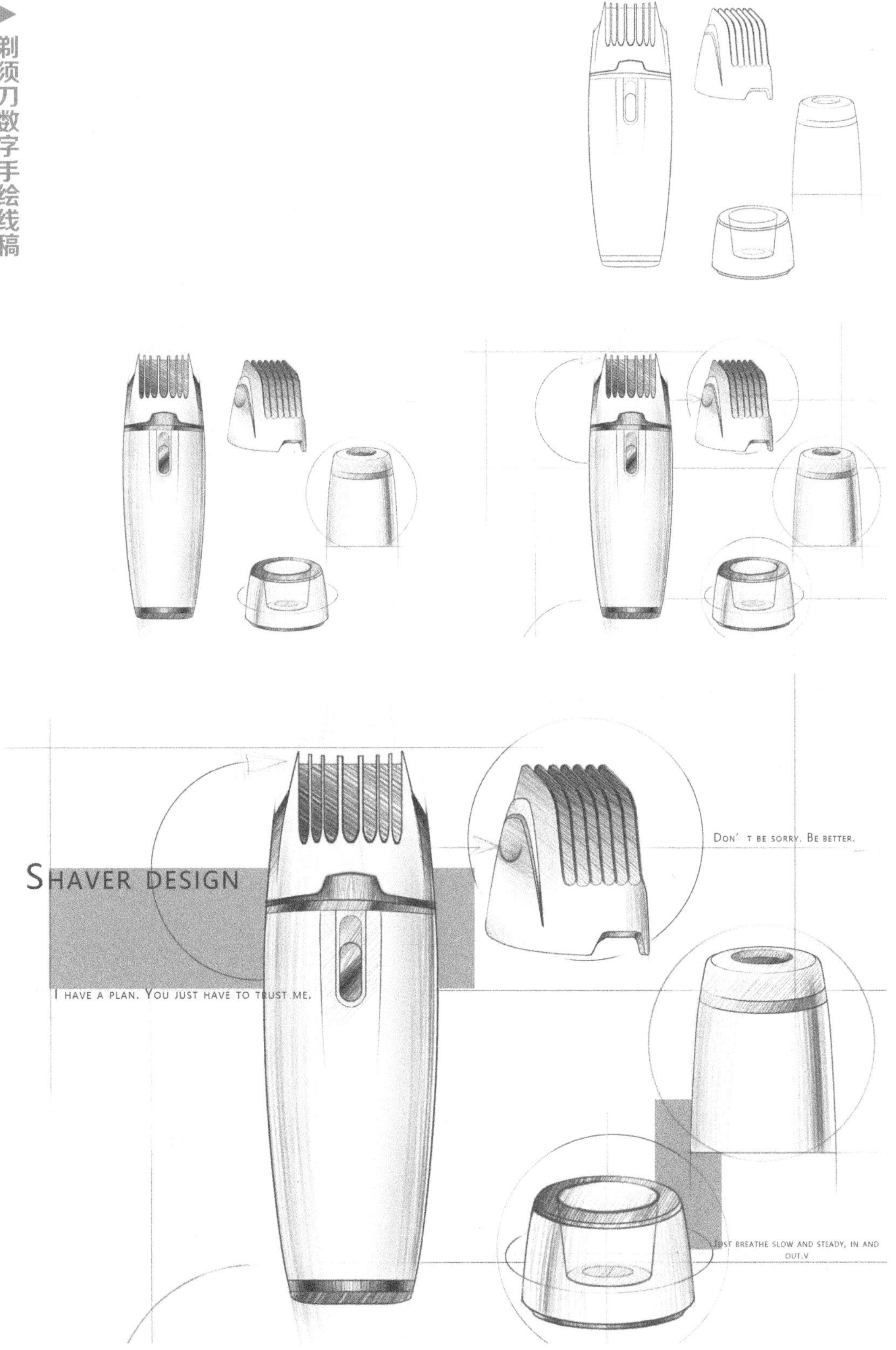

▶ 香水瓶数字手绘线稿

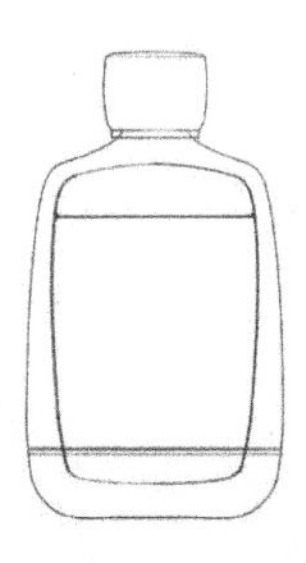

HERE AM I

HERE AM I

PERFUME DESIGN
IF YOU FEEL THAT BEING HUMANE IS WORTHWHILE, EVEN IF THERE IS NO RESULT, YOU HAVE ALREADY DEFEATED THEM.

HERE AM I

第三章

数字手绘工业设计进阶

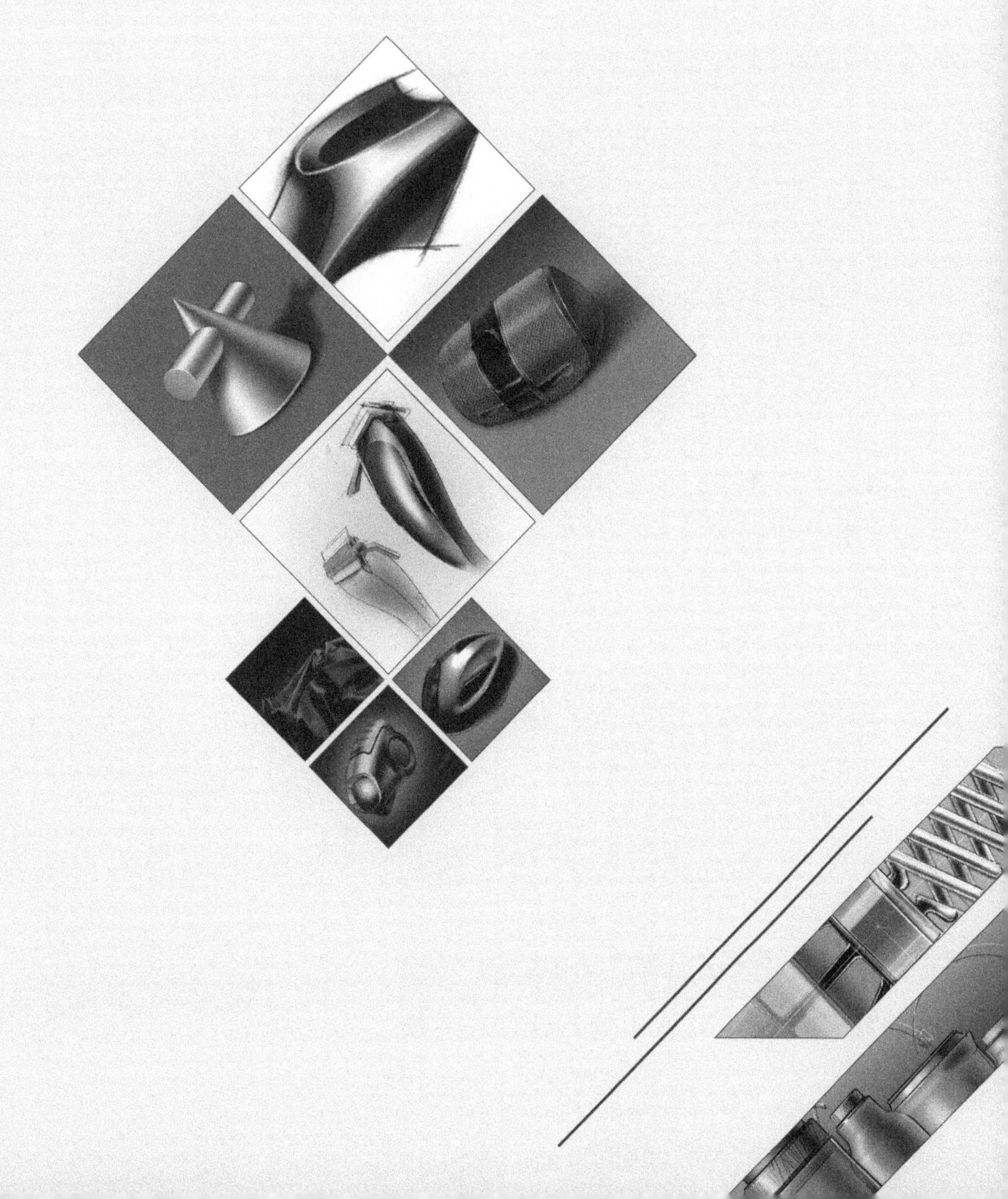

第一节：原理——造型基础光影分析及形态拓展后光影变化

（注：只适合数字手绘）

以下数字手绘分析所使用软件为 Photoshop。

注：以下造型拓展摘录自数字手绘造型基础光影分析系统，仅为部分造型案例。

罗老师总结要理解工业设计造型基础光影怎样在数字手绘领域绘制，得分成三大步。

- ❖ 第一步：光影的基本理解。
- ❖ 第二步：基本造型的光影理解。
- ❖ 第三步：基本造型 + 变化光影理解。

一、光影的基本理解

从下图中可以看出，投影或物体的背光面都是因为有物体对光源形成了遮挡，导致出现了一定的阴影（投影）。而投影的形状会随着物体的变化而变化，投影四周的模糊程度和物体距离地面的离地间隙大小有关，也就是离地间隙越小，投影四周边缘越清晰；反之，越模糊。

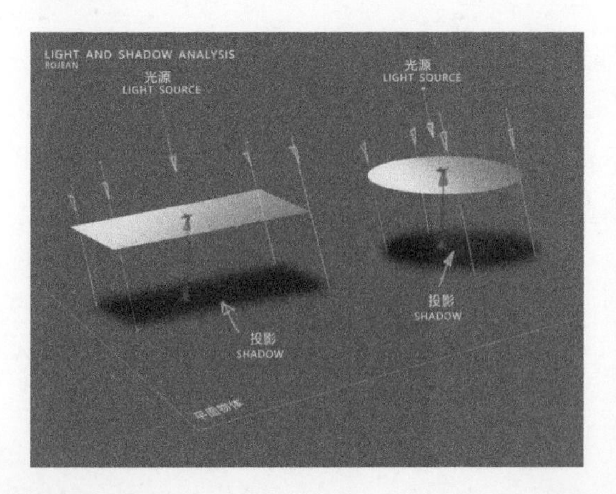

物体由圆形变成圆环形，其投影也随之发生变化。

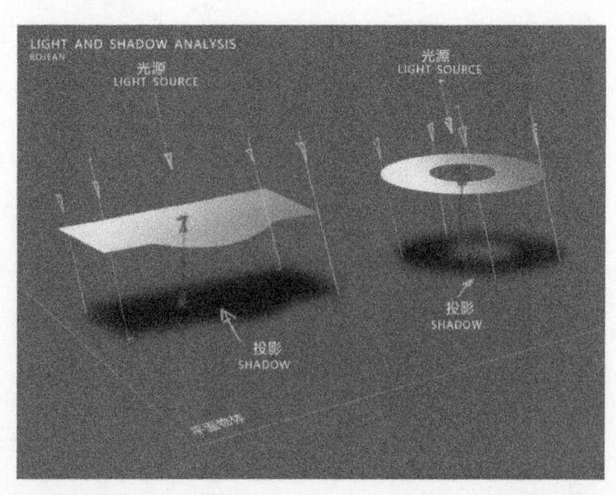

二、基本造型的光影理解

立方体光影及拓展形态光影分析（蓝色箭头代表数字手绘表达效果时的触控笔动态走势）▶

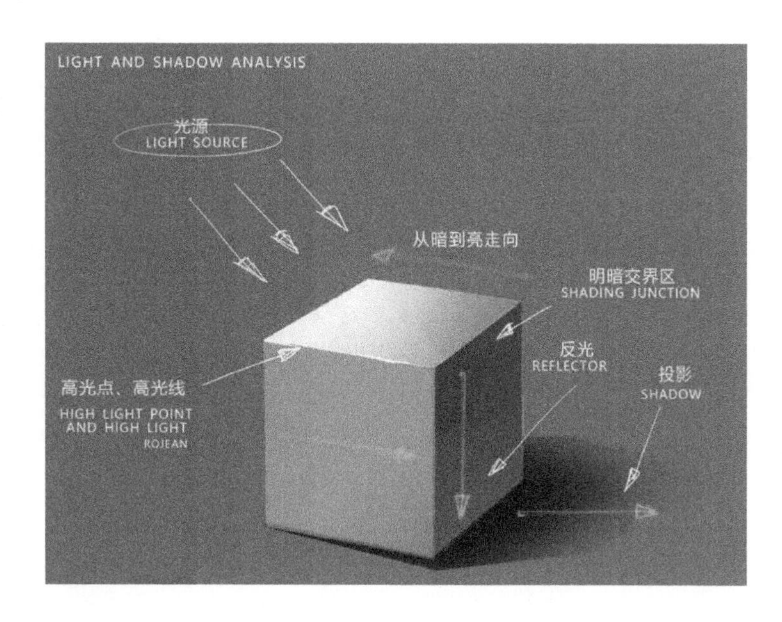

三、基本造型 + 变化光影理解

立方体倒直角 + 圆孔造型（蓝色箭头代表数字手绘表达效果时的触控笔动态走势）▶

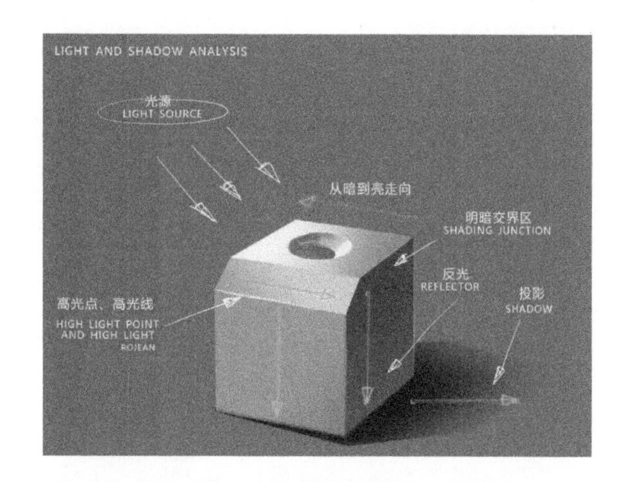

立方体倒圆角造型（蓝色箭头代表数字手绘表达效果时的触控笔动态走势）▶

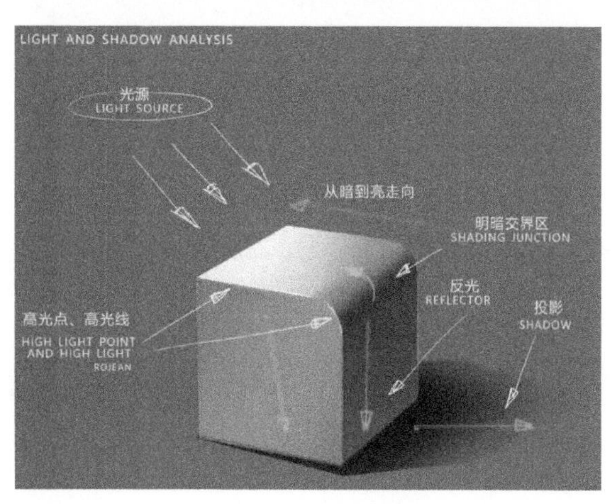

圆柱体光影及拓展形态光影分析（蓝色箭头代表数字手绘表达效果时的触控笔动态走势）▶

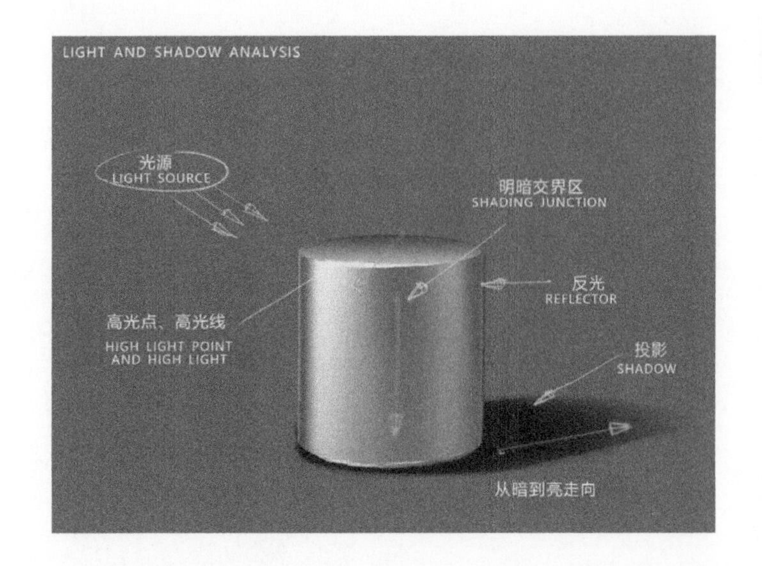

圆柱体基本造型+变化光影理解（蓝色箭头代表数字手绘表达效果时的触控笔动态走势）▶

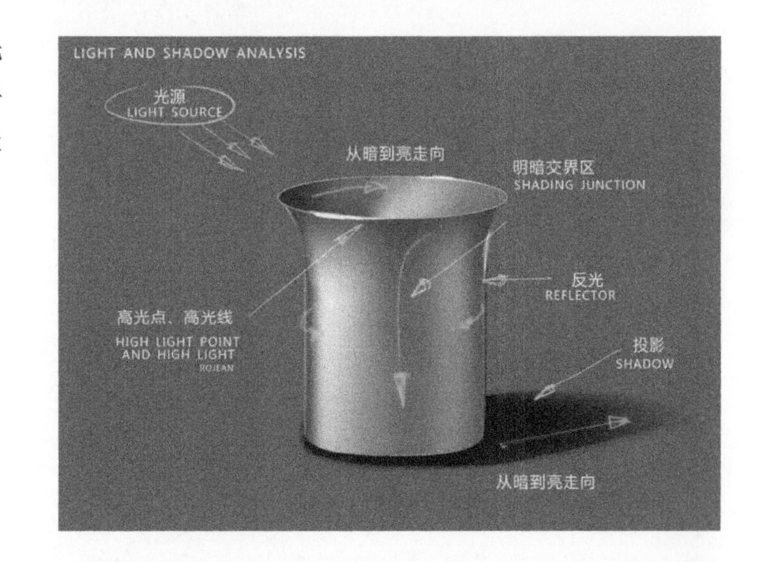

球体光影及拓展形态光影分析（蓝色箭头代表数字手绘表达效果时的触控笔动态走势）▶

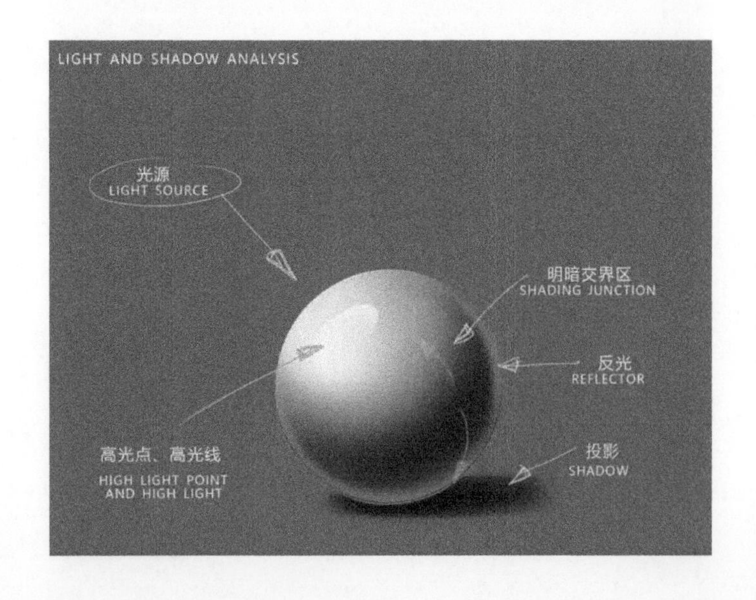

球体基本造型＋变化光影理解（蓝色箭头代表数字手绘表达效果时的触控笔动态走势）▶

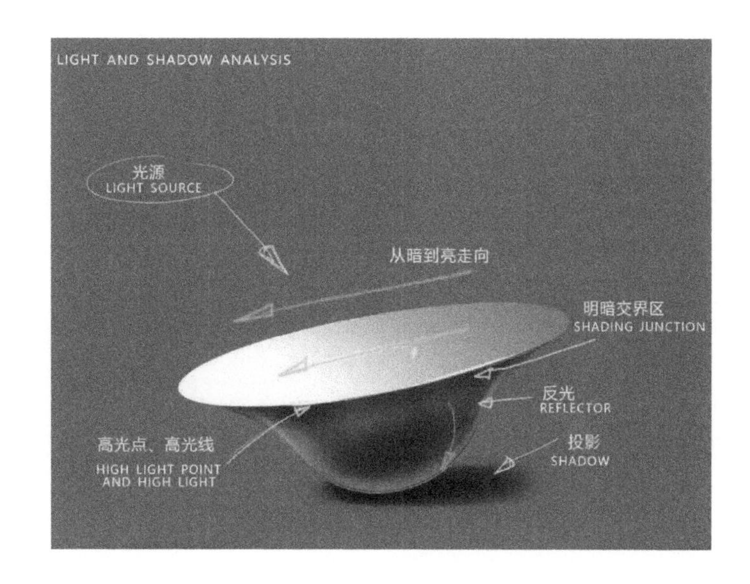

基础造型的数字手绘表达步骤一

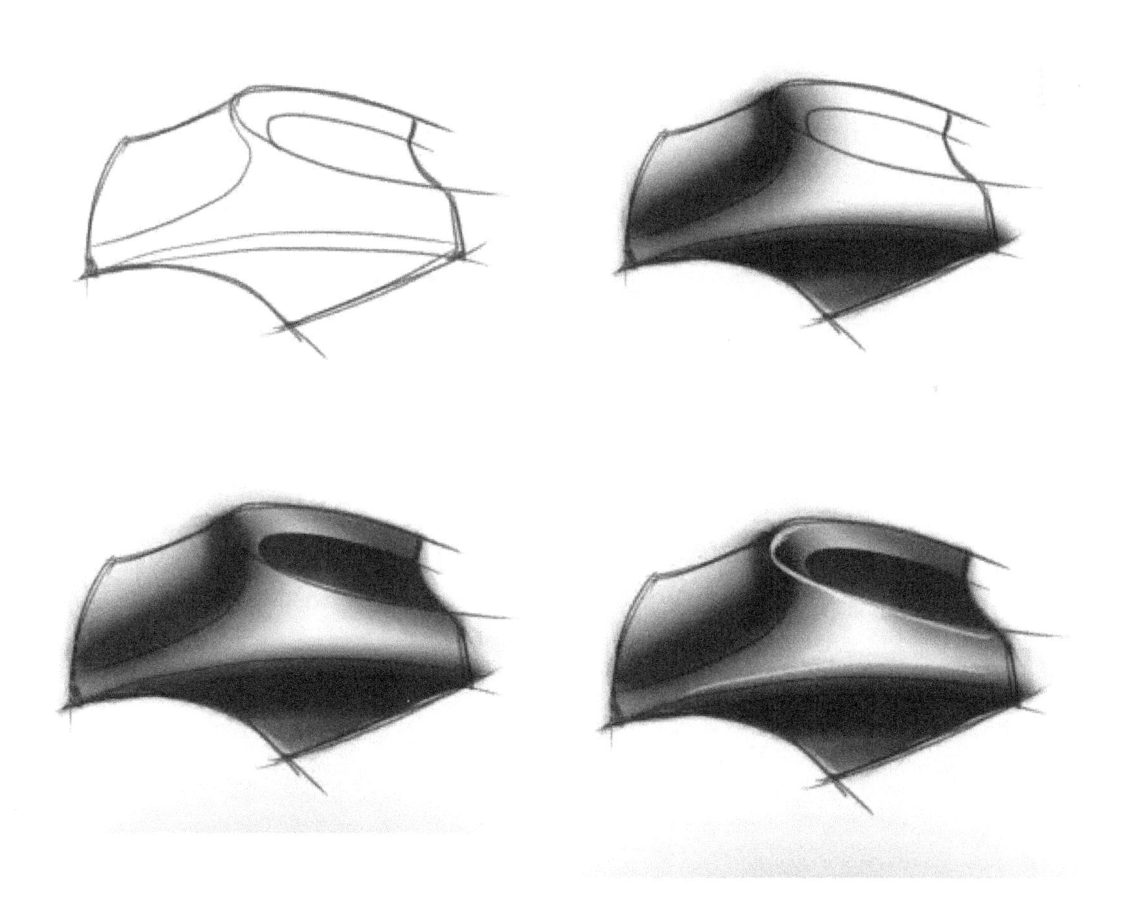

基础造型的数字手绘表达步骤二

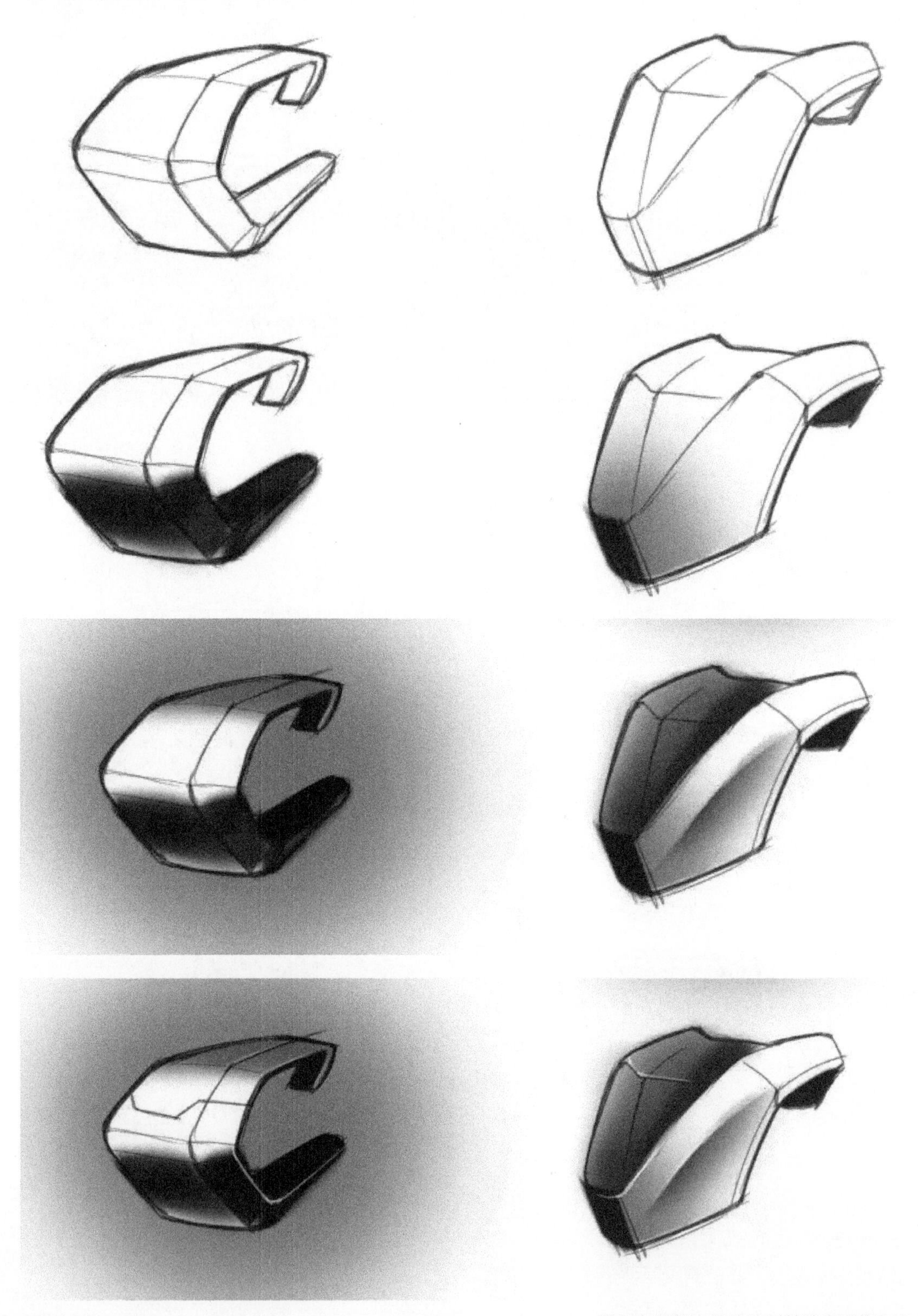

罗剑老师数字手绘造型基础光影练习▲

第二节：训练——造型基础光影分析及形态拓展后光影变化

格色渲染学员作品 – 程光林

▼ 基础造型的数字手绘

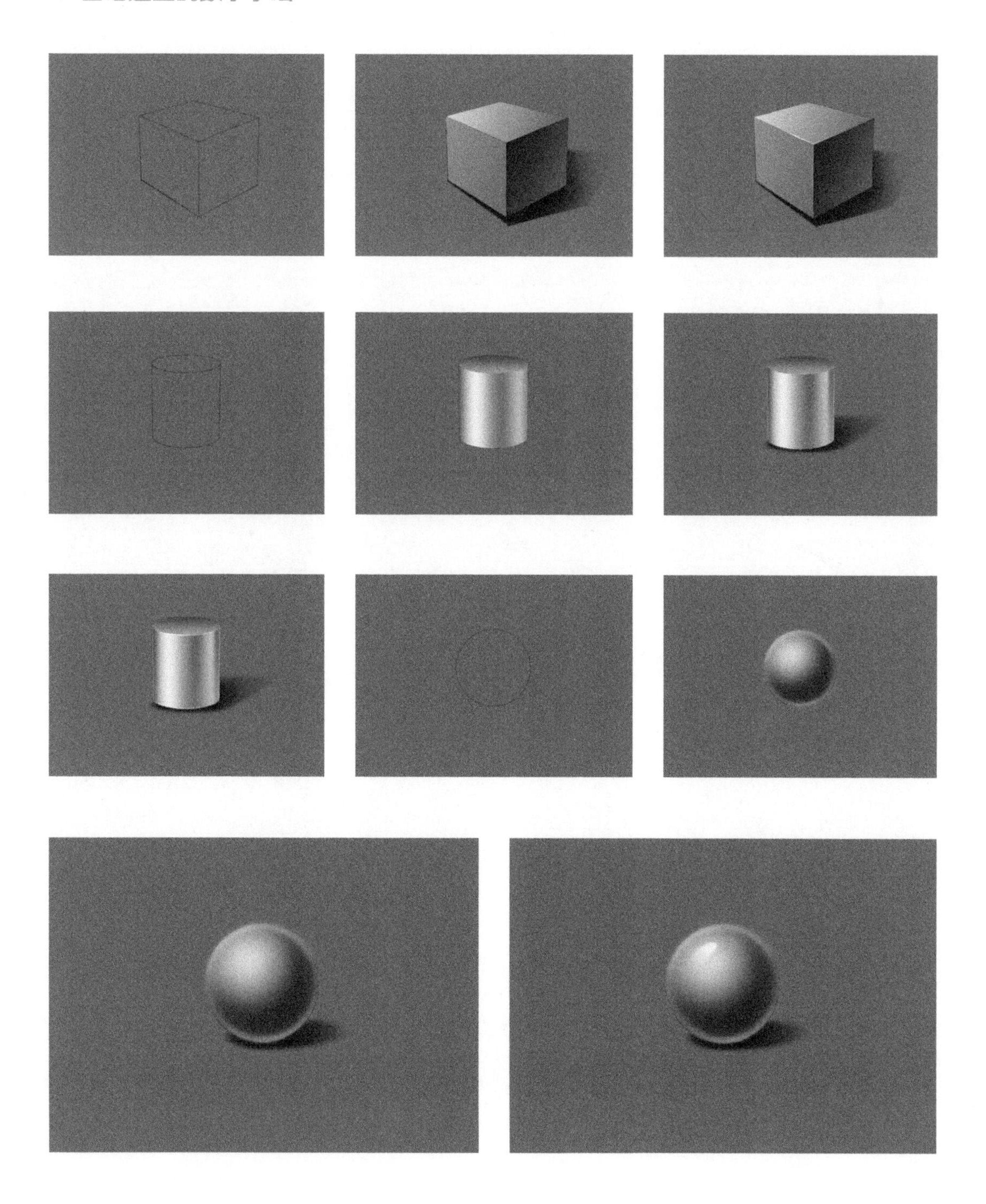

▼ 造型的拓展数字手绘练习

格色渲染学员作品 - 贺志晖

▼ 基础造型的数字手绘

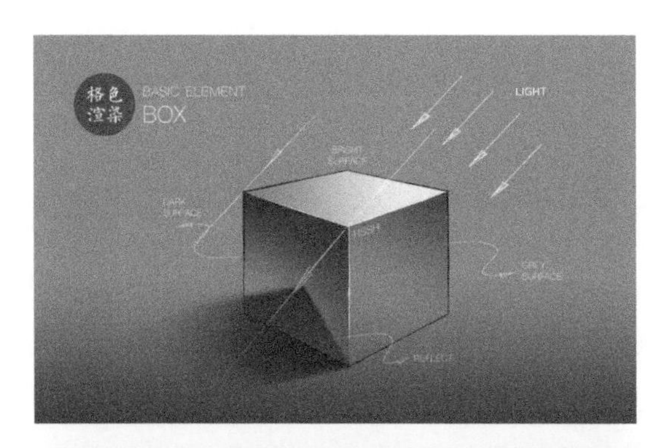

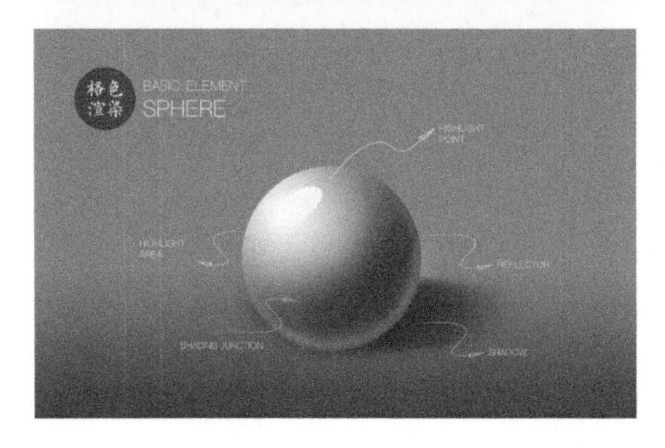

▼ 造型的拓展数字手绘练习

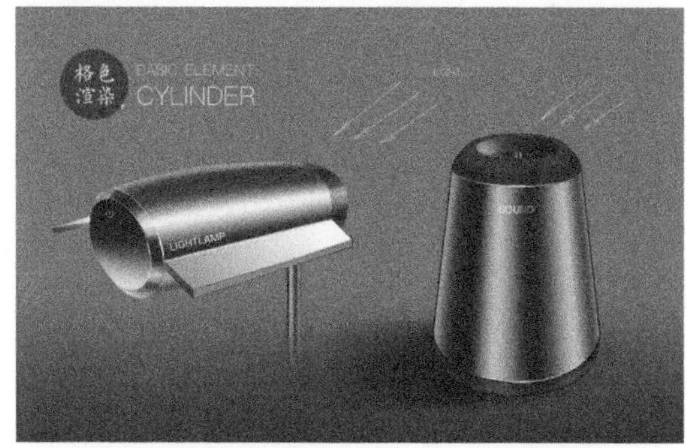

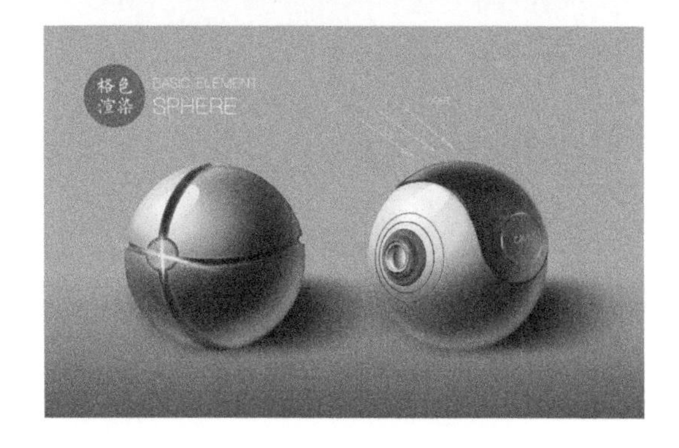

格色渲染学员作品 - 王春牧

▼ 基础造型的数字手绘

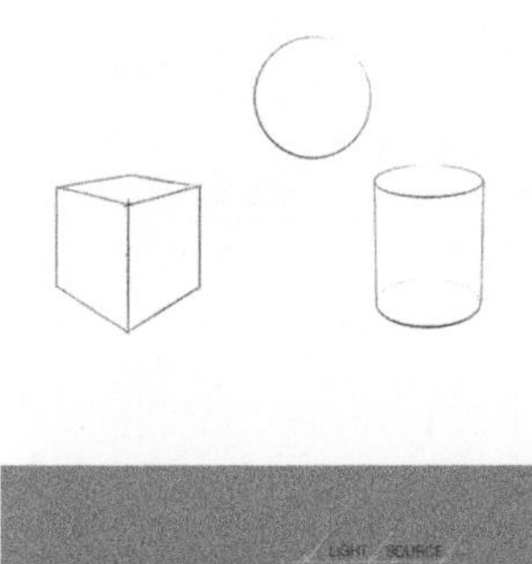

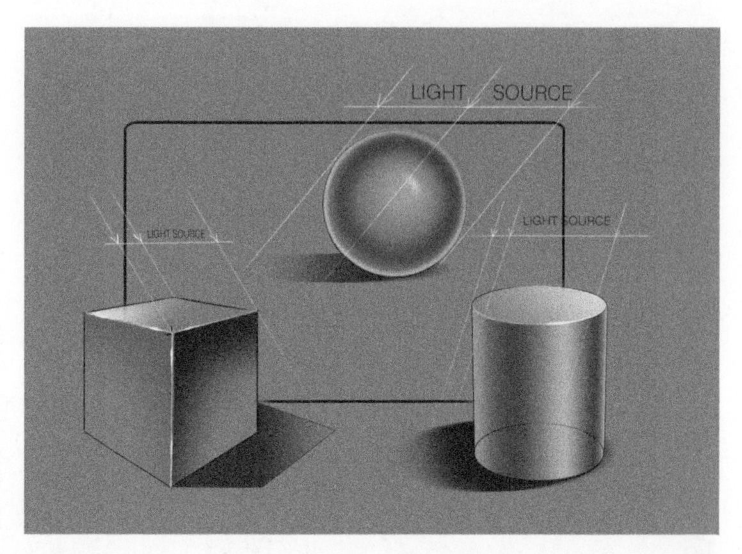

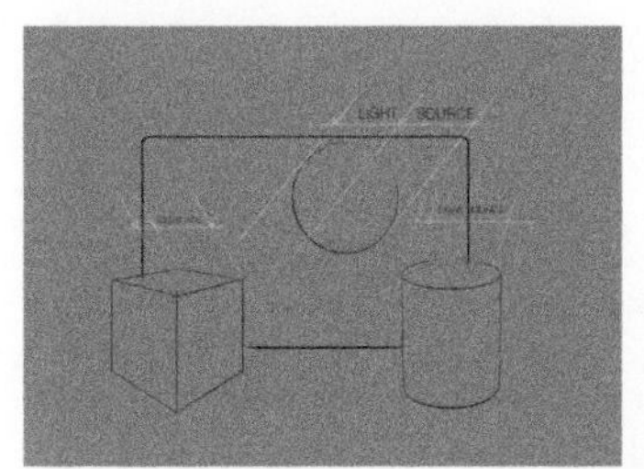

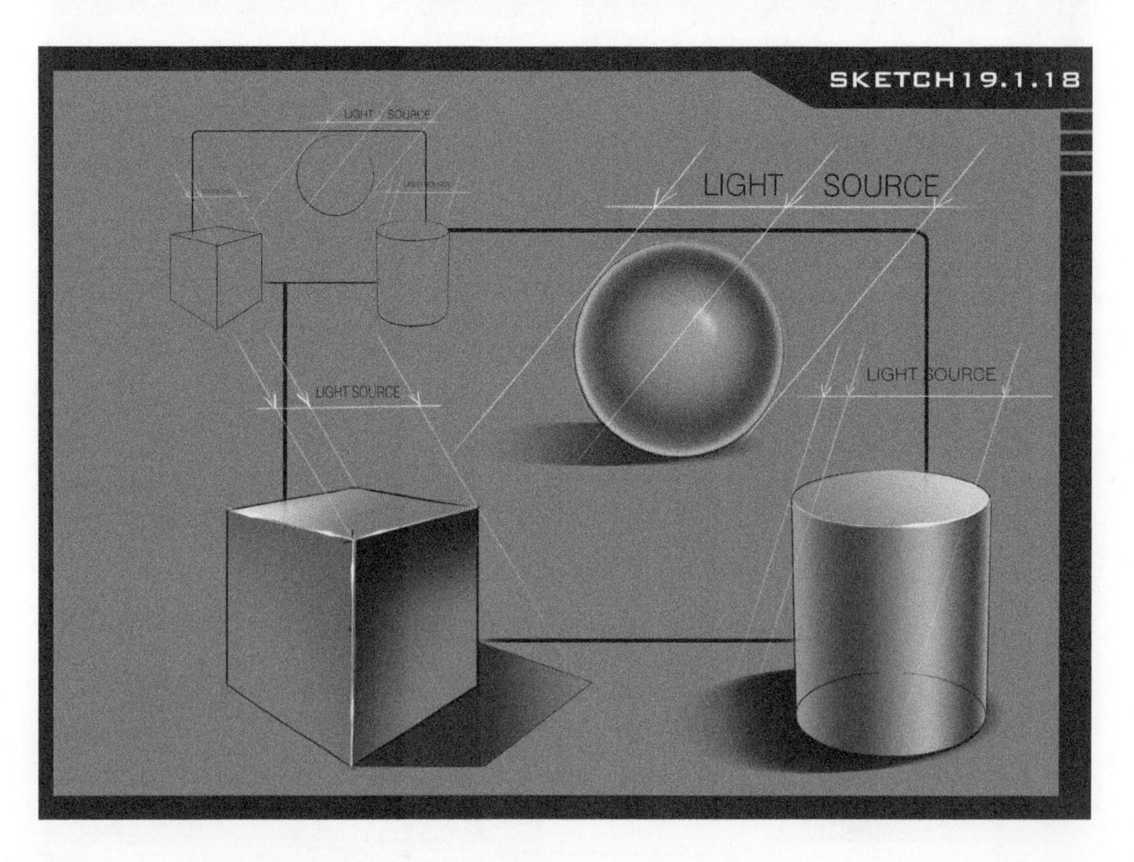

▼ 造型的拓展数字手绘练习

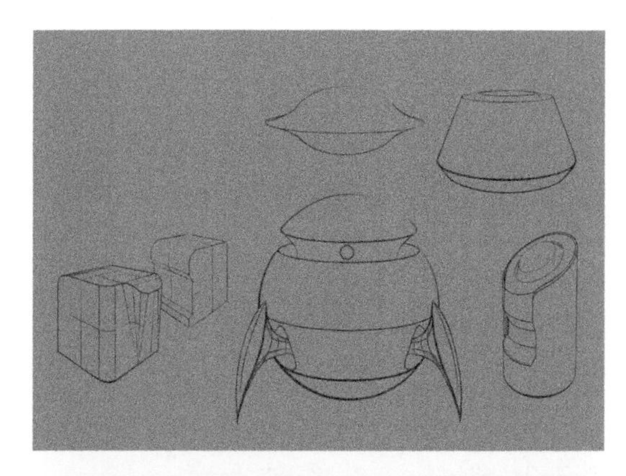

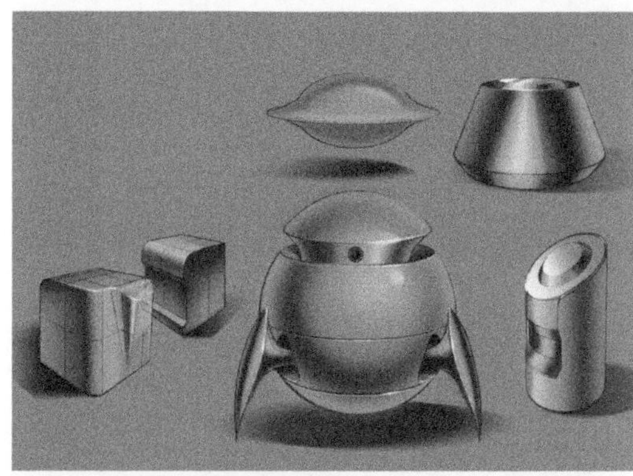

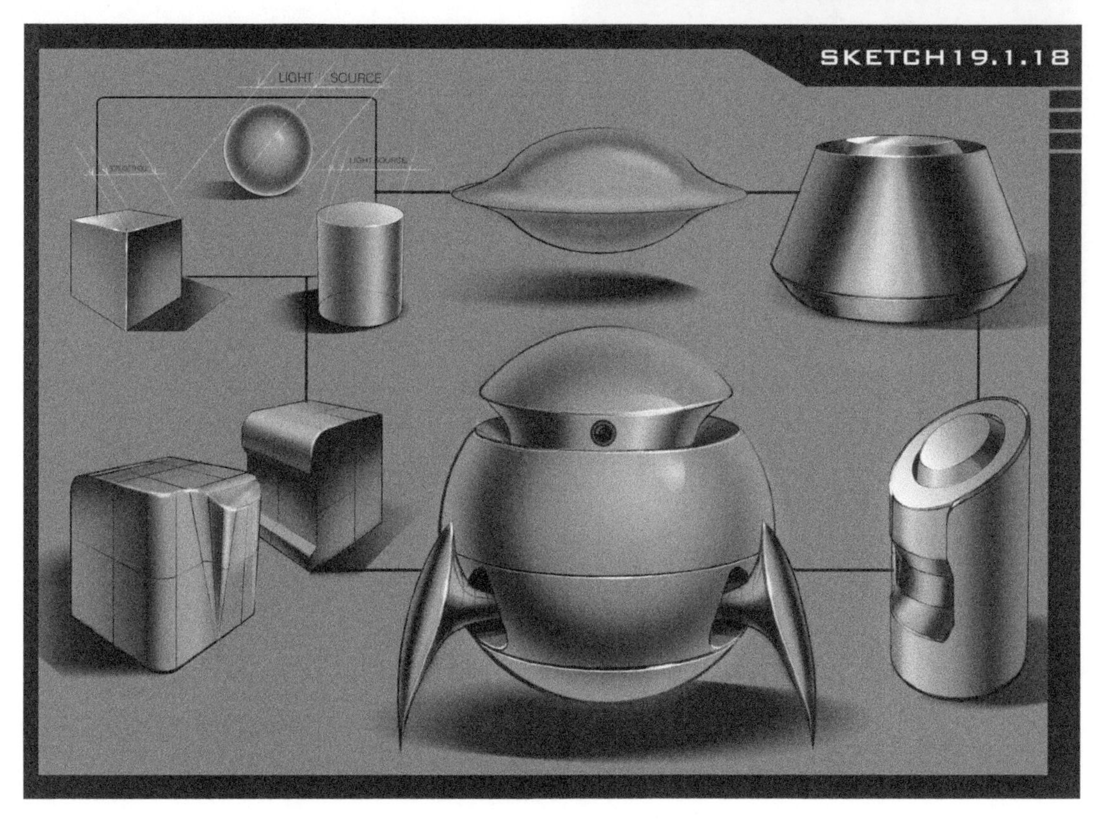

格色渲染学员作品 - 徐竟

▼ 基础造型的数字手绘

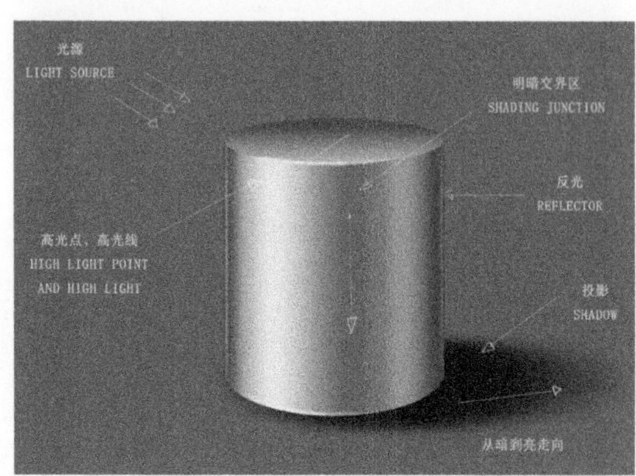

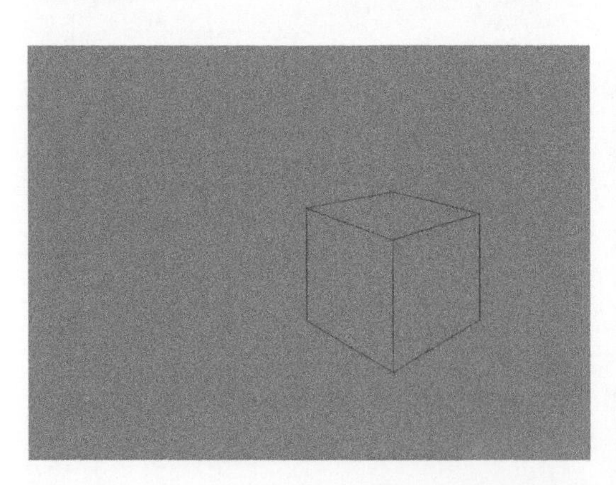

▼ 造型的拓展及数字手绘效果的深入刻画

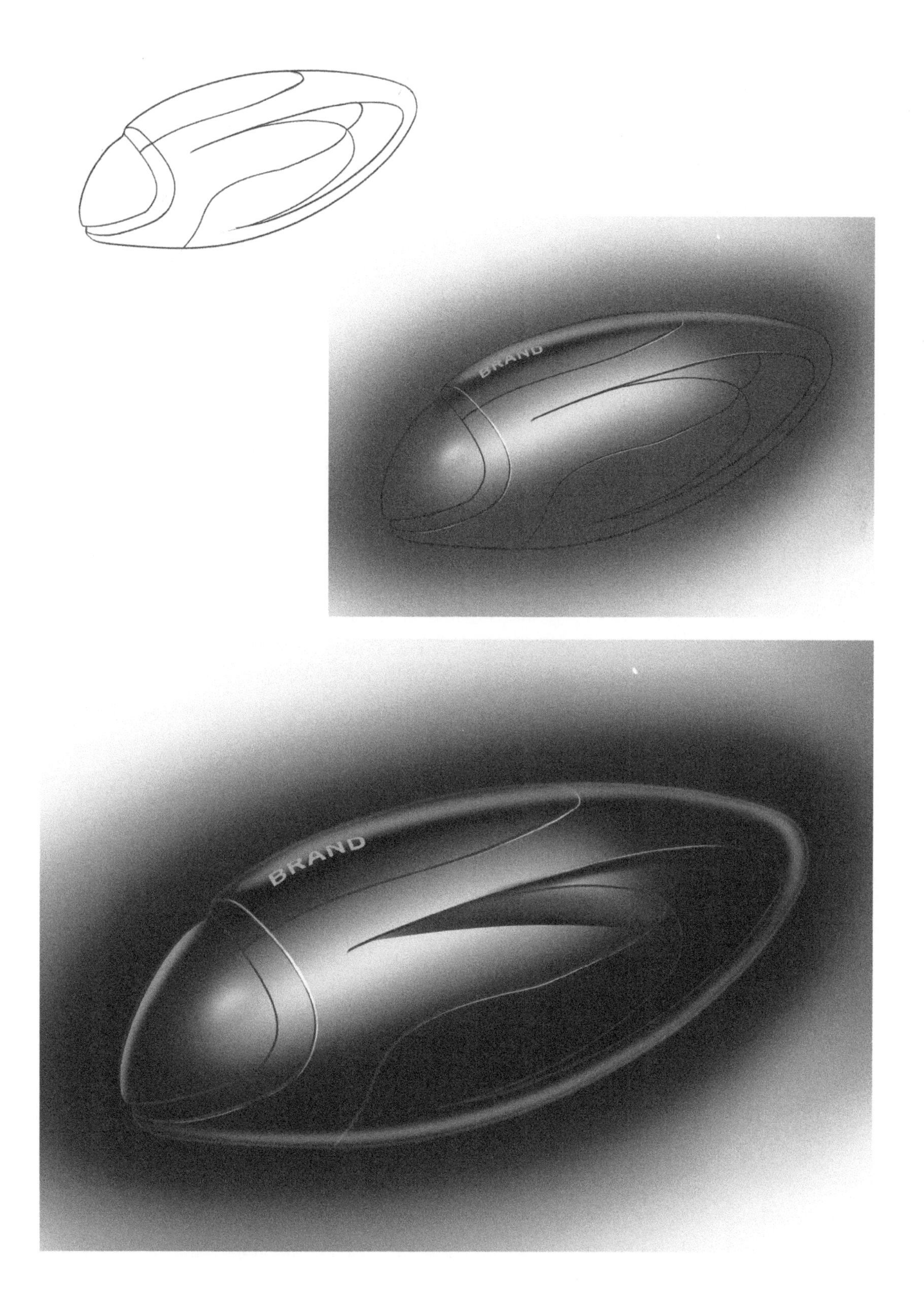

格色渲染学员作品 – 张春枕

▼ 造型的拓展数字手绘练习

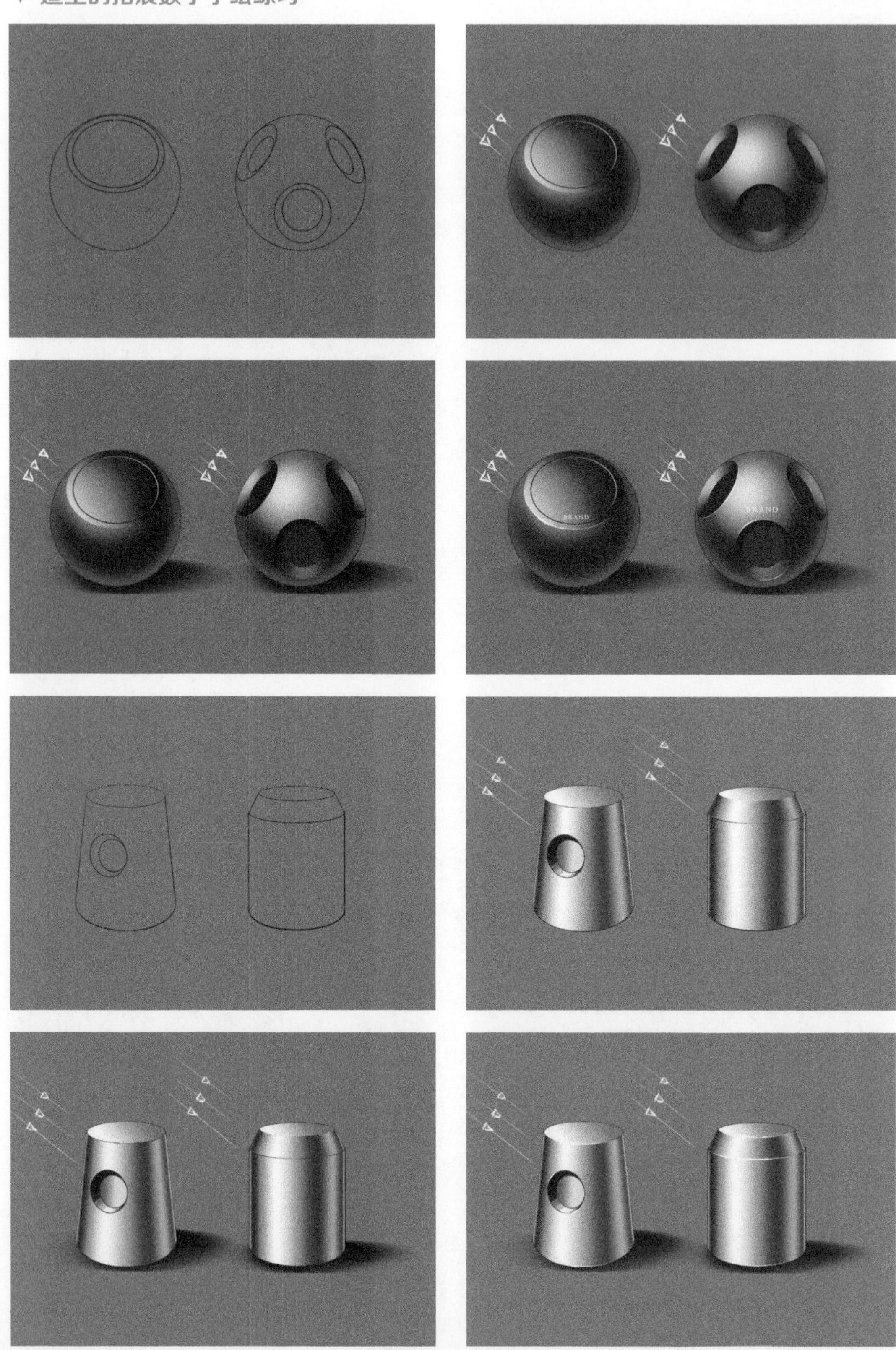

第三节：原理——简单形体的数字手绘演示步骤

先底色

Step 1 绘制纯深灰色平面，注意不要太黑，深灰色即可。

后受光

Step 2 将前景色设置为白色，用渐变工具由上至下拉出渐变。

再高光

Step 3 绘制高光，主要集中在受光区域。

Step 1 绘制纯深灰色平面。

Step 2 用白色喷笔绘制左上方。

Step 3 绘制高光线、高光点。

Step 1 按照各种造型的外轮廓填充颜色。

Step 2 画出受光和高光部分。

Step 3 Photoshop 里面偏色可以变换任意人类可以感知到的颜色。

Step 4 复制自己想要的数量，注意细节。

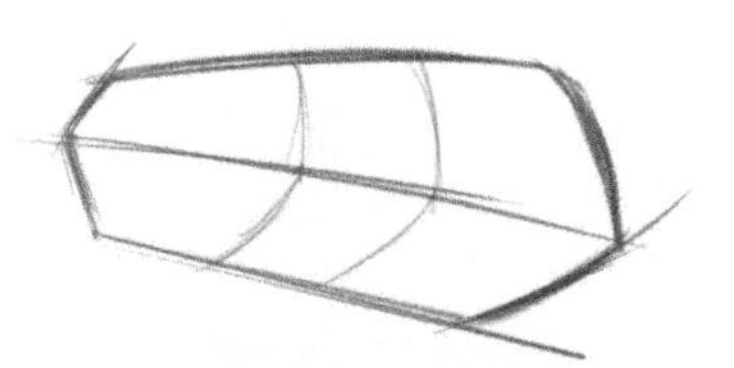

Step 1 绘制出造型的线稿。

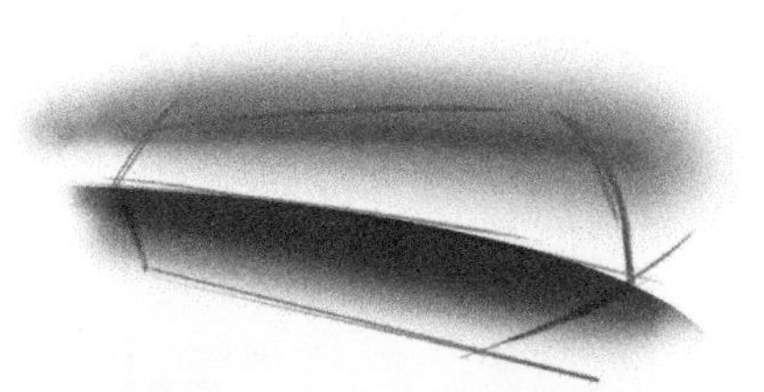

Step 2 用喷笔工具喷绘受光及背光区域。

Step 3 用橡皮擦工具擦拭掉外轮廓线外面多余的部分。

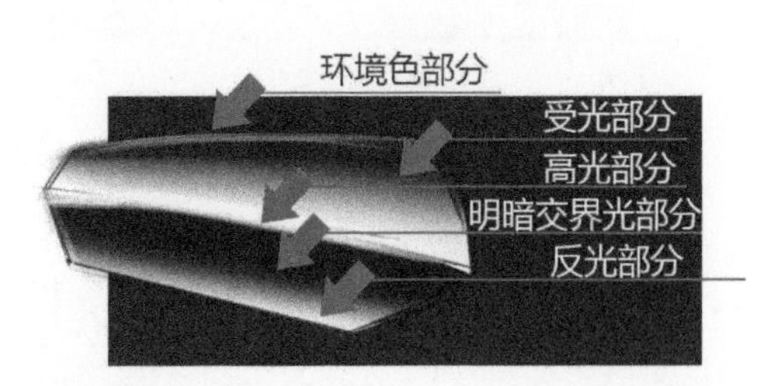

Step 4 得到最终效果。

第四节：训练——复杂造型光影

格色渲染教师演示案例步骤

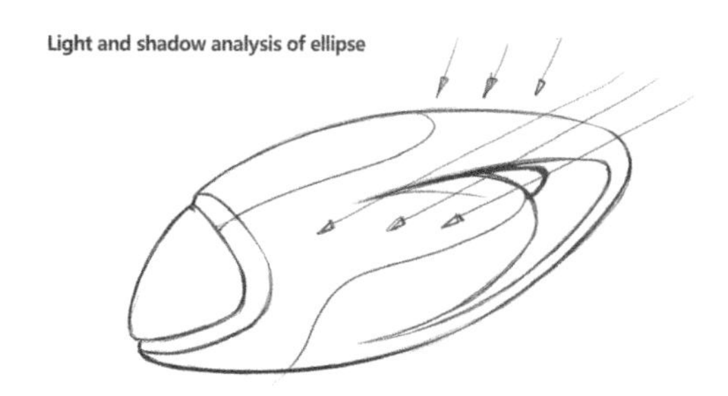

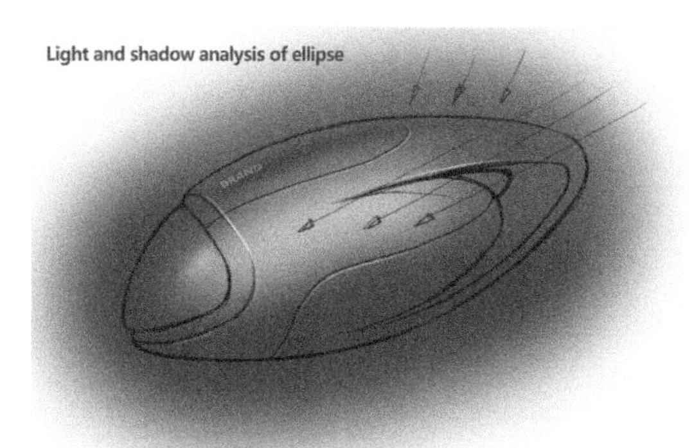

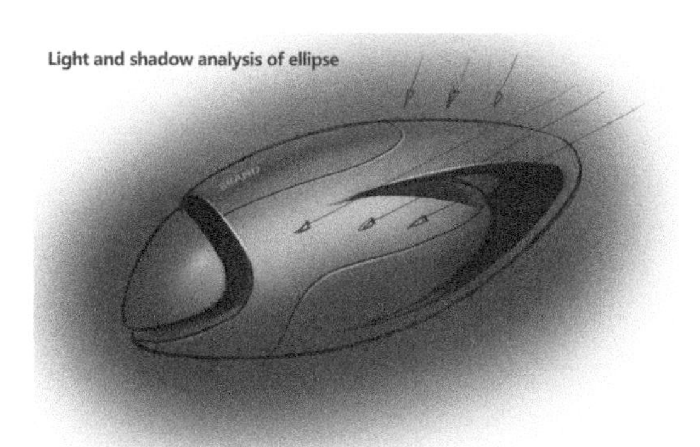

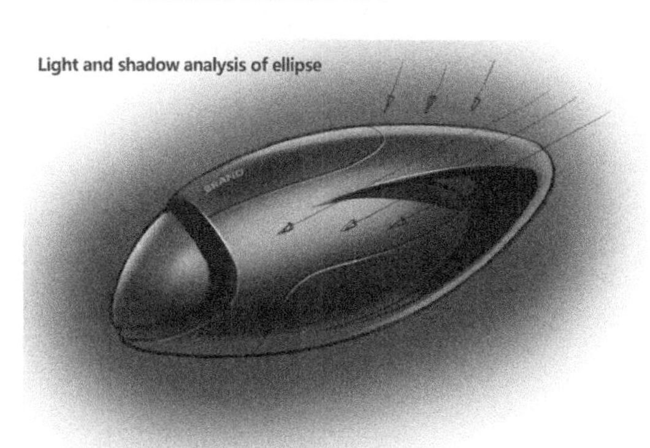

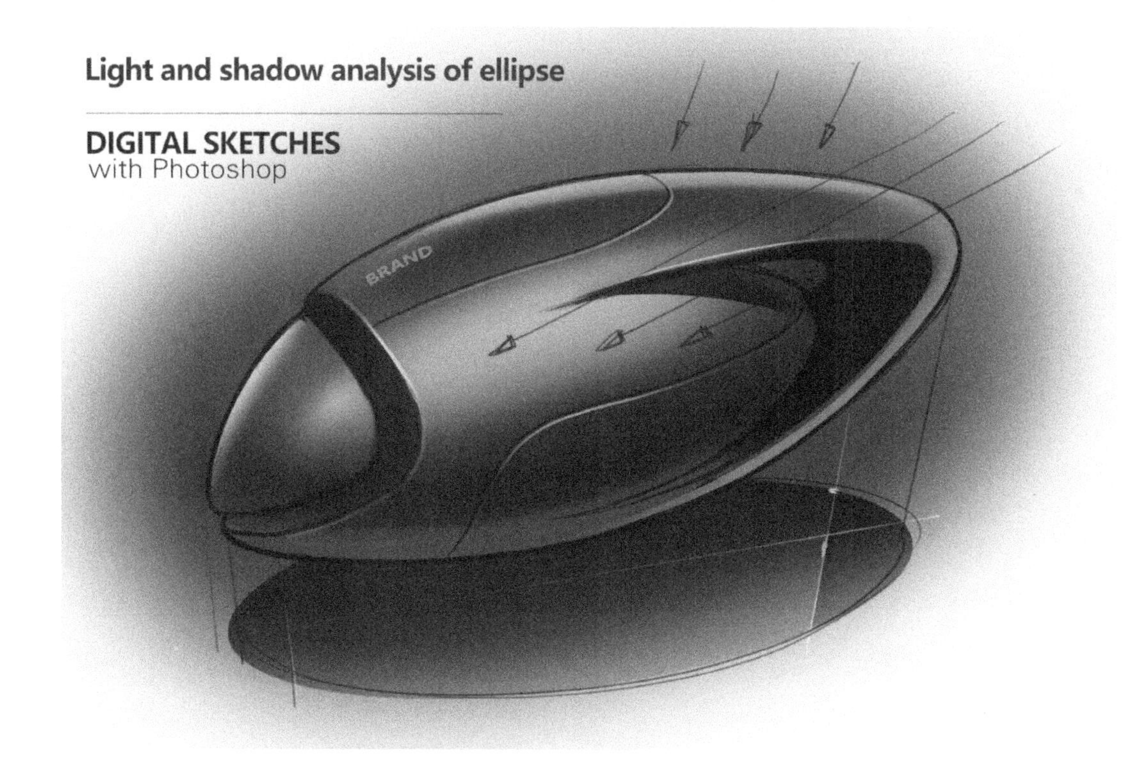

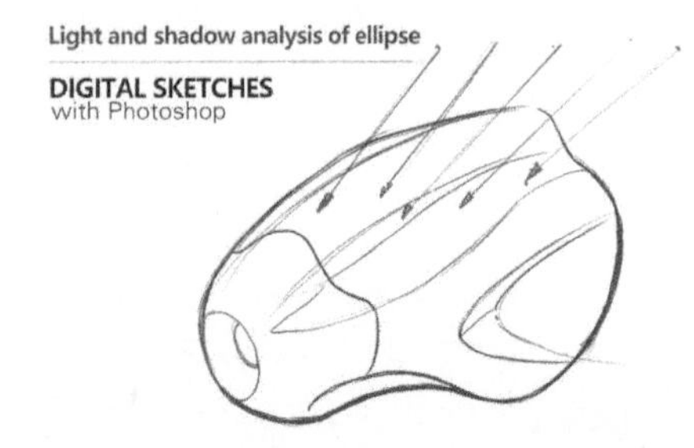
Light and shadow analysis of ellipse
DIGITAL SKETCHES
with Photoshop

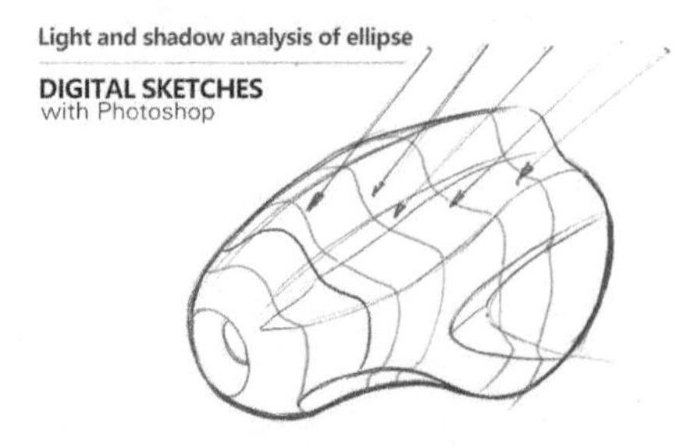
Light and shadow analysis of ellipse
DIGITAL SKETCHES
with Photoshop

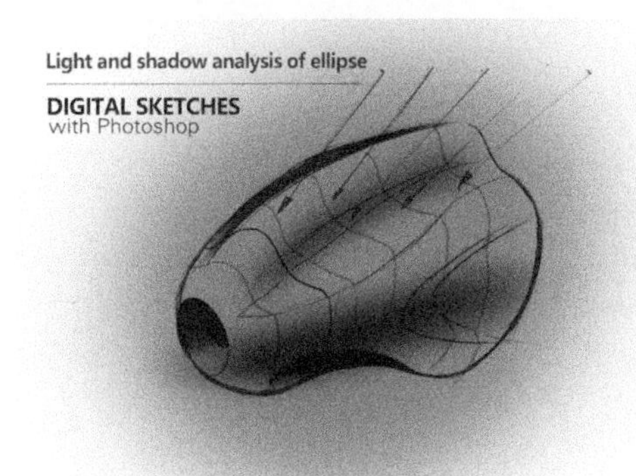
Light and shadow analysis of ellipse
DIGITAL SKETCHES
with Photoshop

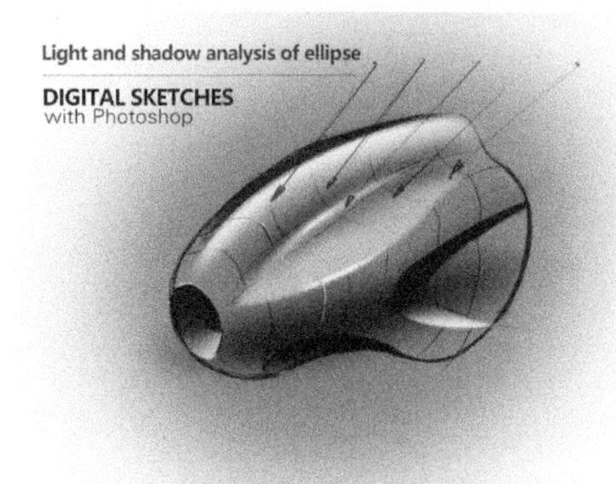
Light and shadow analysis of ellipse
DIGITAL SKETCHES
with Photoshop

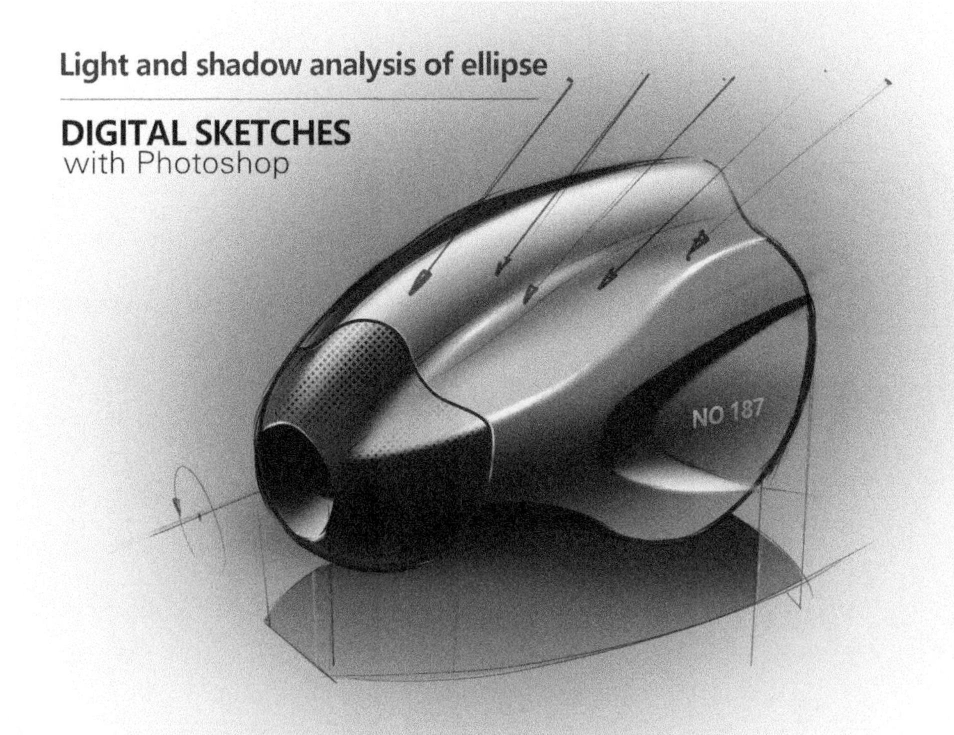
Light and shadow analysis of ellipse
DIGITAL SKETCHES
with Photoshop
NO 187

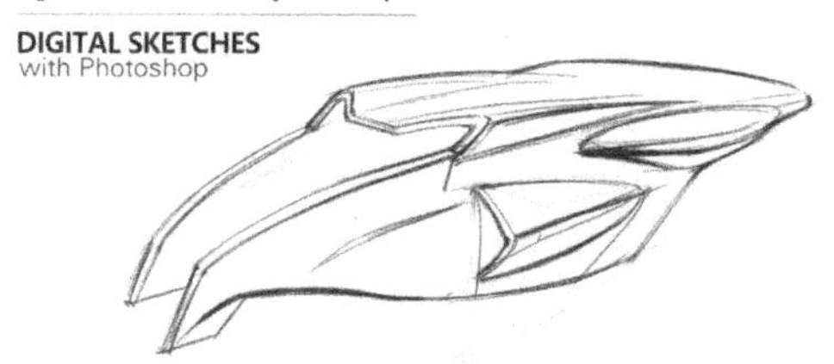

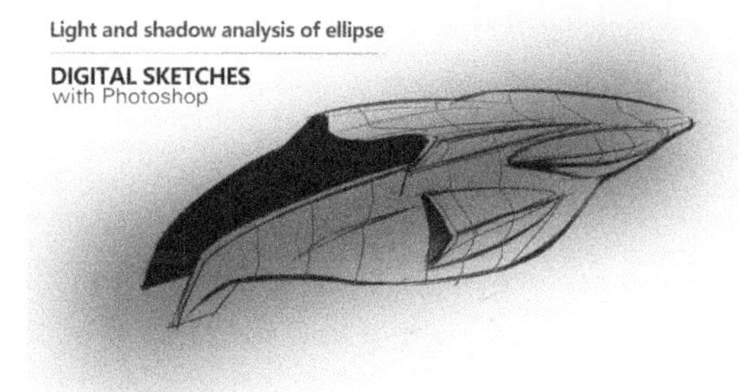

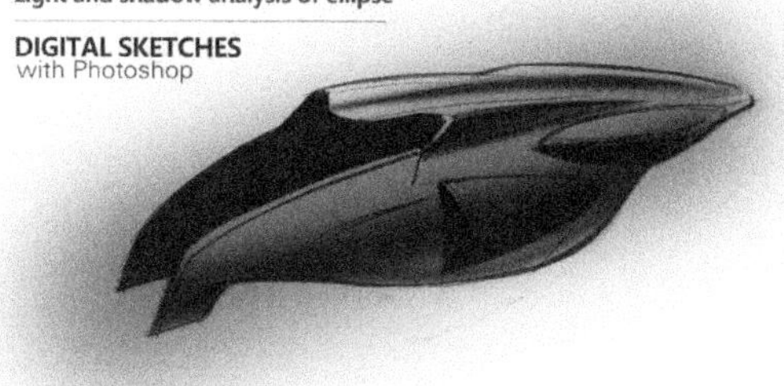

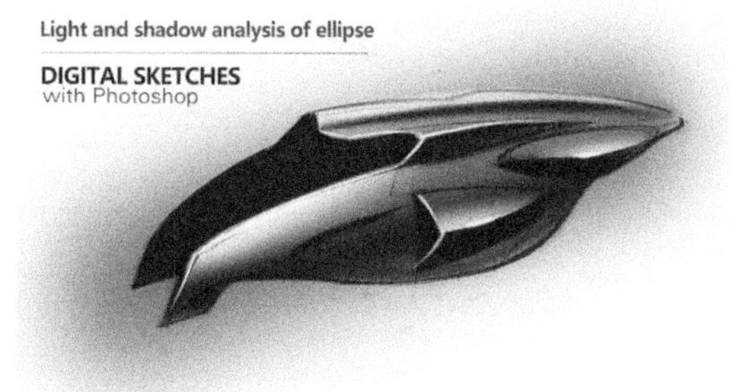

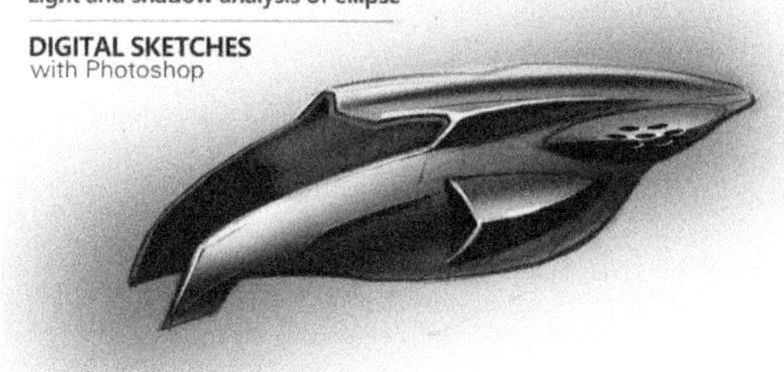

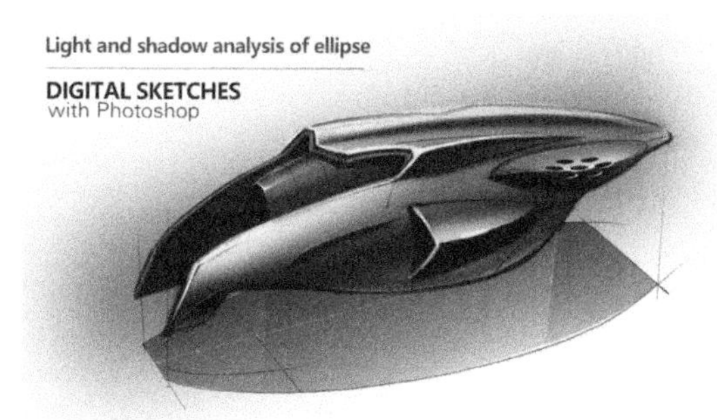

Light and shadow analysis of ellipse

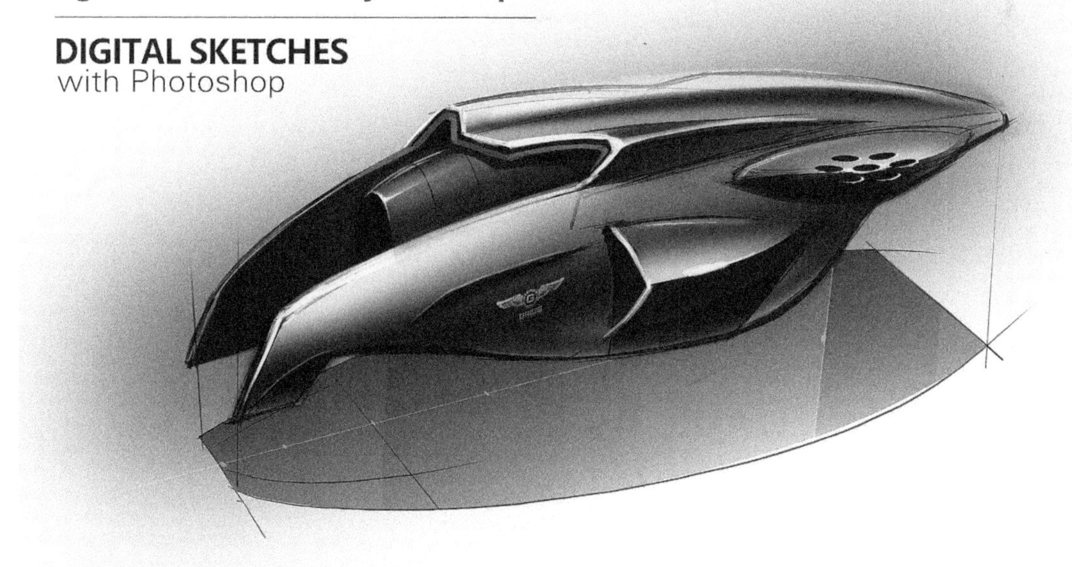

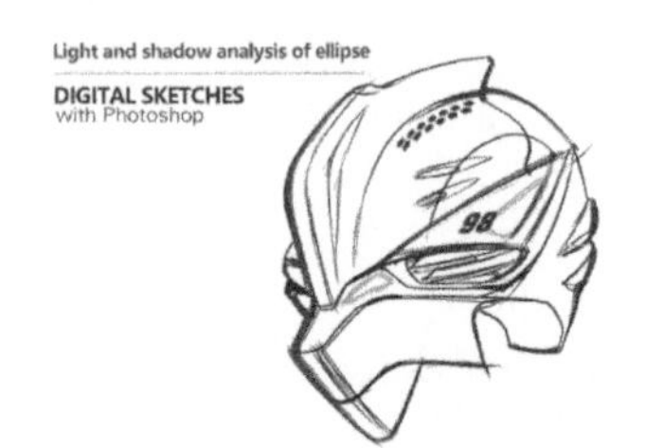
Light and shadow analysis of ellipse
DIGITAL SKETCHES
with Photoshop
98

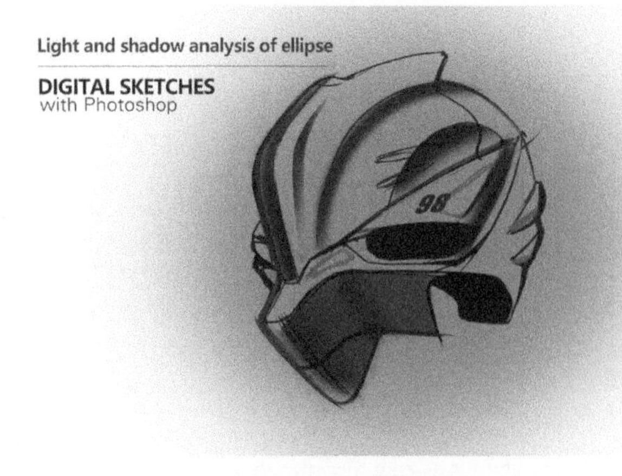
Light and shadow analysis of ellipse
DIGITAL SKETCHES
with Photoshop
98

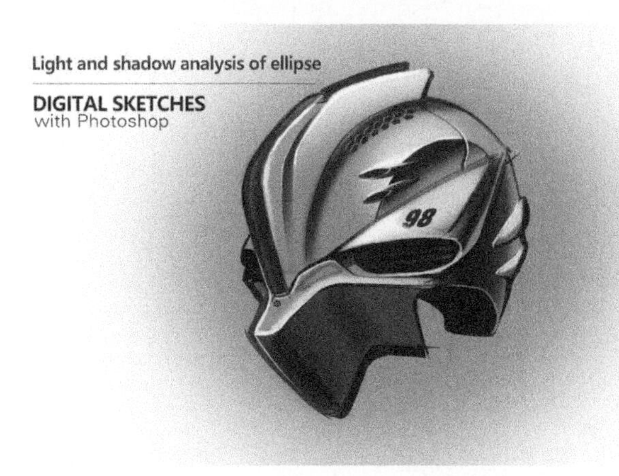
Light and shadow analysis of ellipse
DIGITAL SKETCHES
with Photoshop
98

Light and shadow analysis of ellipse
DIGITAL SKETCHES
with Photoshop
189

格色渲染学员作品

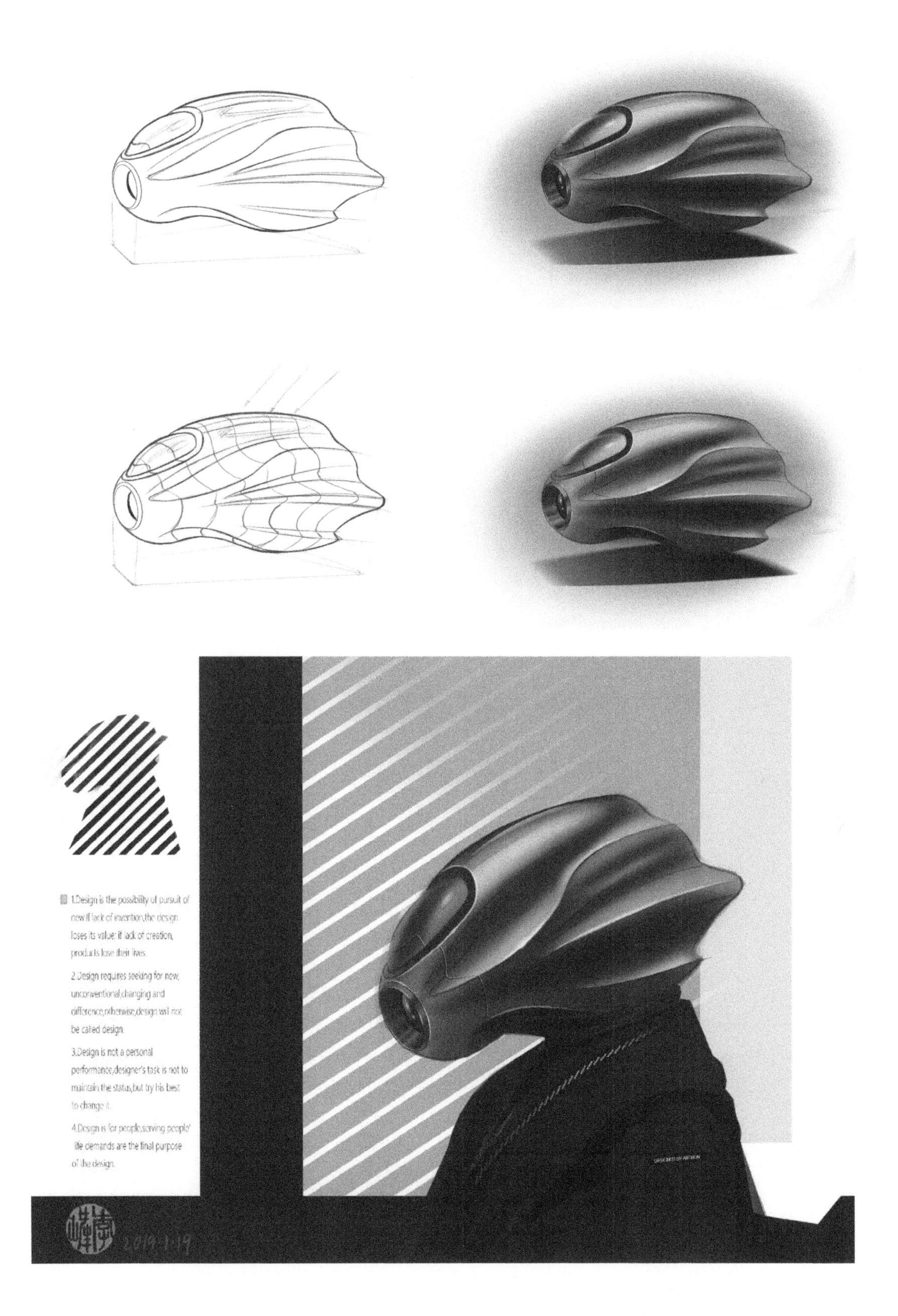
1.Design is the possibility of pursuit of new.If lack of invention,the design loses its value; if lack of creation, products lose their lives.
2.Design requires seeking for new, unconventional,changing and difference,otherwise,design will not be called design.
3.Design is not a personal performance,designer's task is not to maintain the status,but try his best to change it.
4.Design is for people,serving people' life demands are the final purpose of the design.
2019.1.19

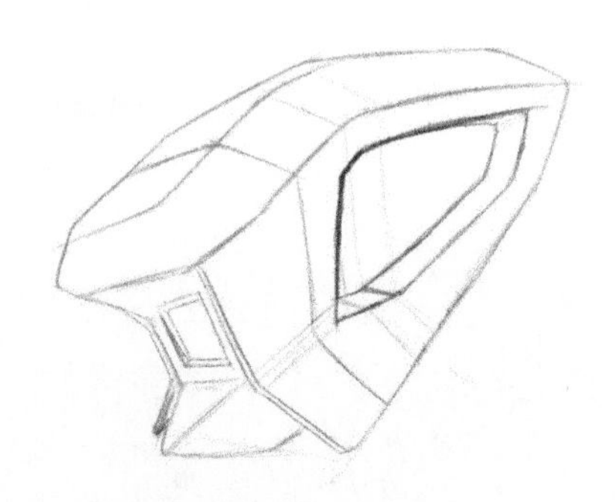

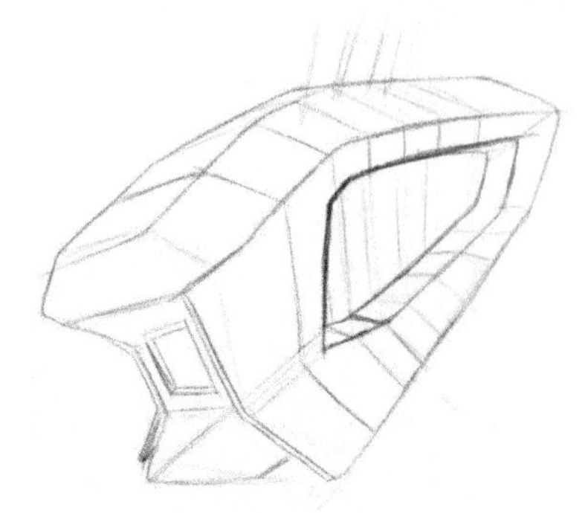

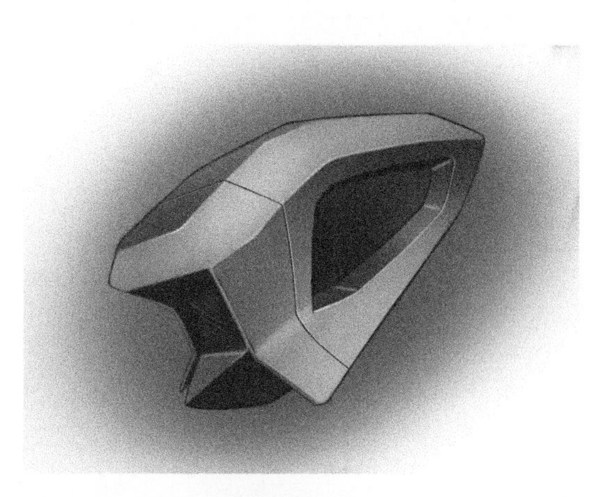

1.Design is the possibility of pursuit of new.If lack of invention,the design loses its value; if lack of creation, products lose their lives.

2.Design requires seeking for new, unconventional,changing and difference,otherwise,design will not be called design.

3.Design is not a personal performance,designer's task is not to maintain the status,but try his best to change it.

4.Design is for people,serving people' life demands are the final purpose of the design.

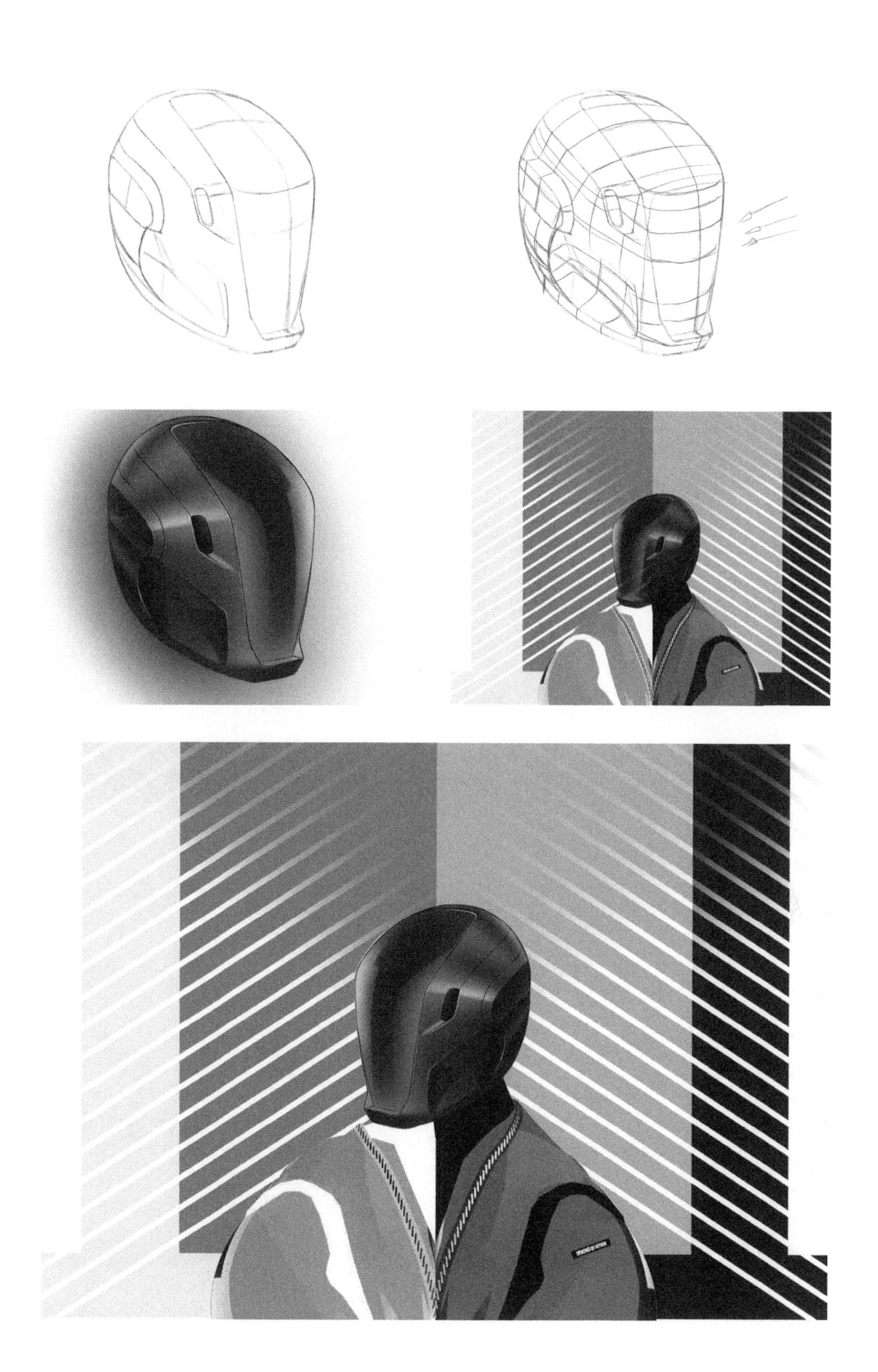

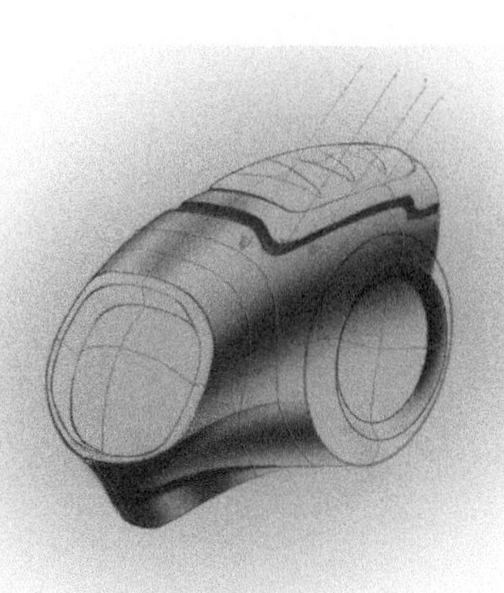

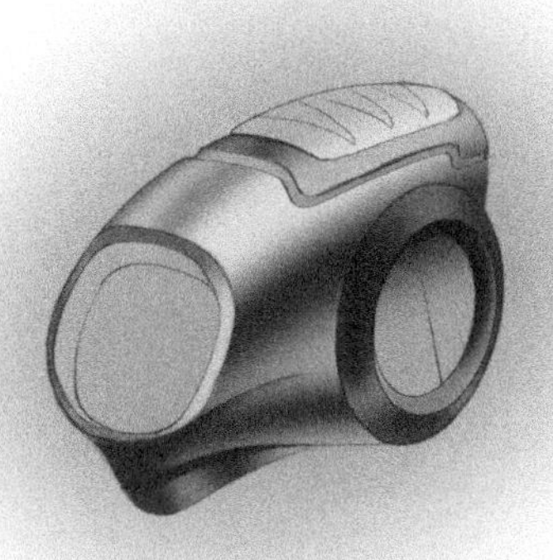

INNOVATION
LIUYIHAN

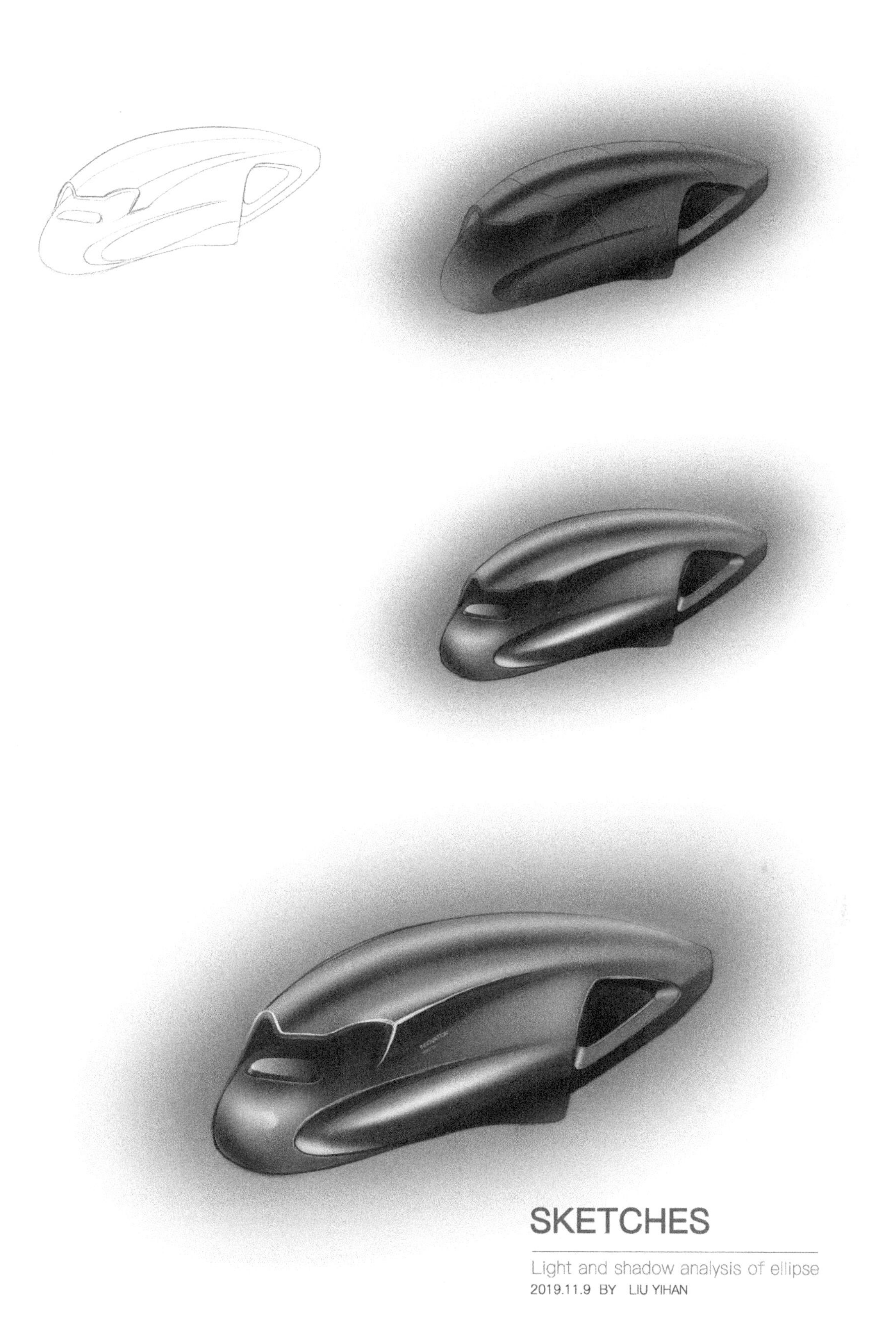
SKETCHES
Light and shadow analysis of ellipse
2019.11.9 BY LIU YIHAN

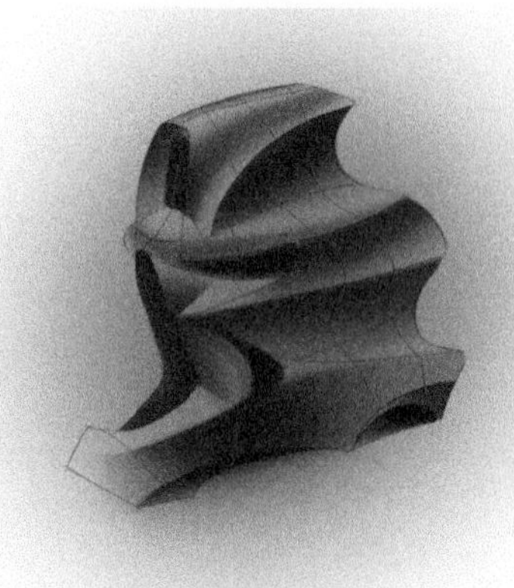

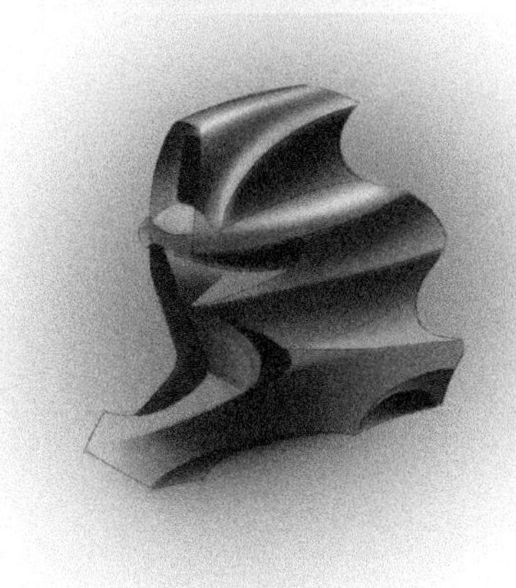

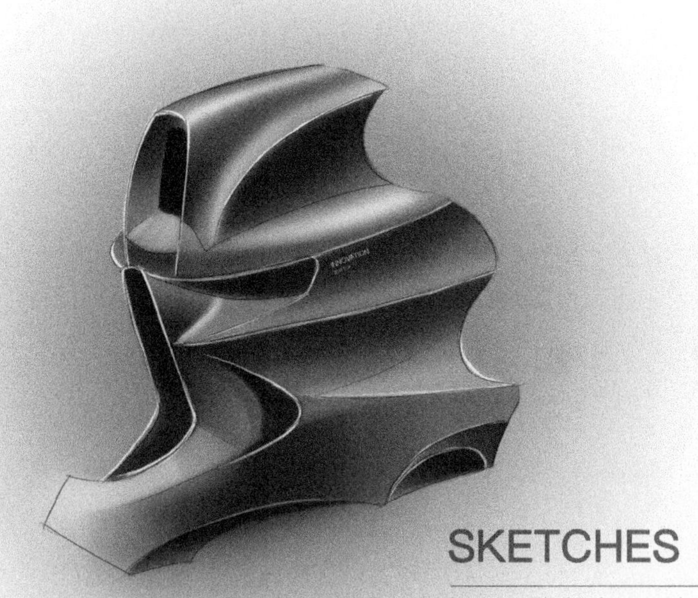
SKETCHES
Light and shadow analysis of ellipse
2019.11.9 BY LIU YIHAN

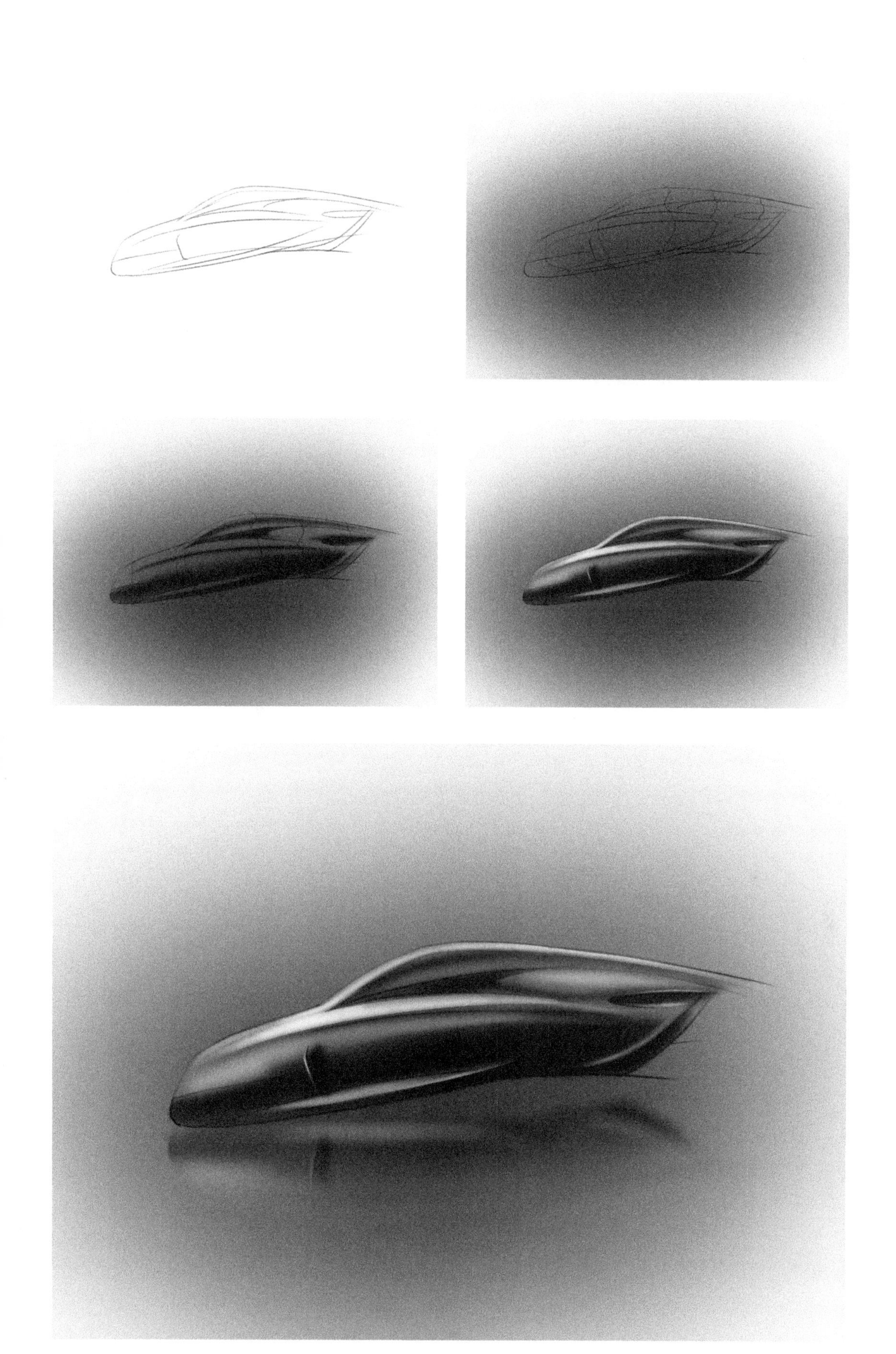

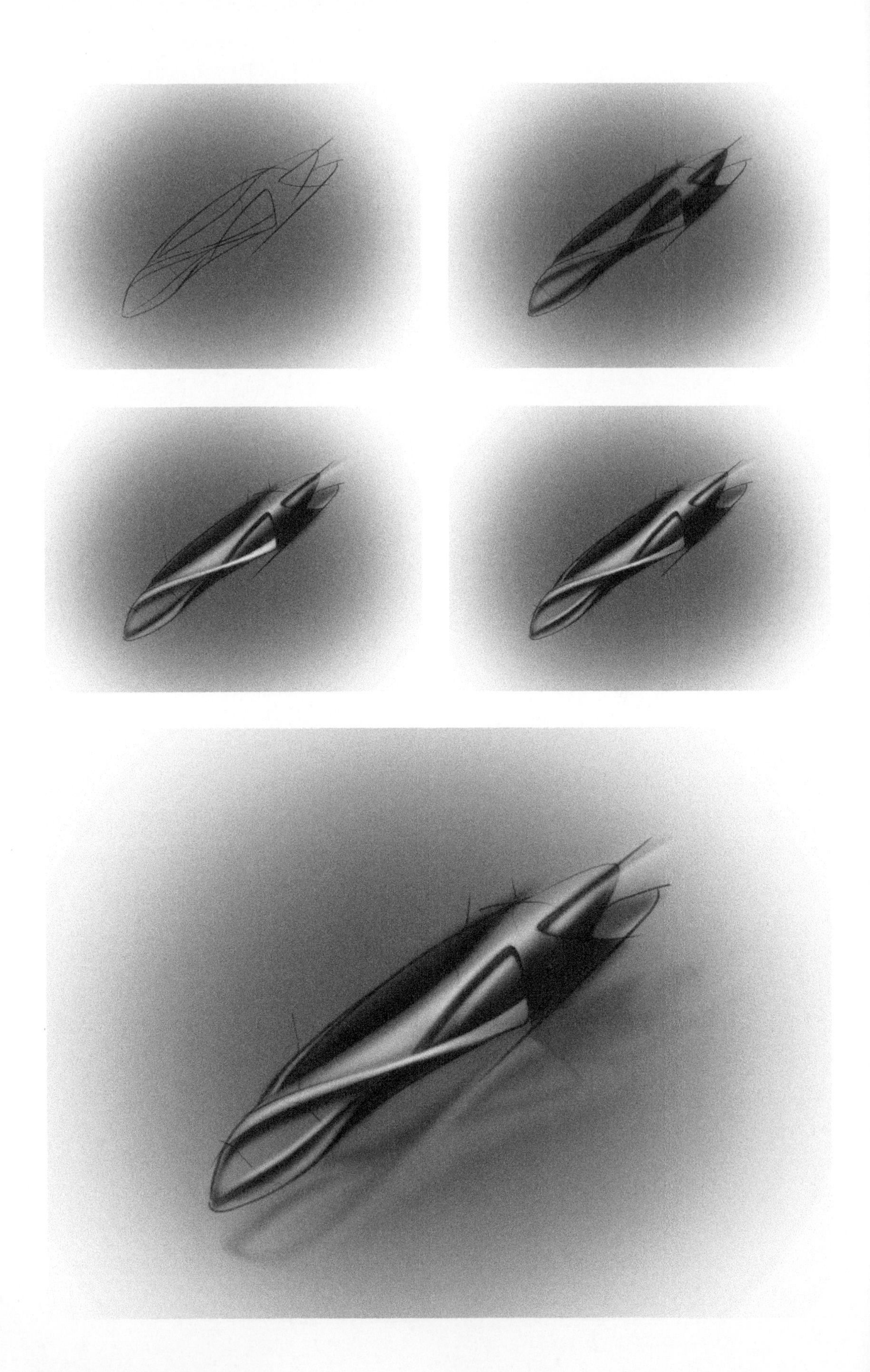

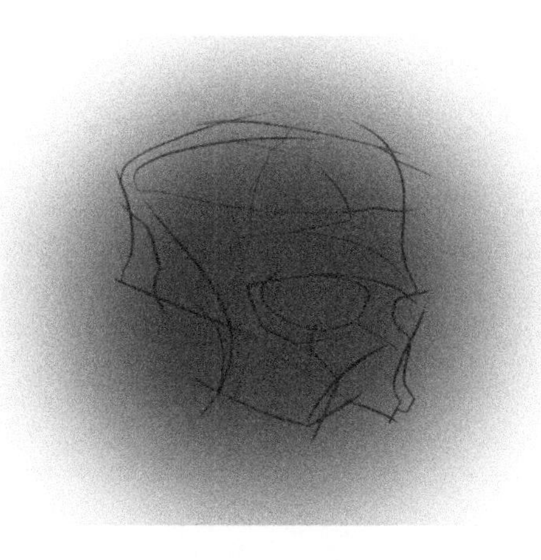

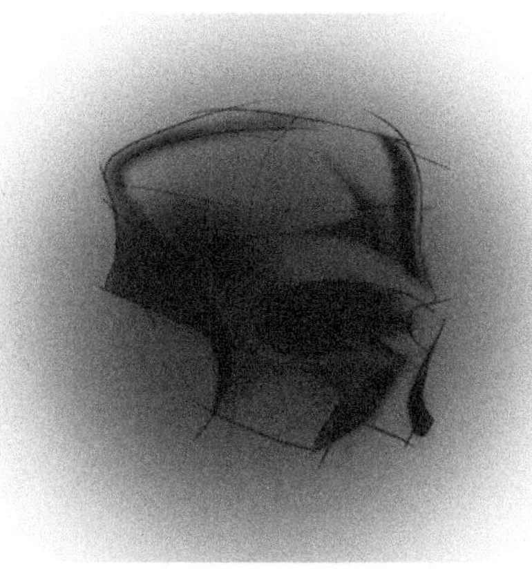

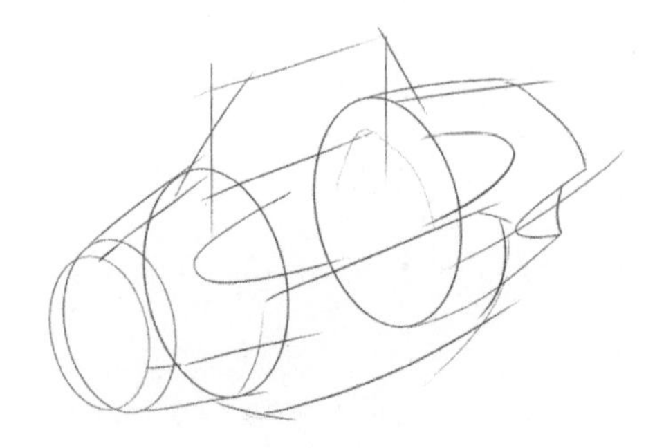
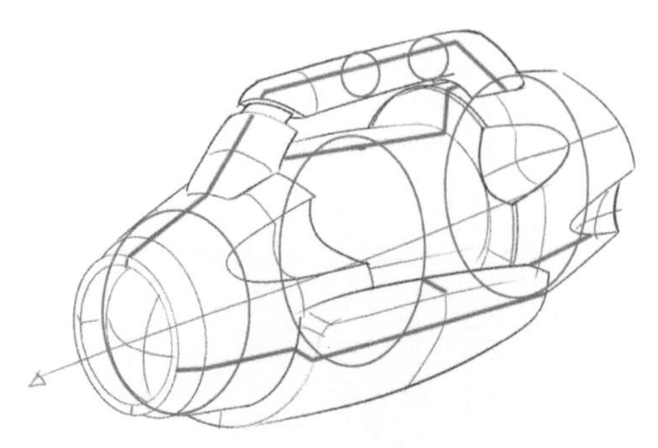
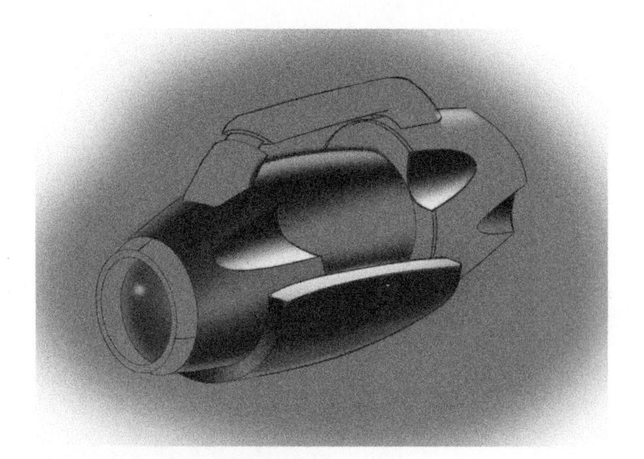

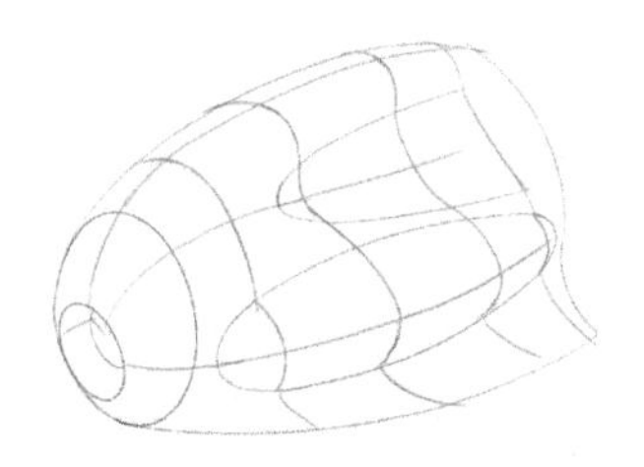

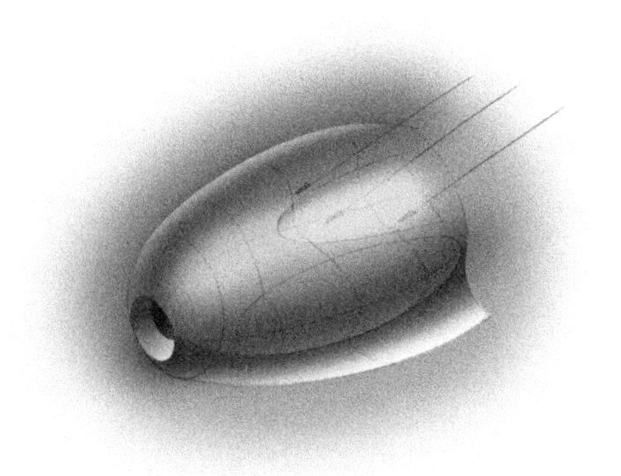

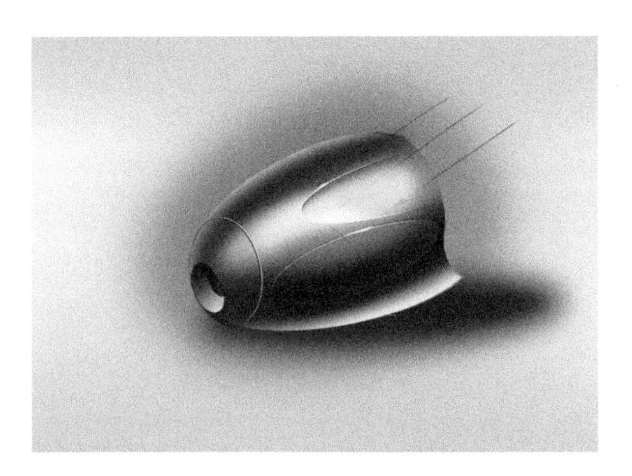

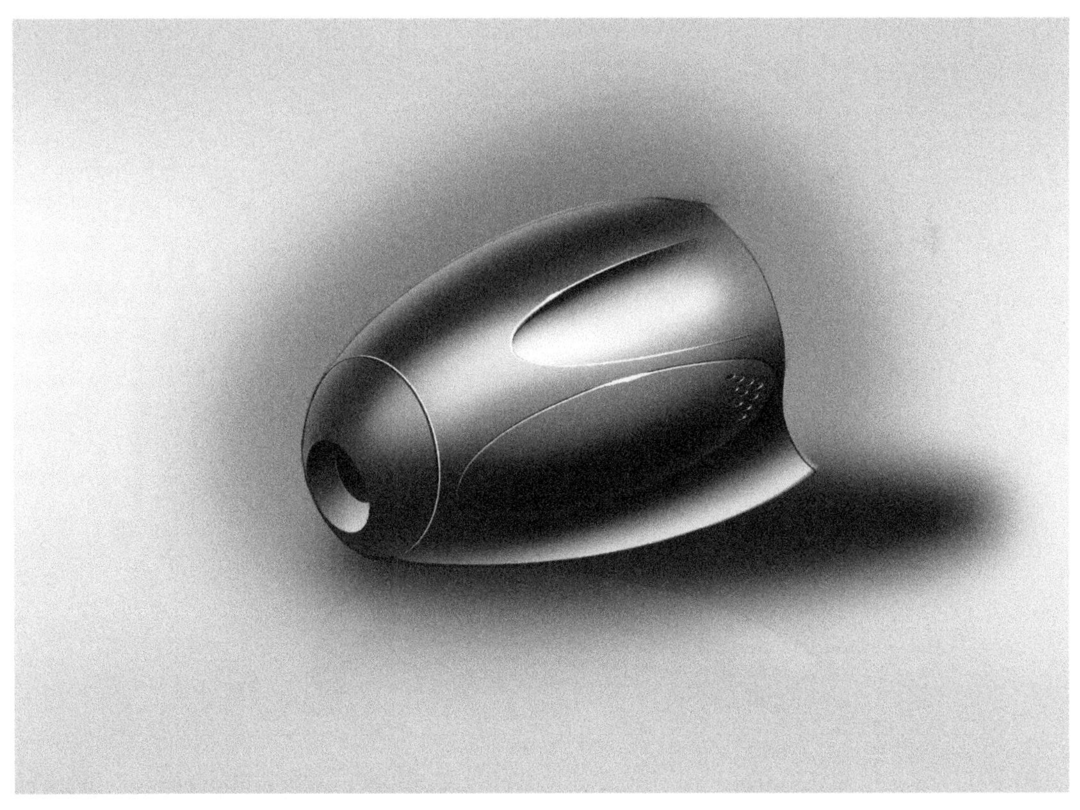

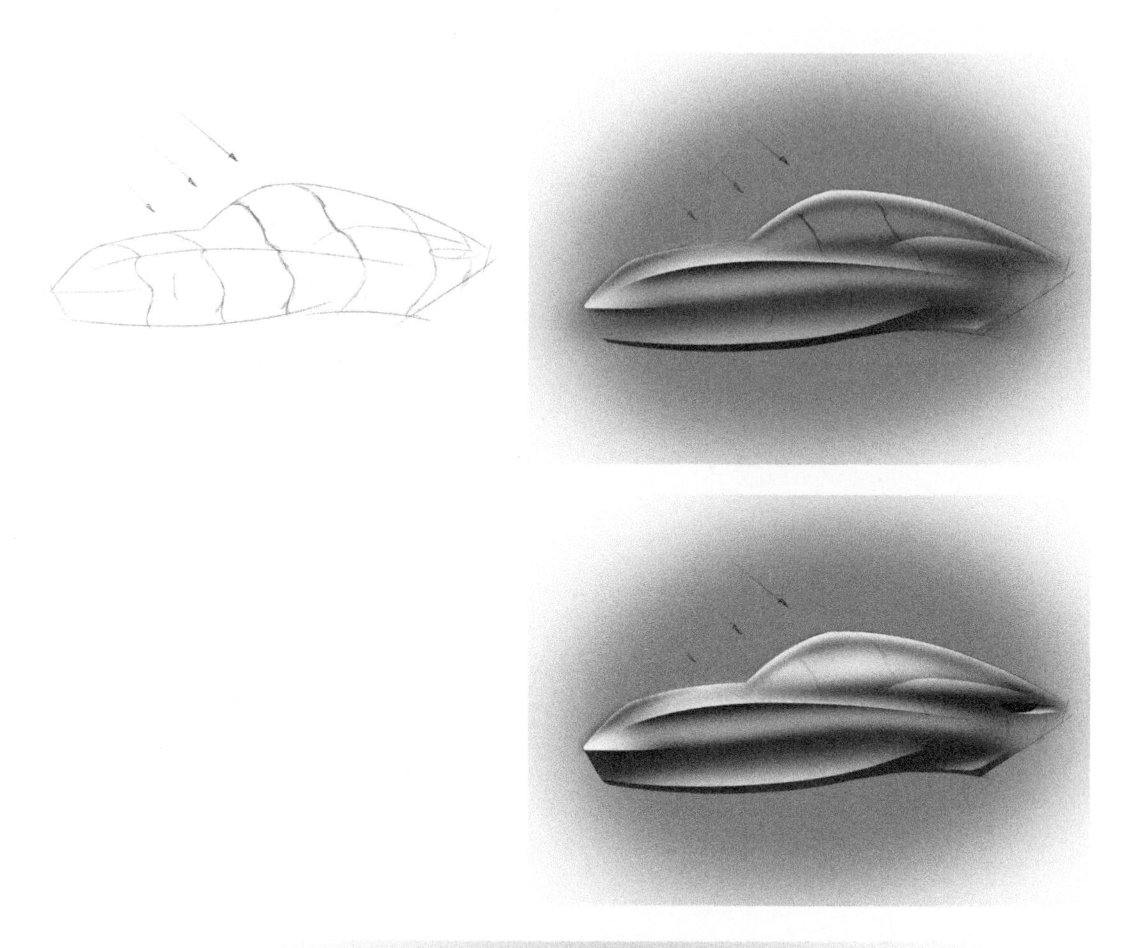

SEA-GULL

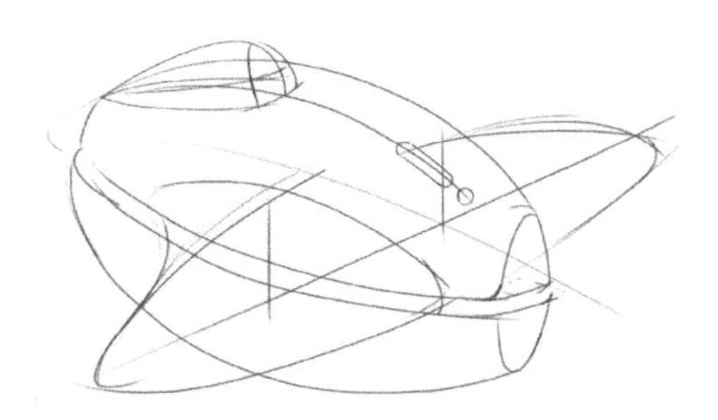

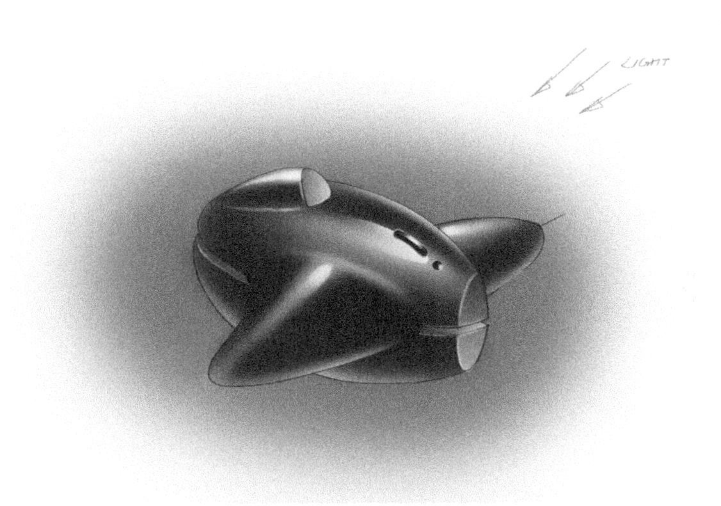
LIGHT

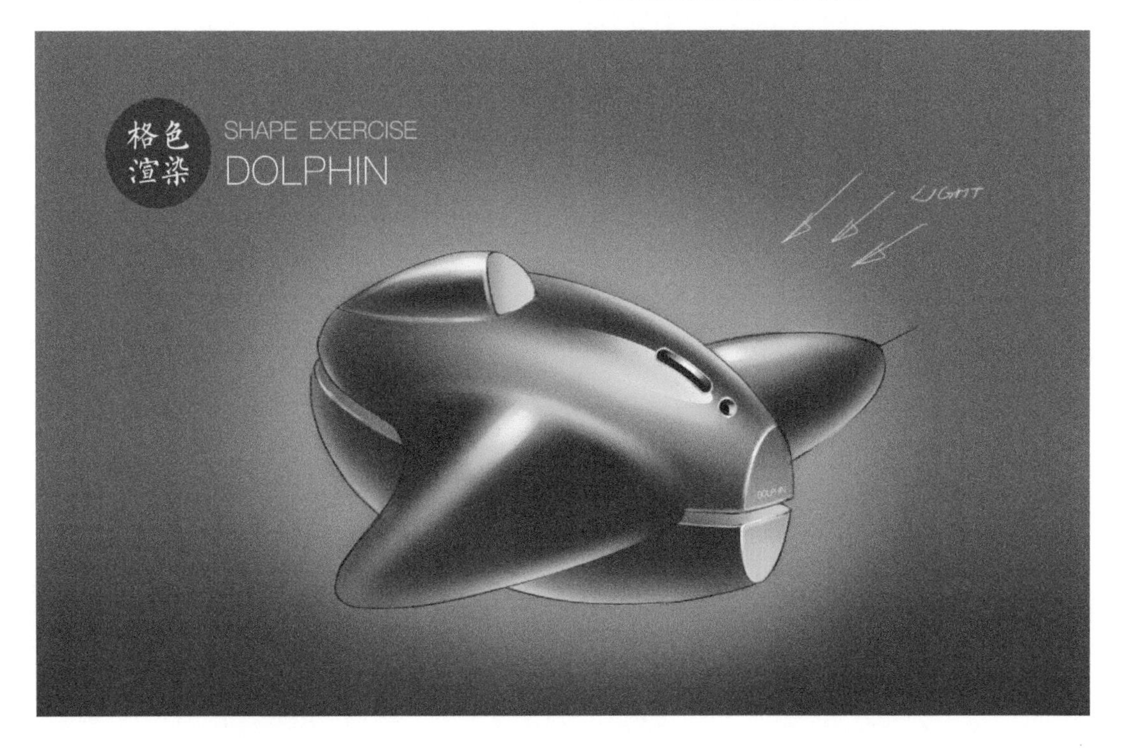
格色
渲染
SHAPE EXERCISE
DOLPHIN
LIGHT

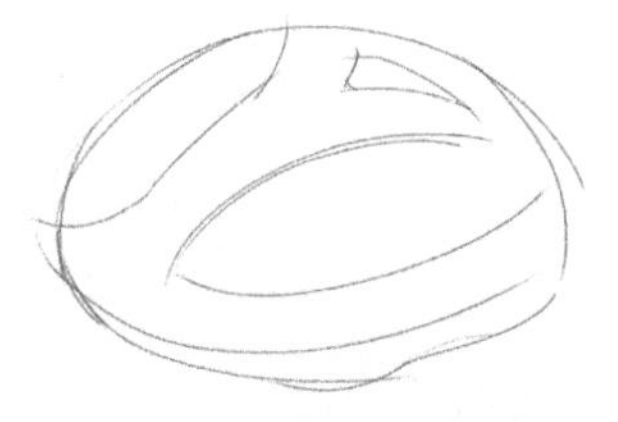

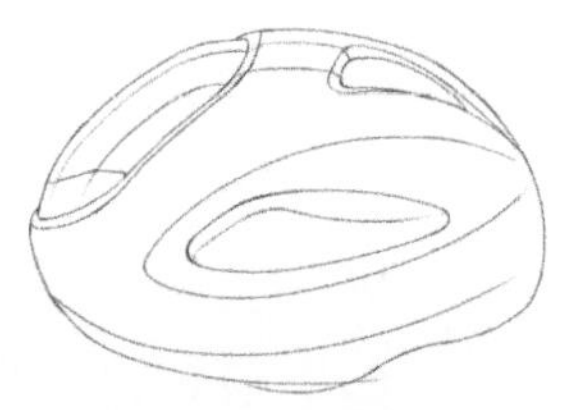

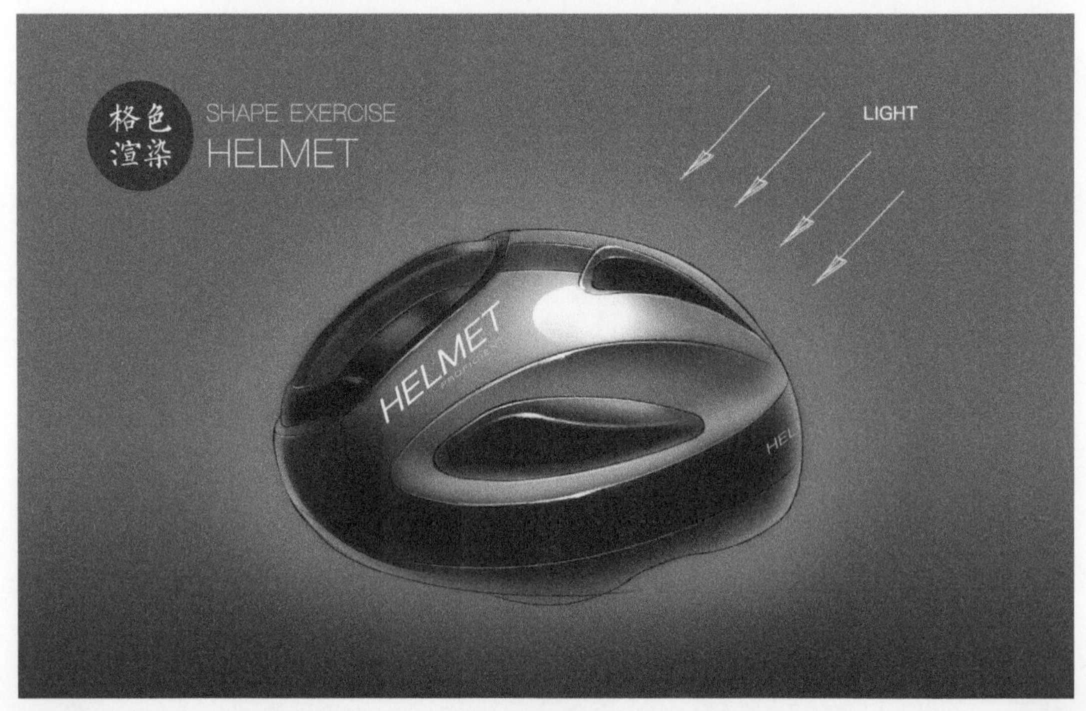
格色
渲染
SHAPE EXERCISE
HELMET
LIGHT
HELMET

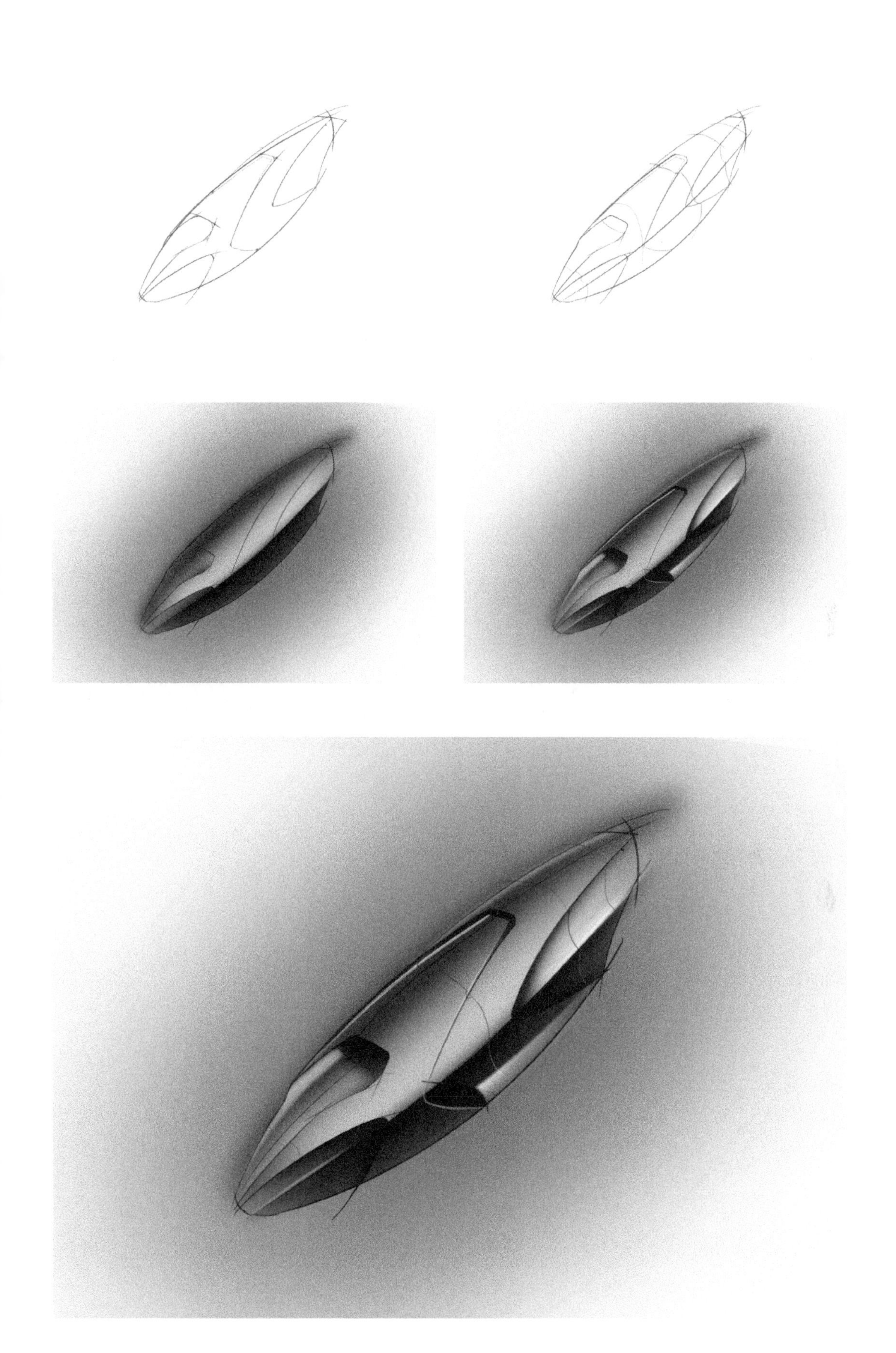

第五节：原理——材质数字手绘分析、演示

以下材质数字手绘分析、手绘表现所使用软件为 Photoshop。

众所周知，材质在产品设计中应用非常广泛，比如皮革、木纹、布料等，这就要求我们在手绘中也要表现这些材质。那么数字手绘表现这些材质的要点是什么？又有哪些应该知晓的技能和方法呢？今天罗老师给大家分析一下。

首先给大家看一下材质的漫反射、弱反光、高反光的对比及材质表面受到光照射放大很多倍以后是怎样的。

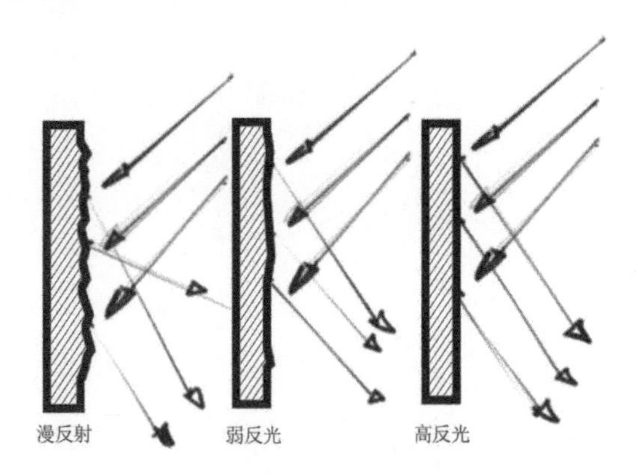

一、皮革材质

皮革材质可以细分为各种类型，从皮革外观效果来看，可以大致分为抛光效果、压花双色效果、擦色效果、龟裂纹效果等。我们常常看到的家具产品上面的皮革材质多为抛光效果，由皮革固有色、受光、高光、环境色组成。

不同外观效果的皮革用在不同产品之上。

除皮质效果本身外，皮革缝线的元素也可以让皮质感更强。

这些皮革材质效果的数字手绘步骤可以分为如下几大部分。

- ❖ 第一部分：固有色填充。
- ❖ 第二部分：受光、背光、反光、高光表达。
- ❖ 第三部分：肌理细节的表现。

接下来我们尝试一下怎样用最简便的方法来表现皮革材质。

Step 1 选定你要设计的产品皮革固有色进行填充，比如深褐色。

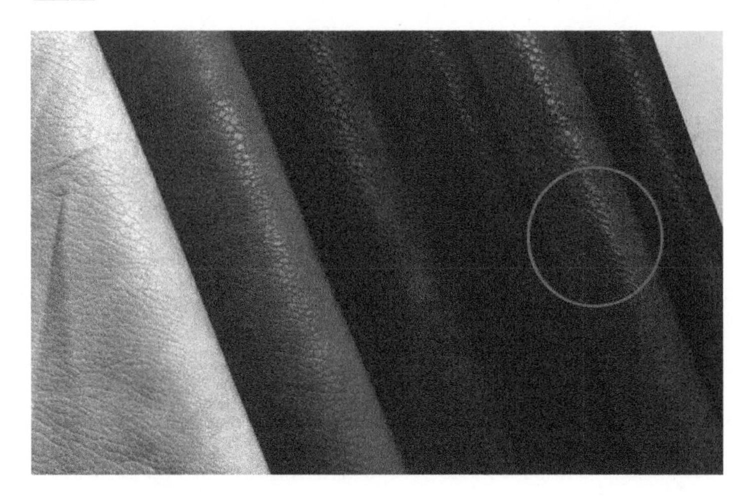

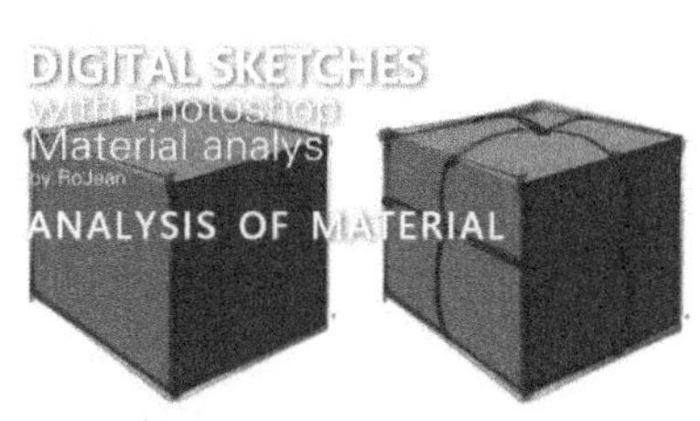

Step 2 把已经填充好的颜色进行受光和背光的区分，最快速的方法就是直接选用加深和减淡工具进行区分。

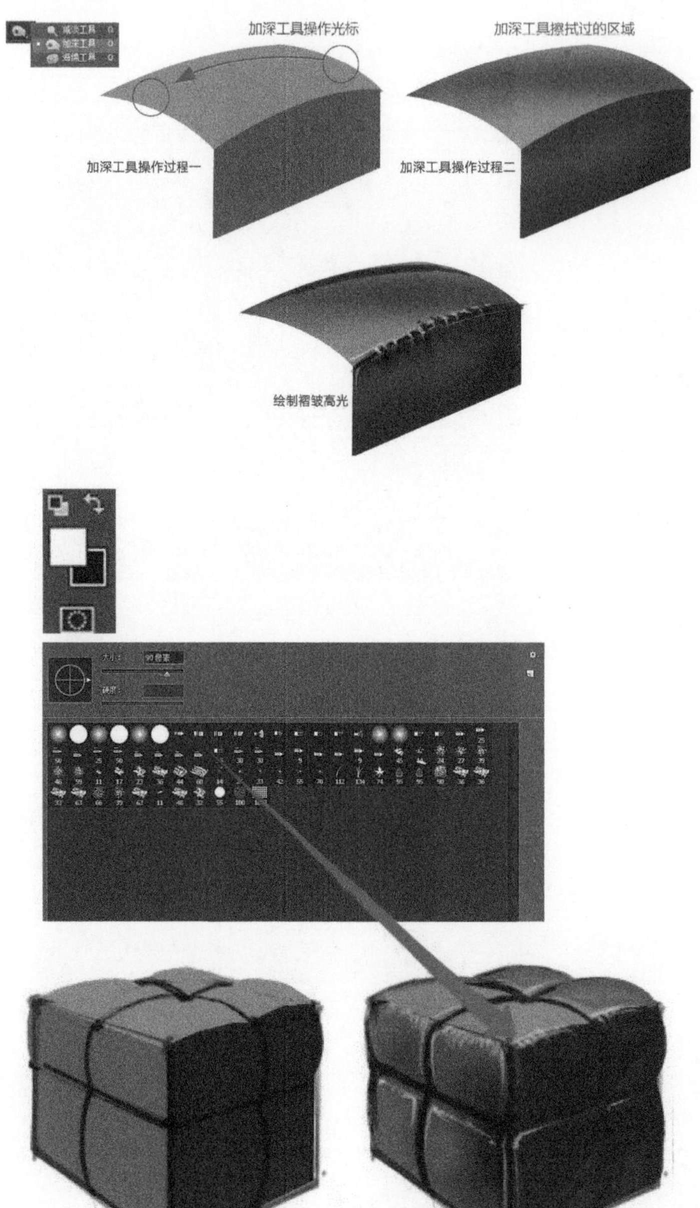

Step 3 每个凹槽都有褶皱，都需要表达出皮革的高光，体现出皮革抛光质感效果。

二、木纹材质

很多产品的外观都会用到木纹材质，显得复古、厚重、有质感，比如音箱、灯具、座椅等，用不同木纹材质搭配的产品也显得“高大上”（高端、大气、上档次）。

这些木纹材质效果的数字手绘步骤和皮革材质类似，可以分为如下三大部分。

❖ 第一部分：固有色填充。

❖ 第二部分：受光、背光、反光、高光表达。

❖ 第三部分：木纹肌理细节的表现。

Step 1 填充固有色（区分受光与背光填充）。

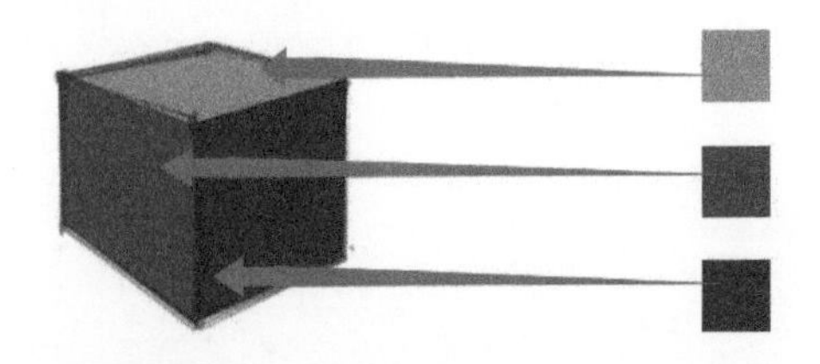

Step 2 绘制出木纹肌理，用硬边圆笔触绘制会让木纹更加生动。

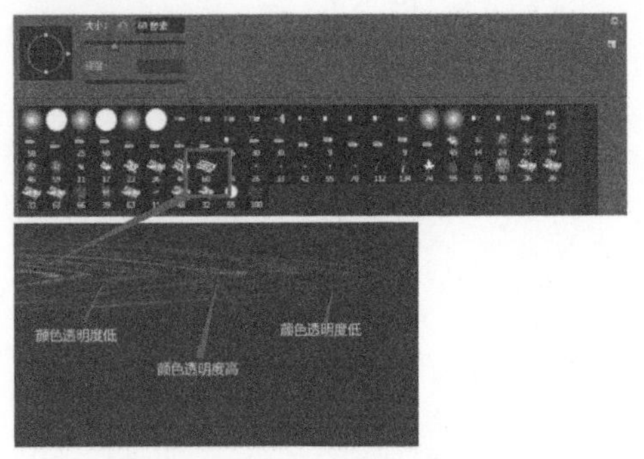

木纹的轻重变化与手按压触控笔的力度有很大关系，通常在木纹转折处、交汇处手按压触控笔稍微重一些，在其他地方的纹路绘制时稍微按压触控笔轻一些

三、布料材质

布料材质效果的数字手绘步骤和木纹材质、皮革材质不太一样，其上面没有纹路，即使有固有色，也附着在比较柔软的质地上，因此数字手绘的时候喷笔笔头不能选择太硬的，而是要选择边缘比较柔软的笔触来进行绘制。

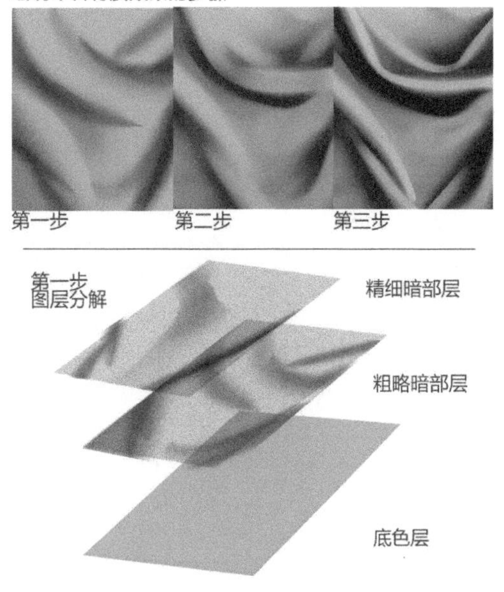

布料材质效果的数字手绘步骤可以分为如下几部分。

第一部分：喷涂固有色（注意，前面讲到的是“填充”，布料材质这里是“喷涂”。填充以色块形式出现，喷涂以笔触附着的形式出现，两者虽然都是对空白处润色，但是在形式上大不一样，填充更容易表现出硬的色块，喷涂则更容易表现出软的条状笔触感）。

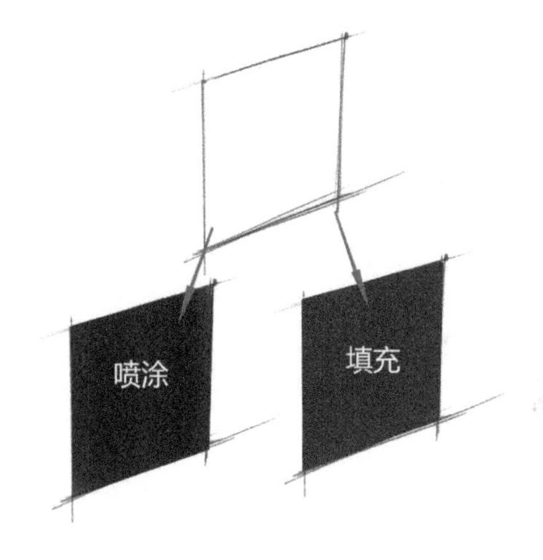

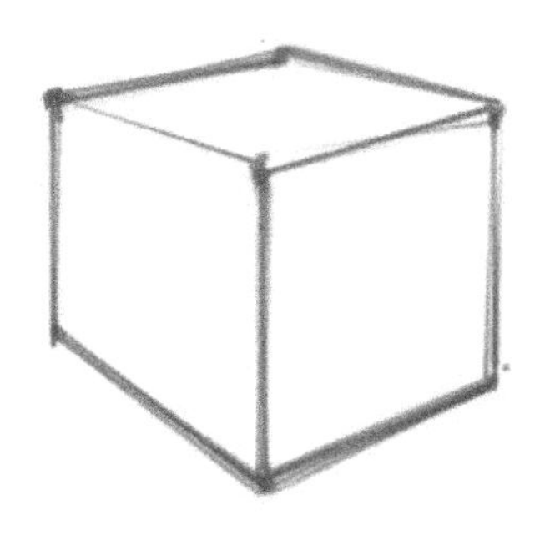

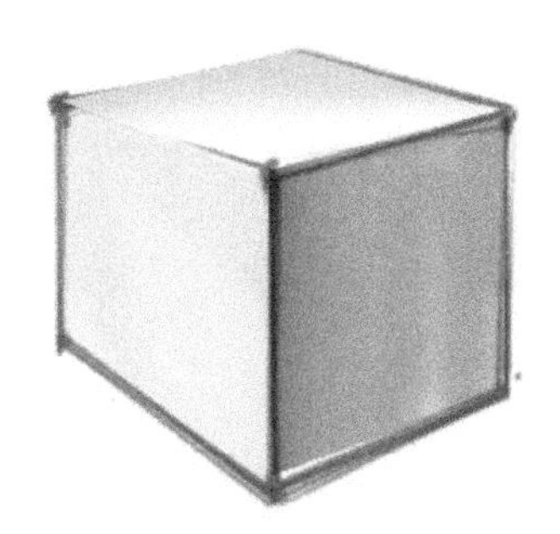

第二部分：布料材质受光、背光、反光、高光表达。
每一块隆起的布料都有一个完整的色阶，如图所示。

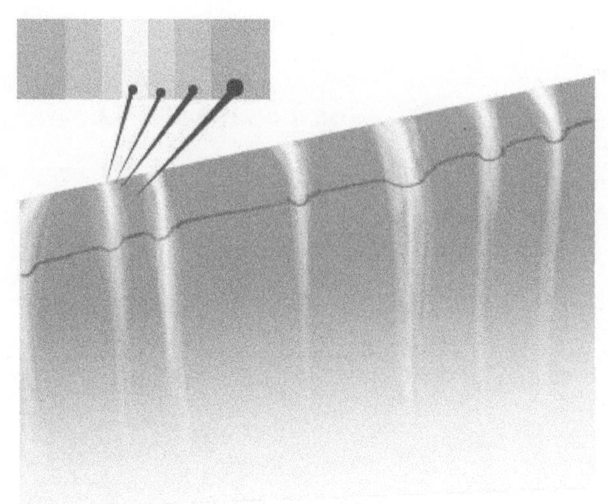

第三部分：布料材质细节的表现。

第六节：训练——材质数字手绘表现

▶ 金属材质

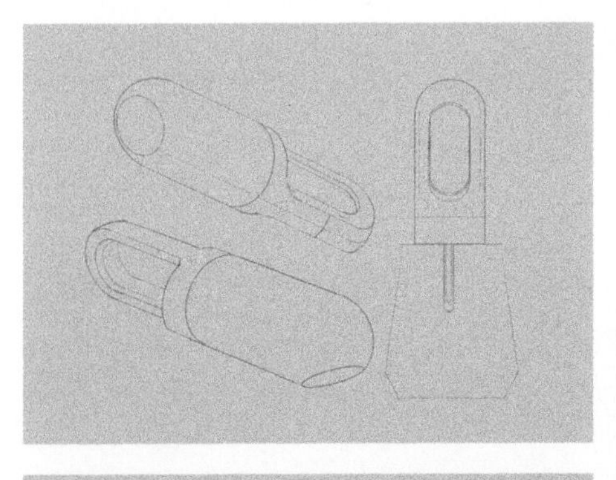
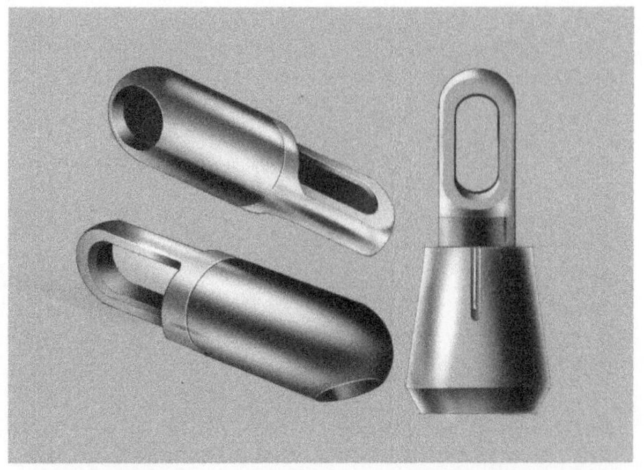
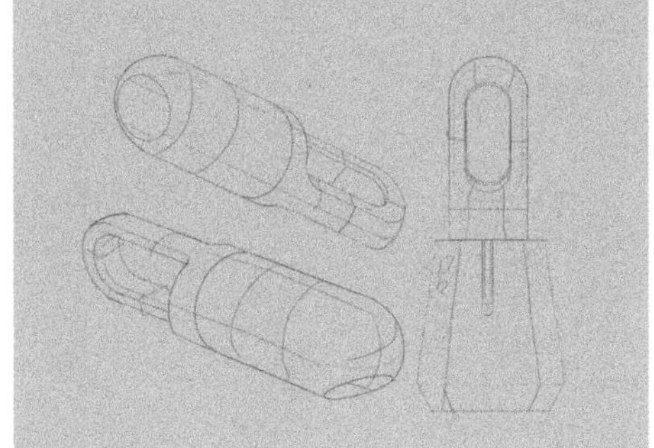
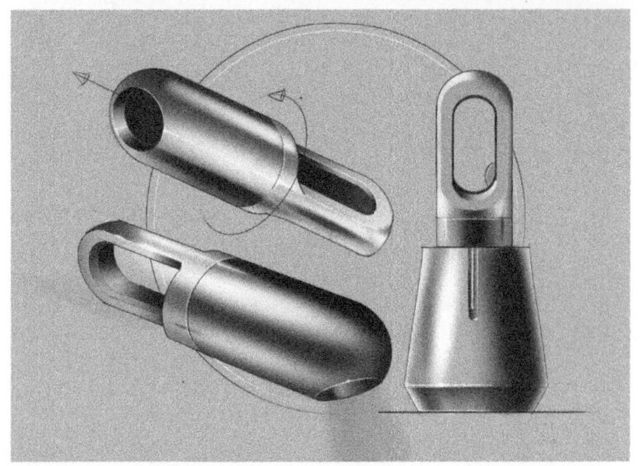

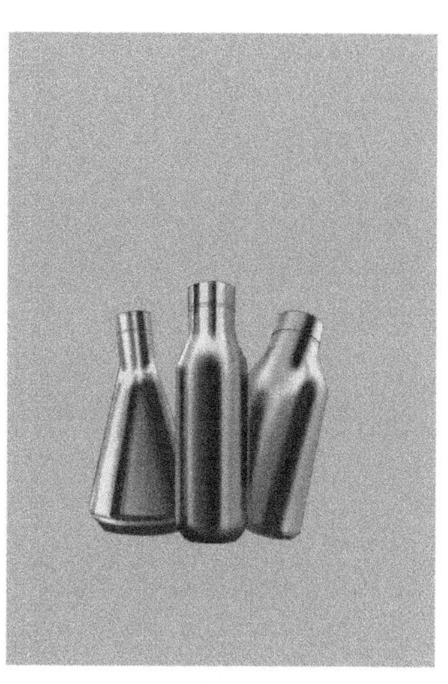

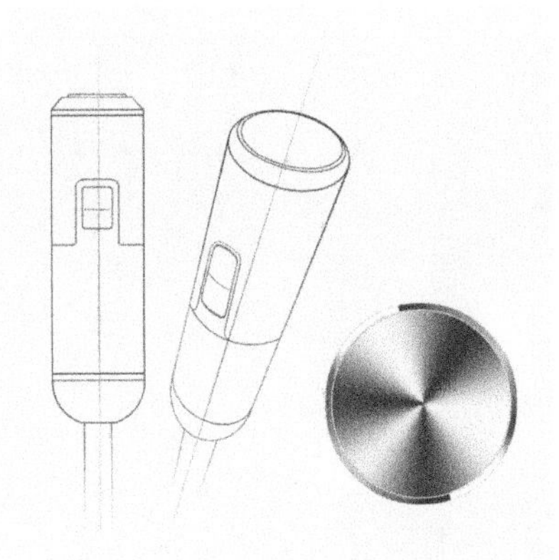

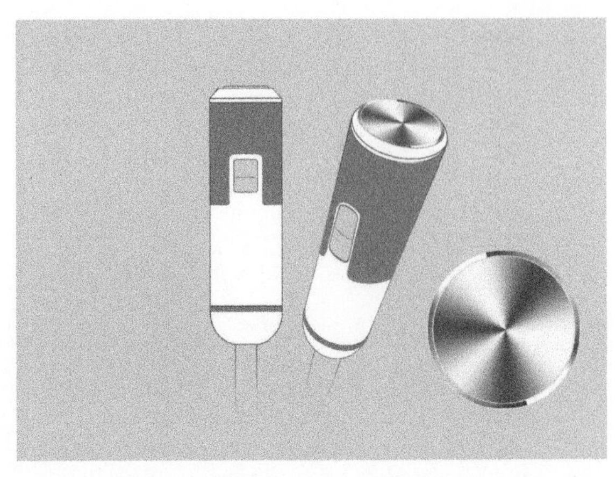

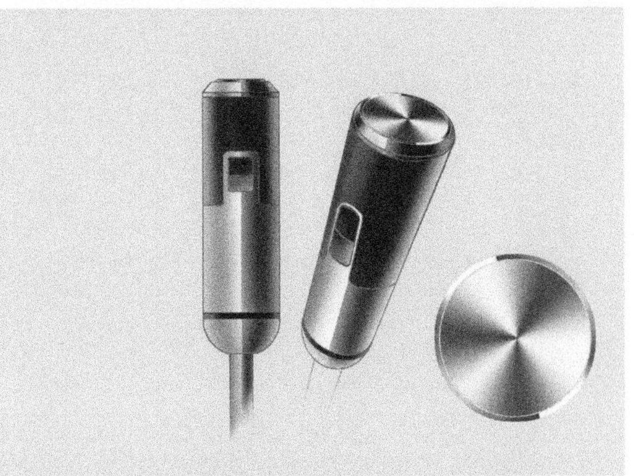

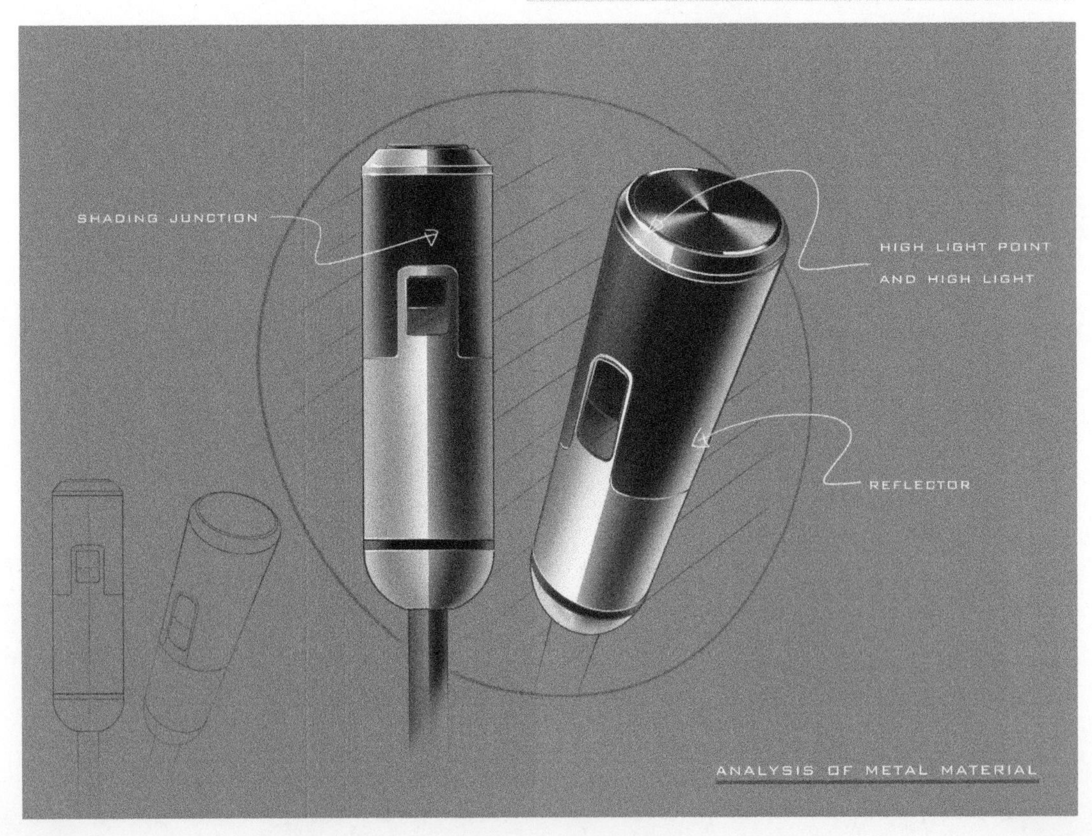
SHADING JUNCTION
HIGH LIGHT POINT
AND HIGH LIGHT
REFLECTOR
ANALYSIS OF METAL MATERIAL

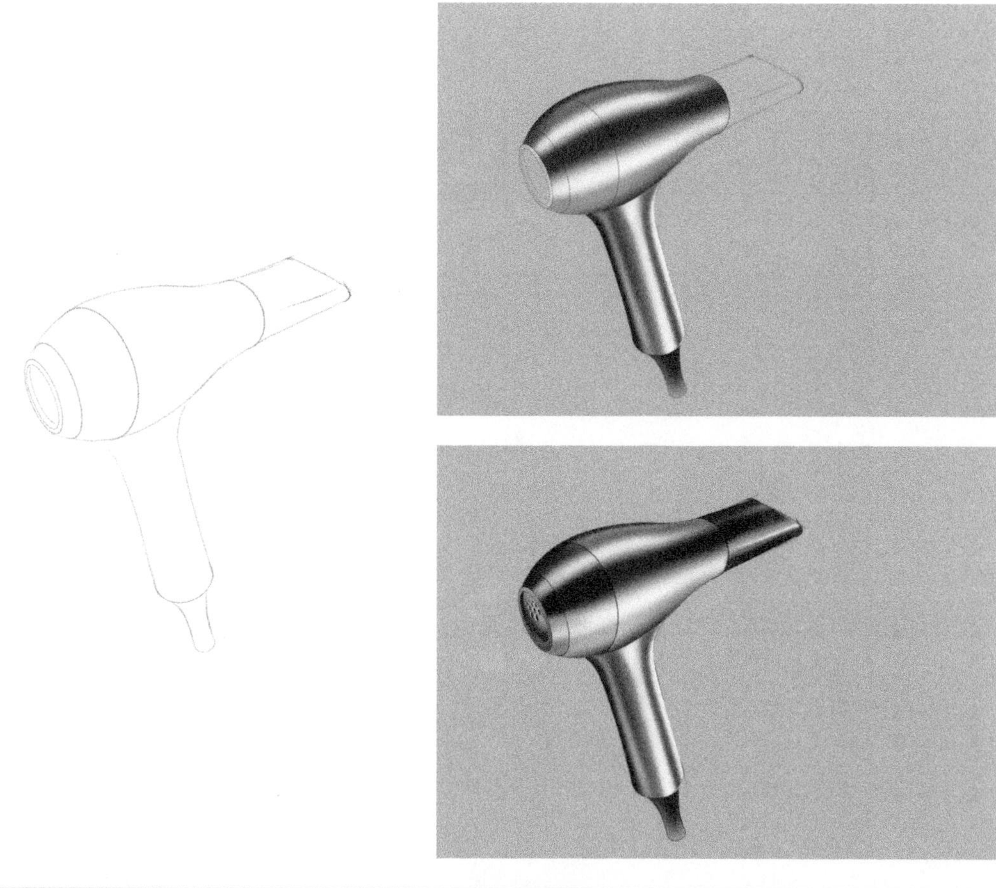

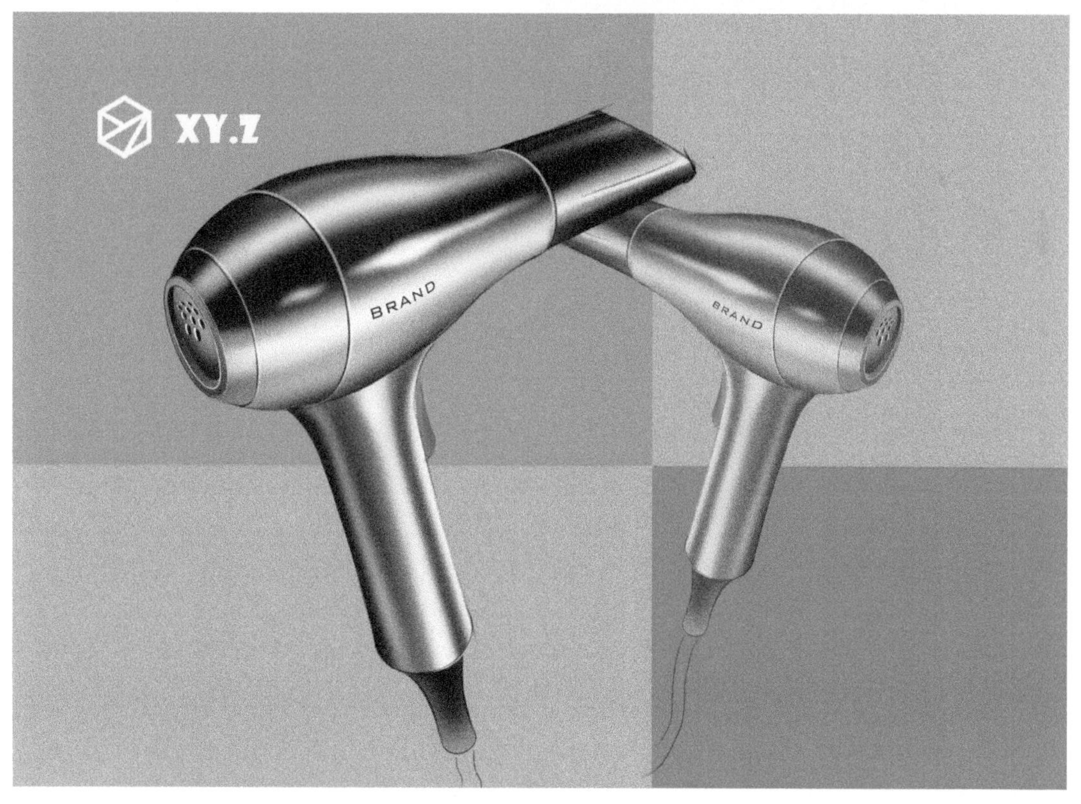
XY.Z
BRAND
BRAND

▼ 金属材质 + 木纹材质

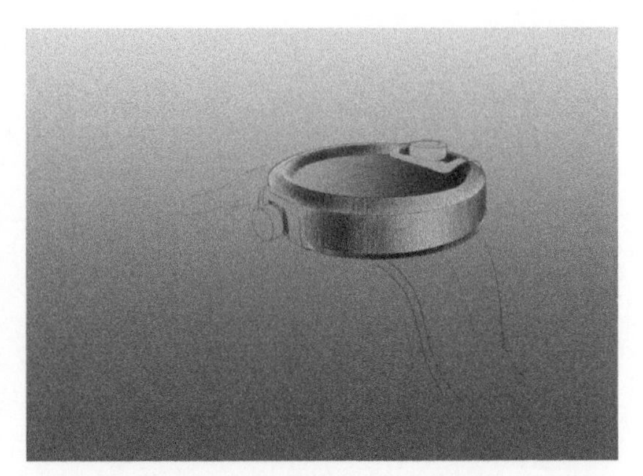

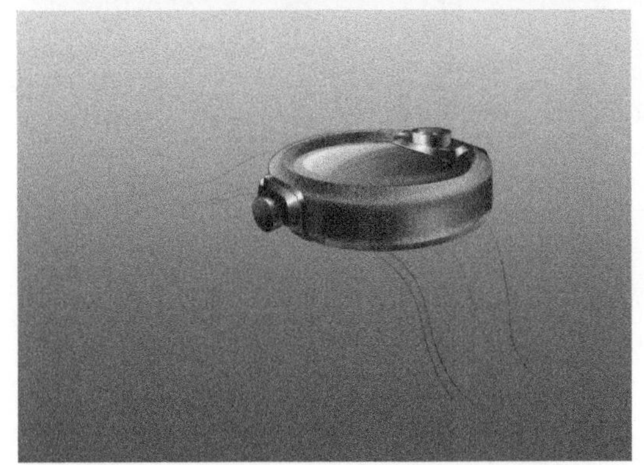

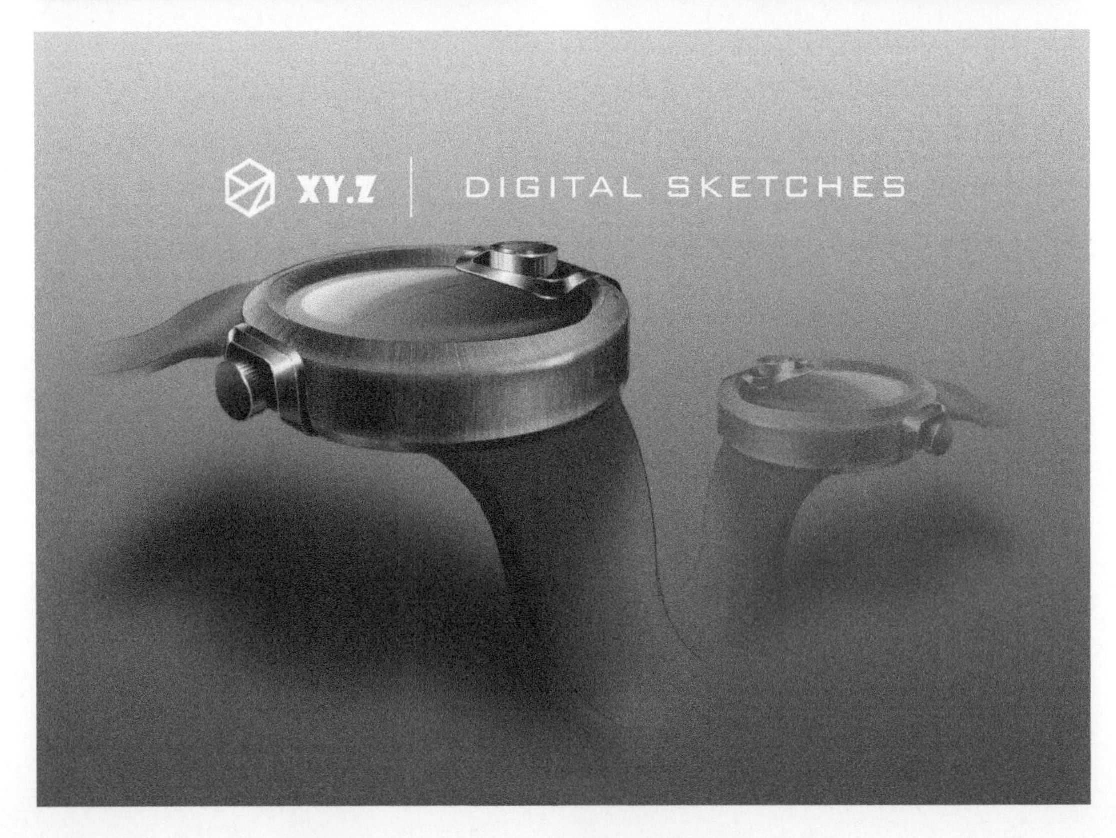

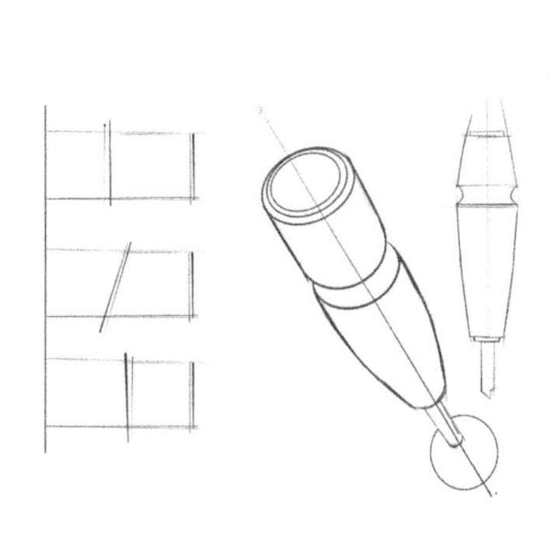

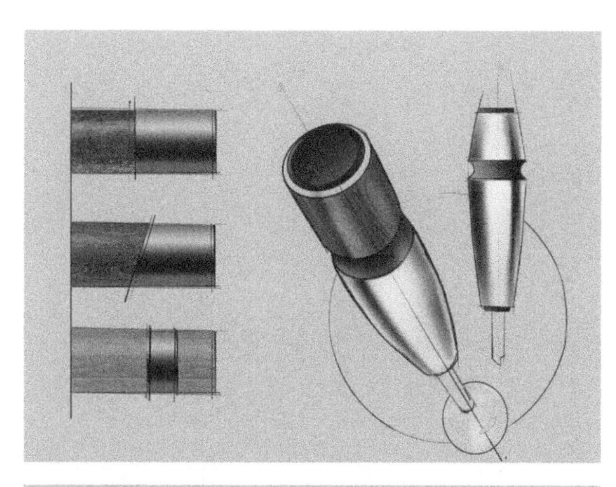

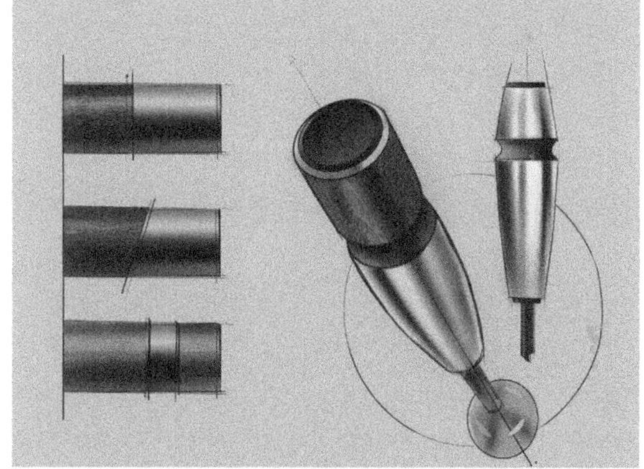

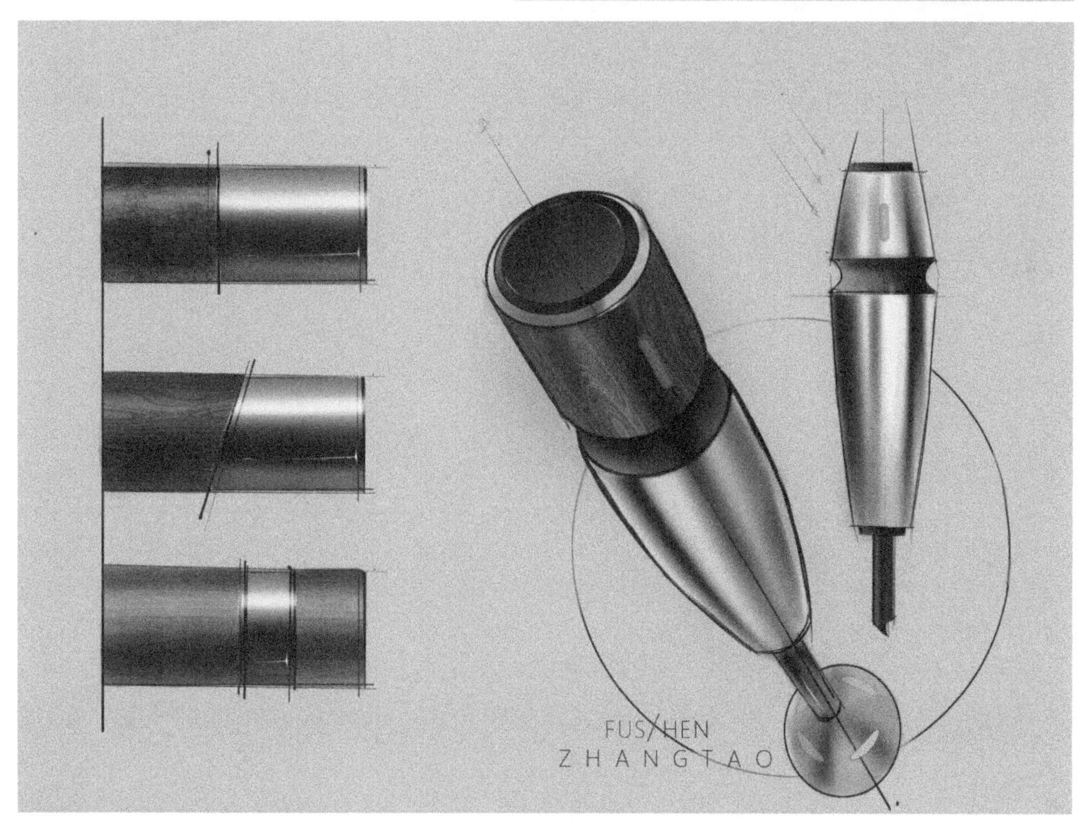
FUS/HEN
ZHANGTAO

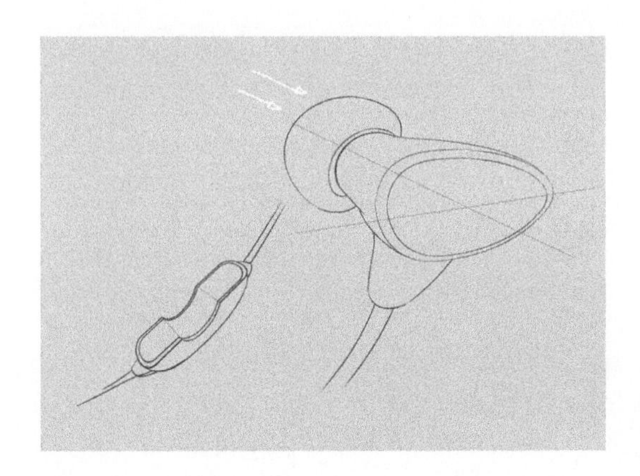

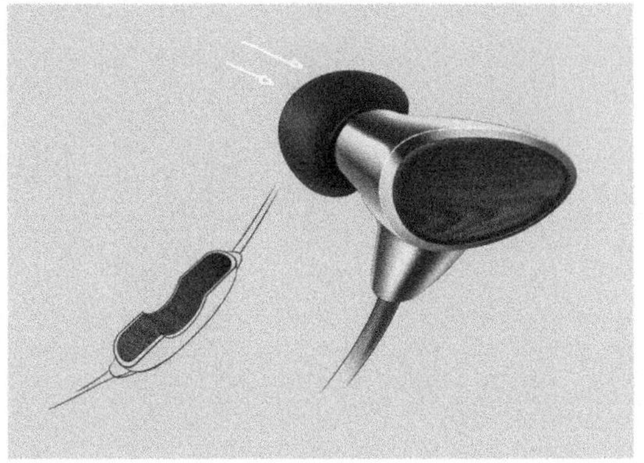

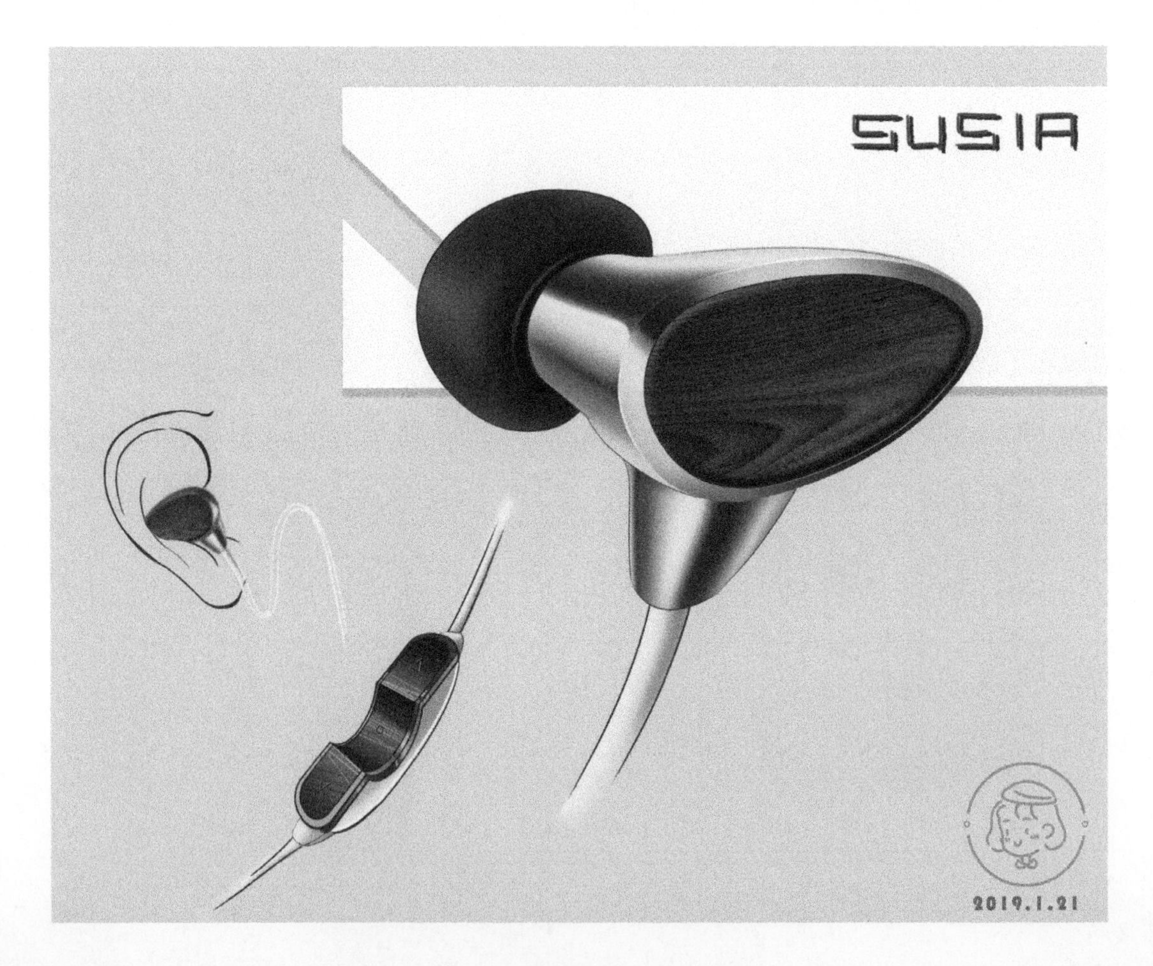
SUSIA
2019.1.21

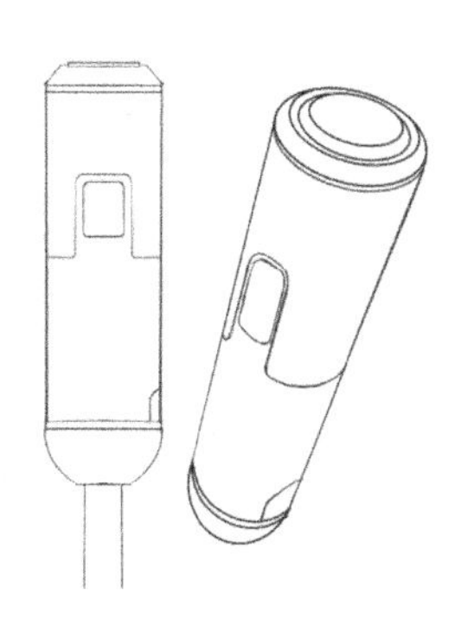

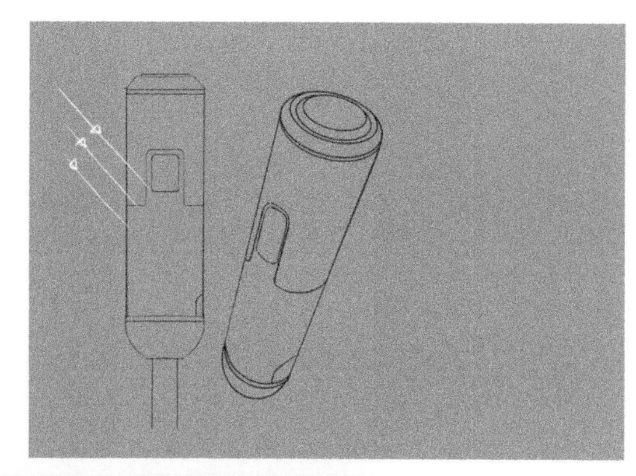

▶ 金属材质+塑料材质

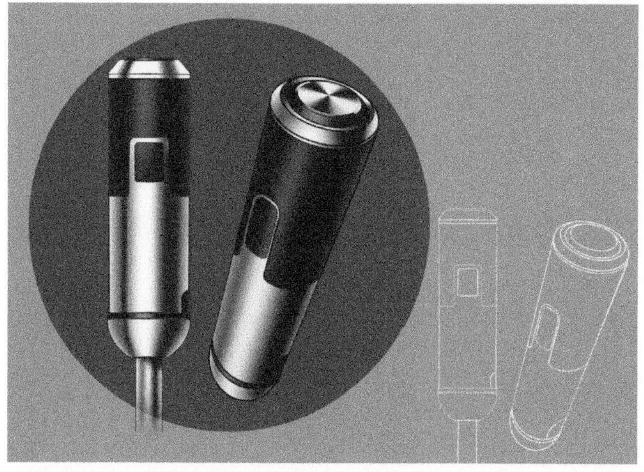

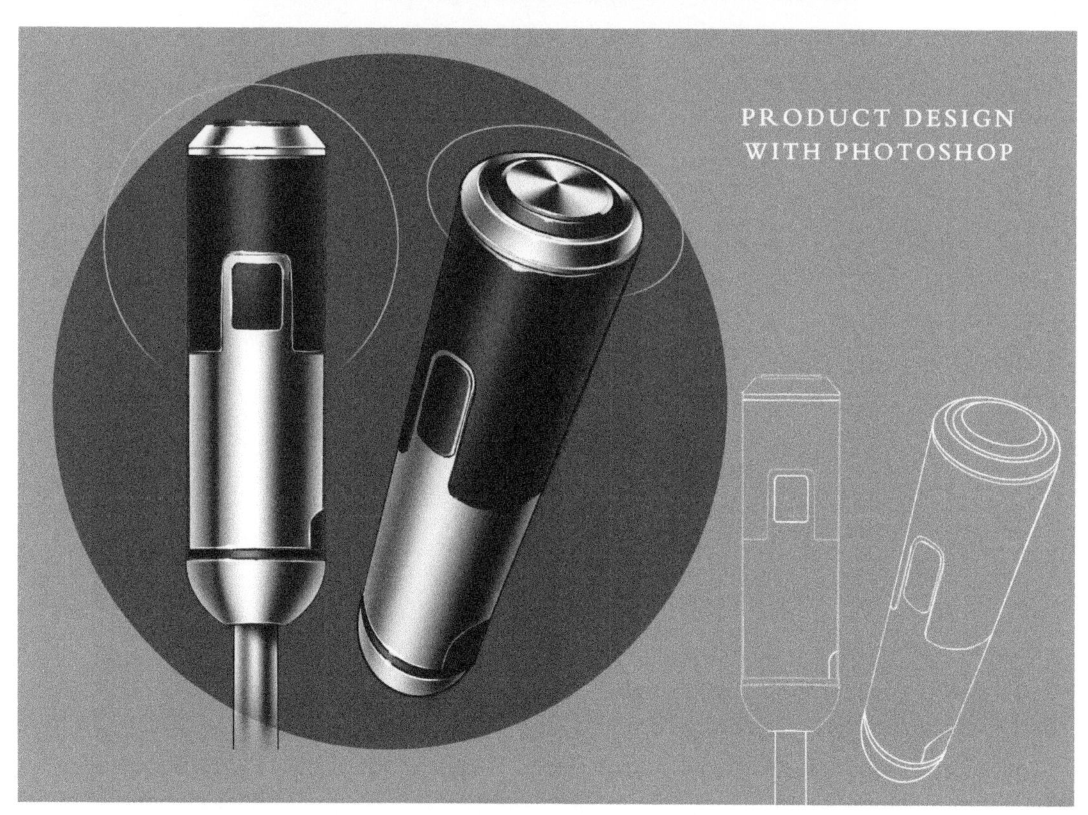

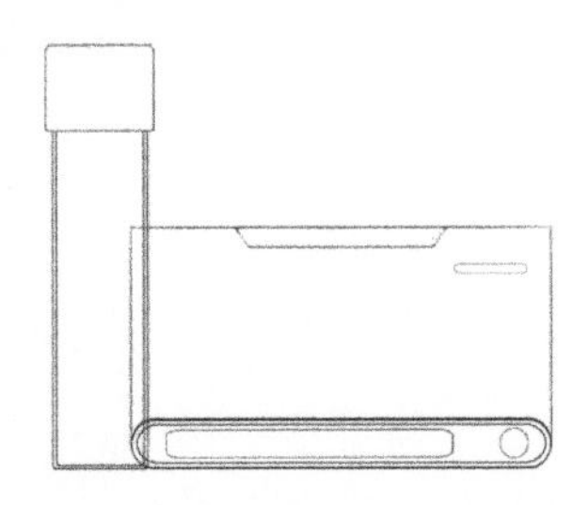

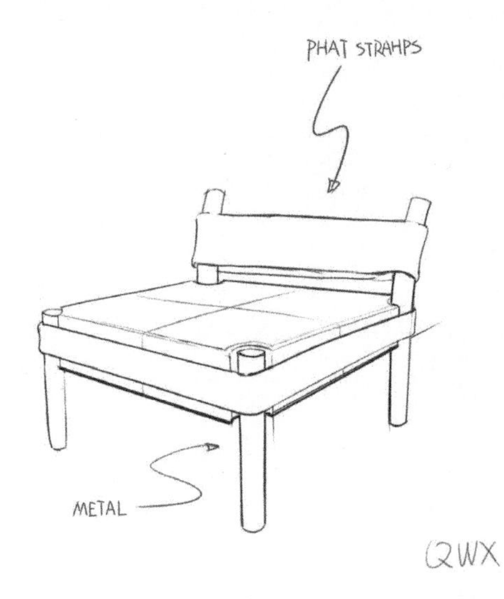
PHAT STRAHPS
METAL
QWX

PHAT STRAHPS
METAL
QWX

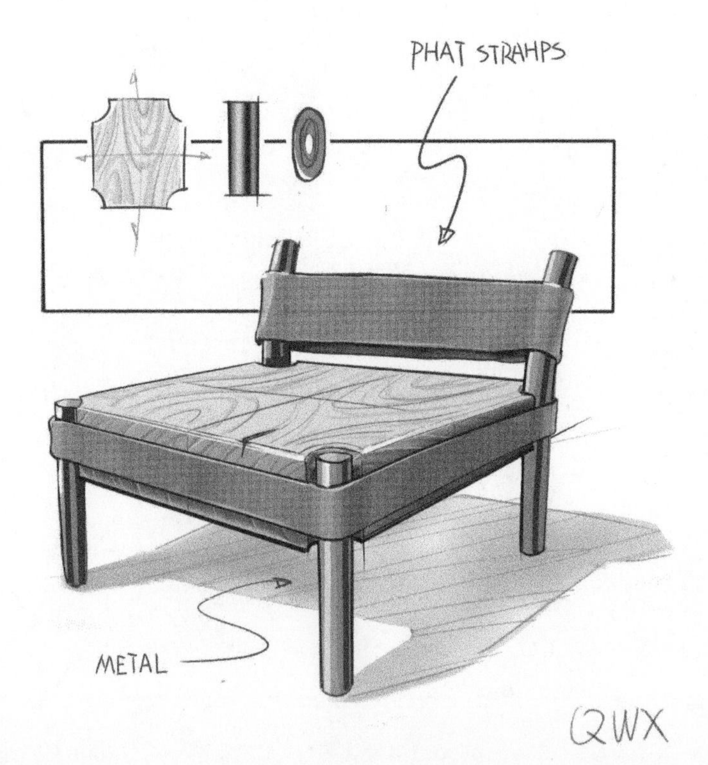
PHAT STRAHPS
METAL
QWX

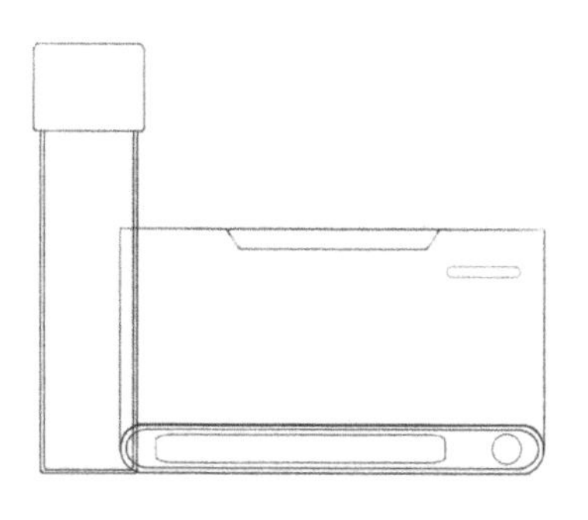

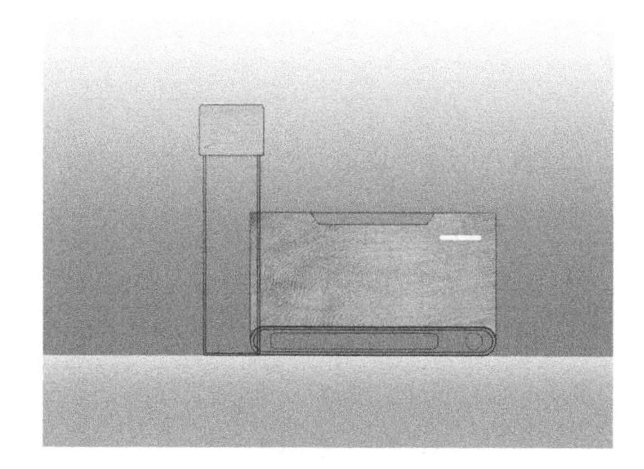

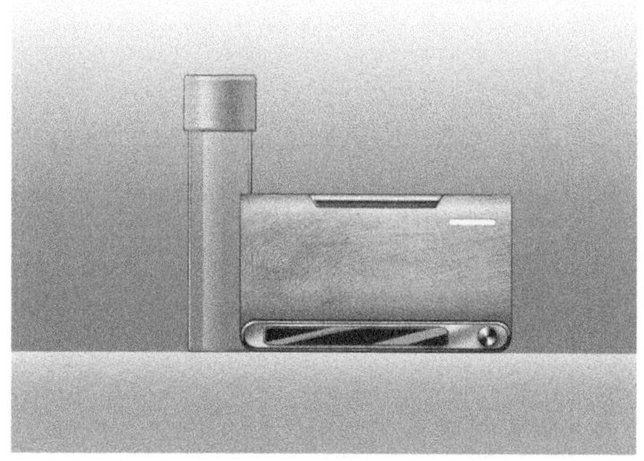

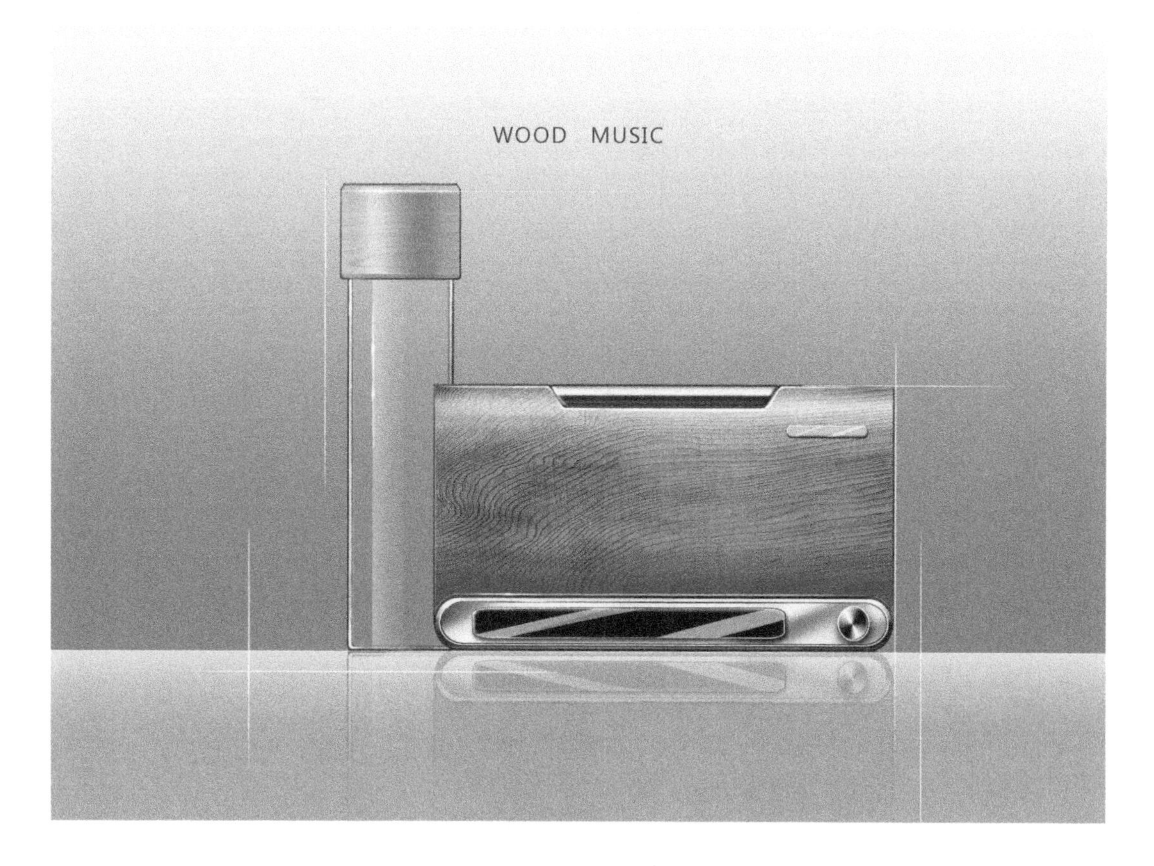
WOOD MUSIC

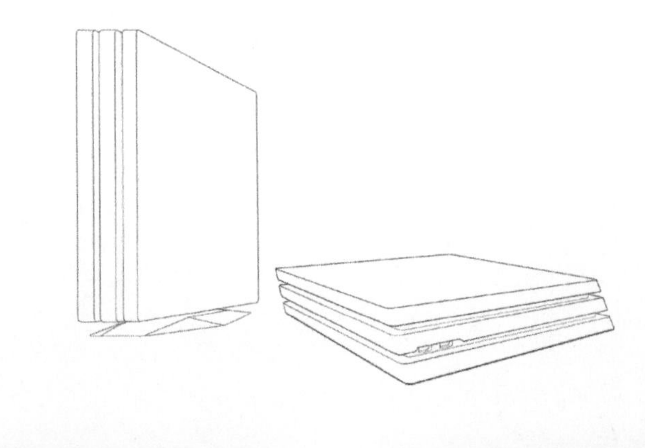

SONY
PLAYSTATION 4
WOOD

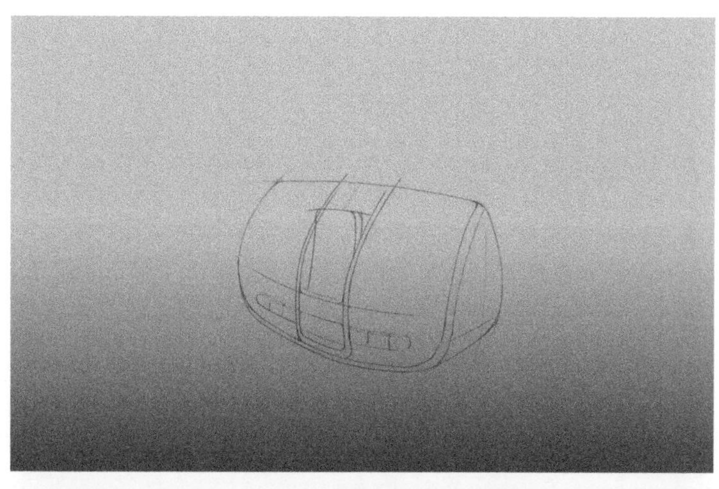

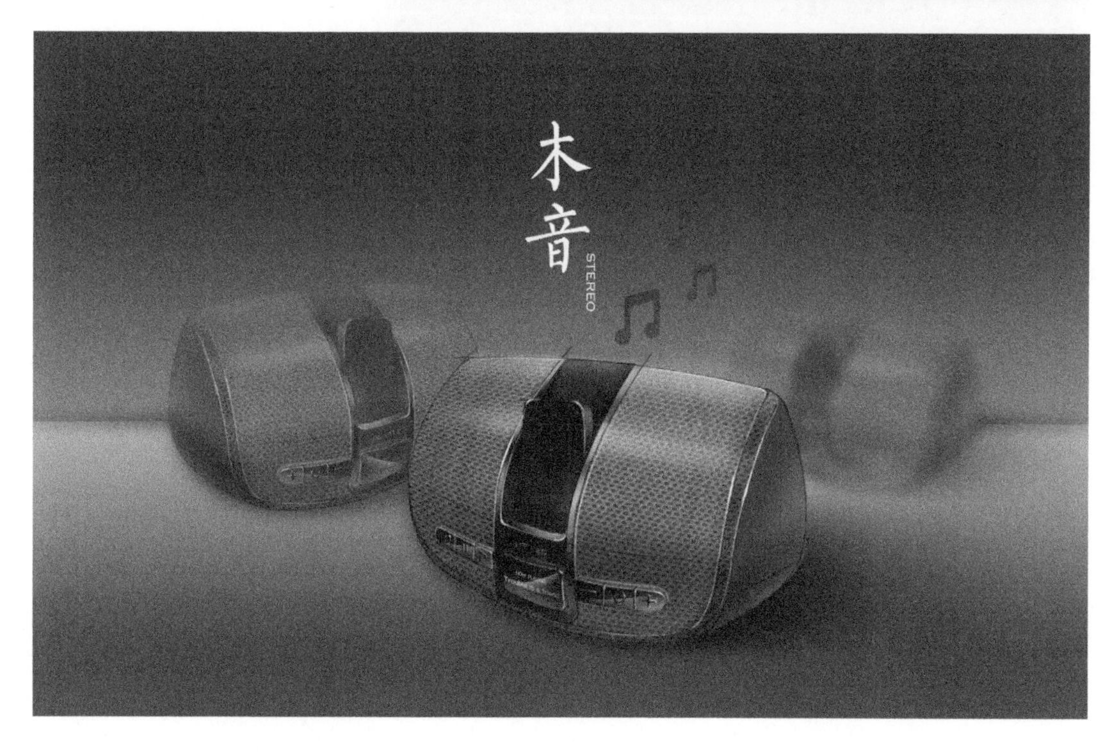
木音
STEREO

▶ 木纹材质+特殊肌理

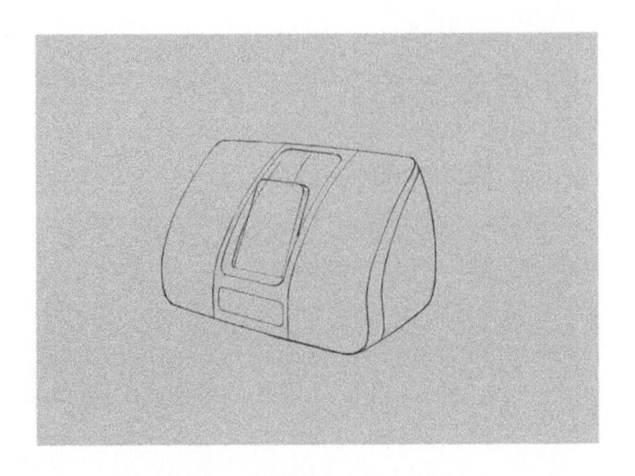

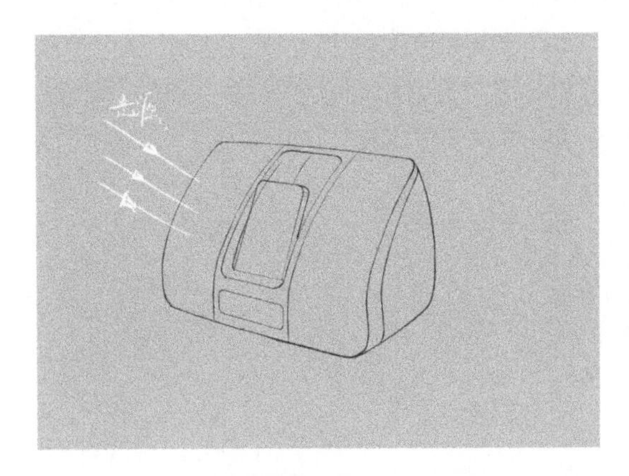

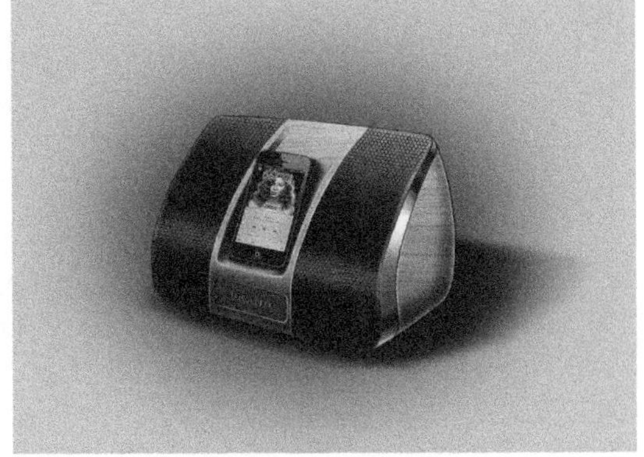

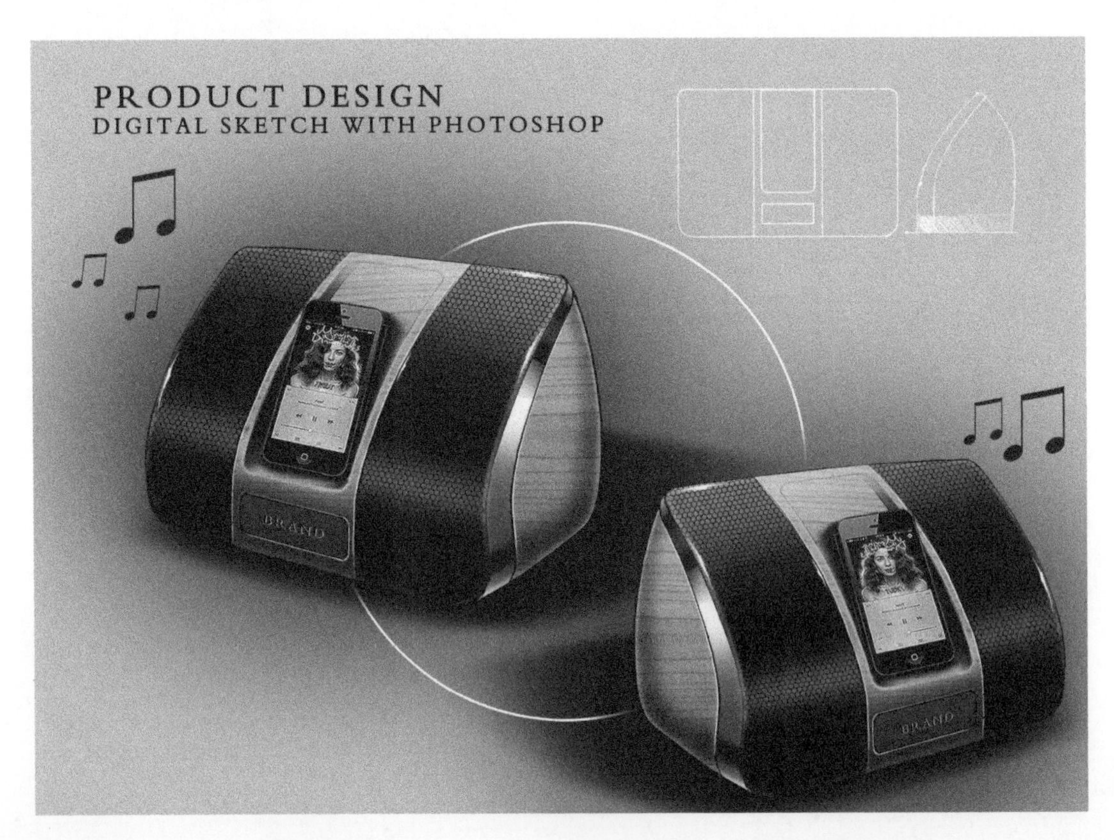

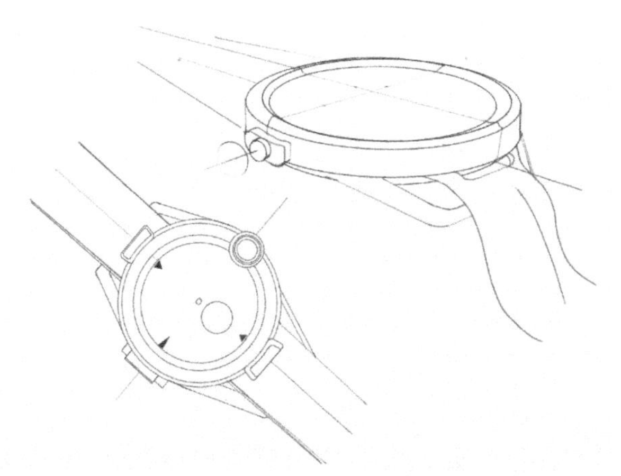

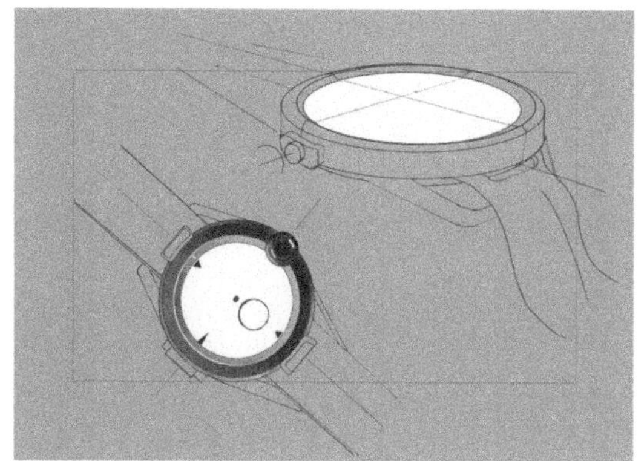

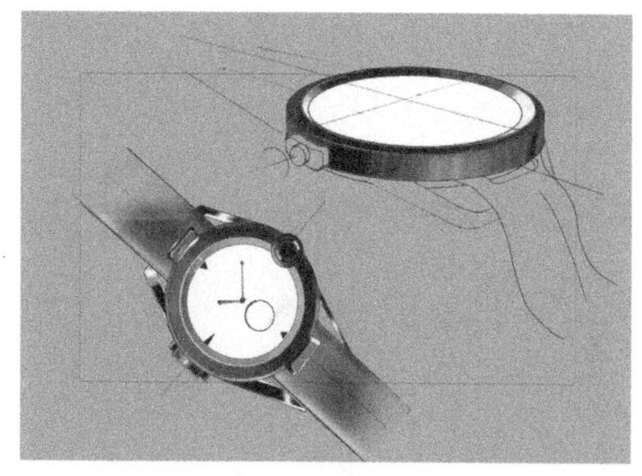

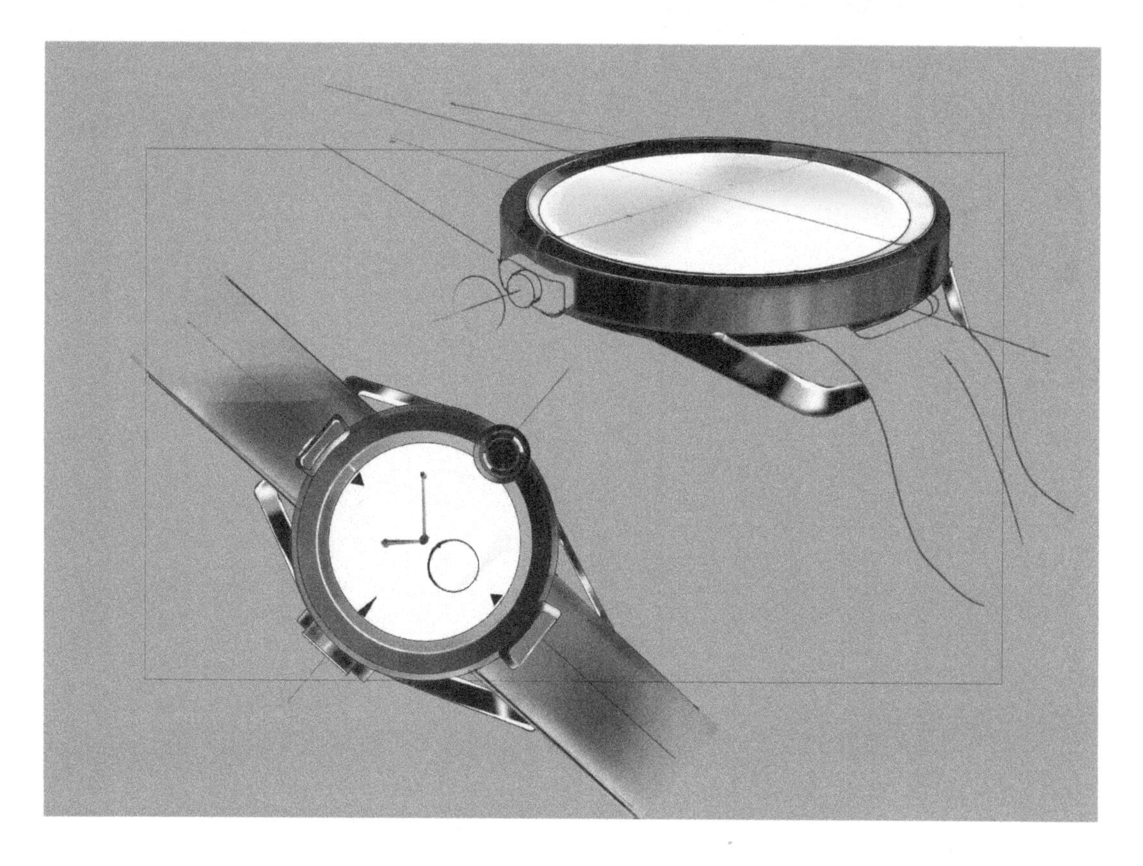

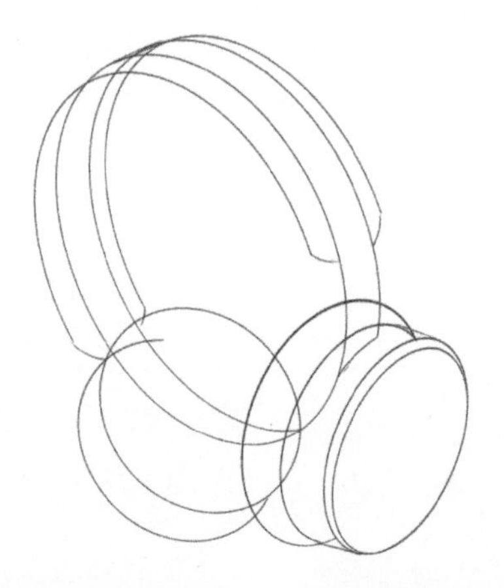

SONY
SONY

SONY
SONY

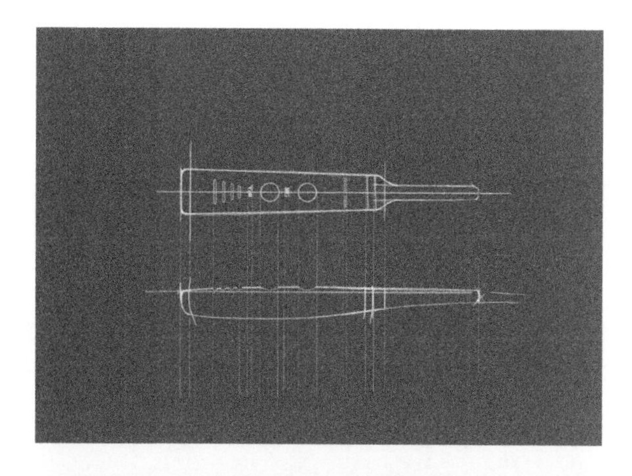

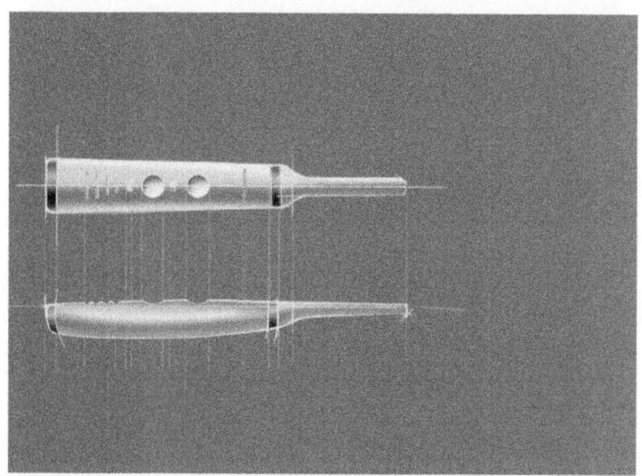

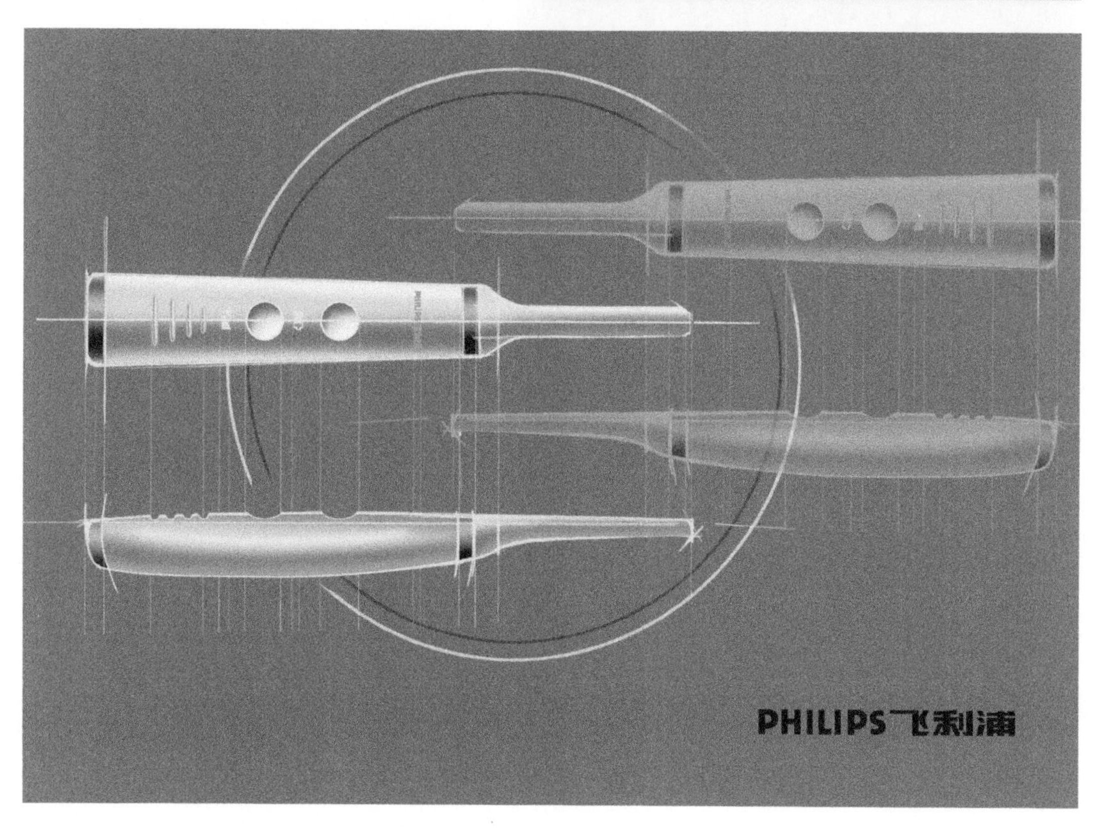
PHILIPS飞利浦

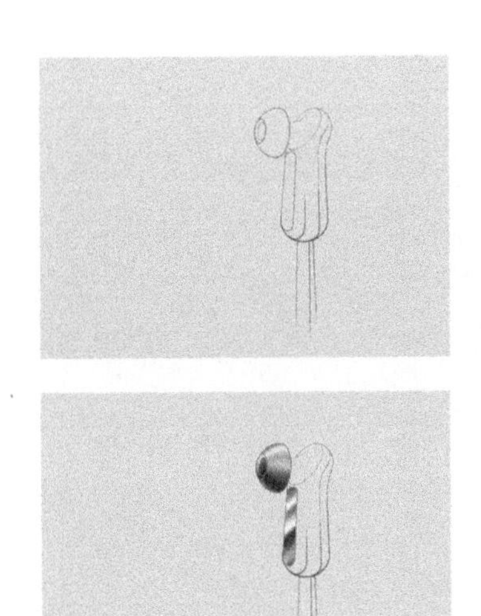

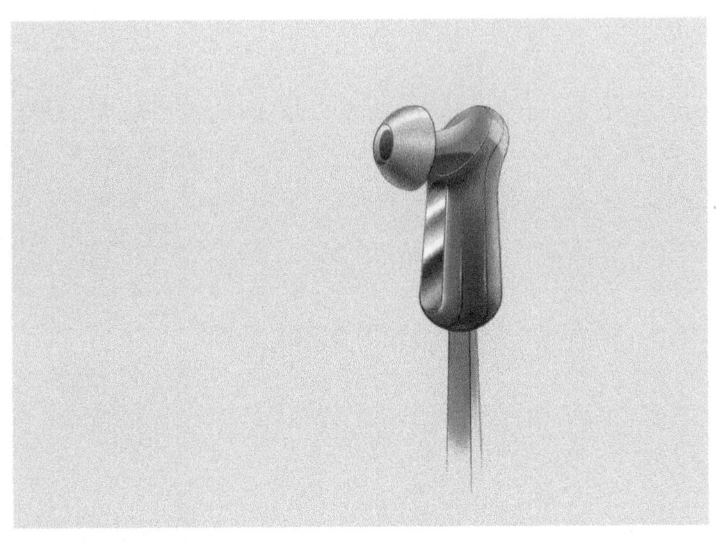

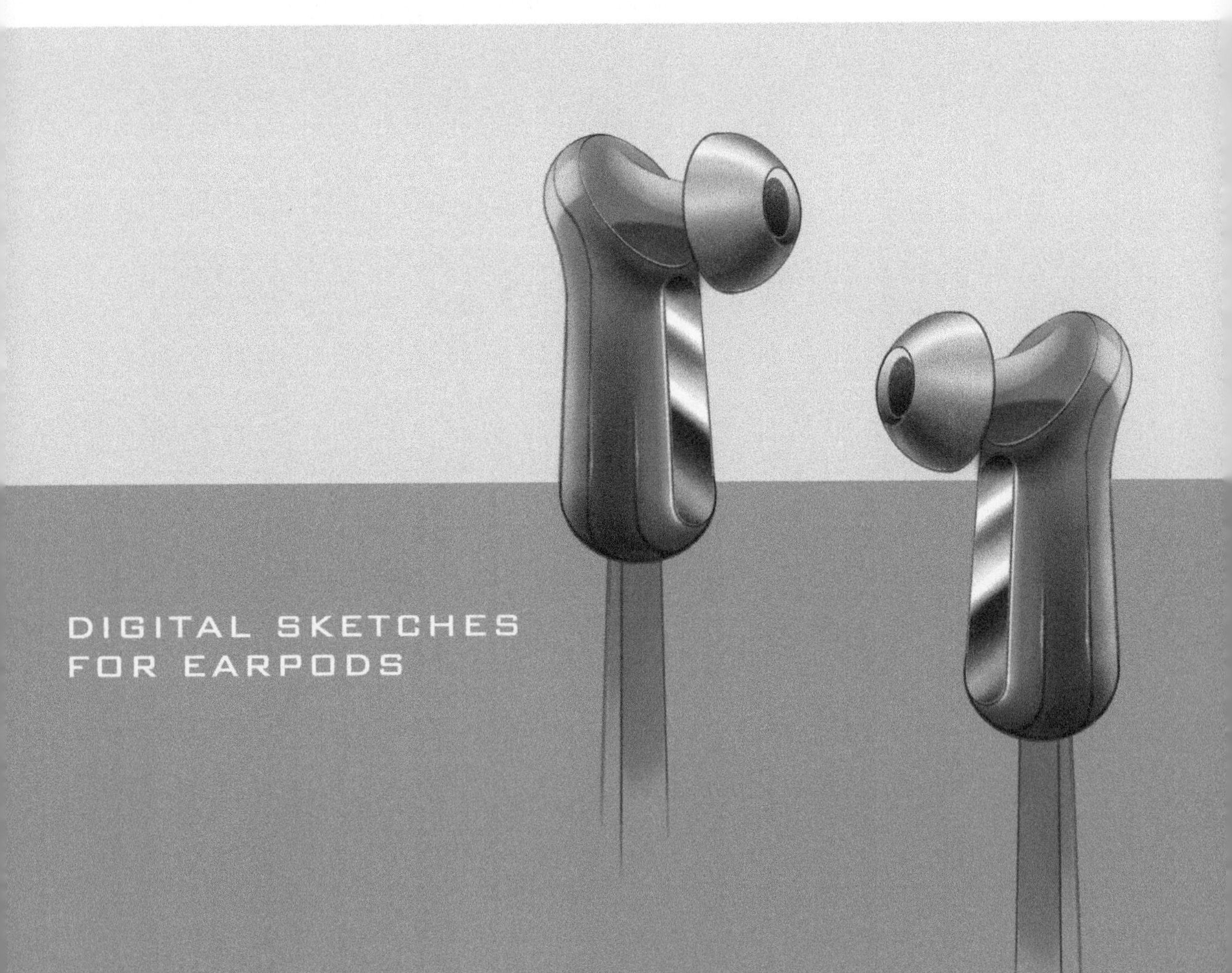
DIGITAL SKETCHES
FOR EARPODS

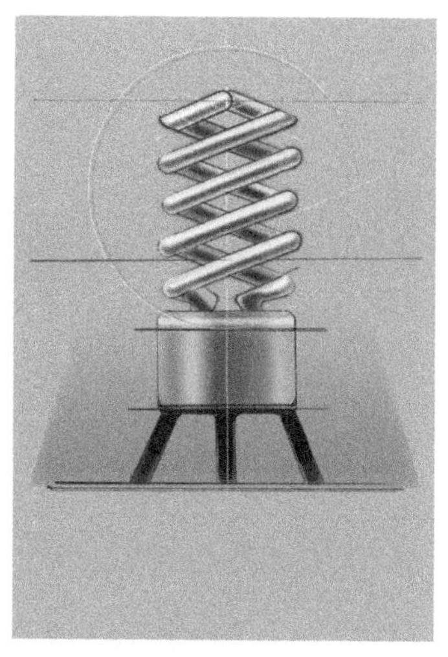

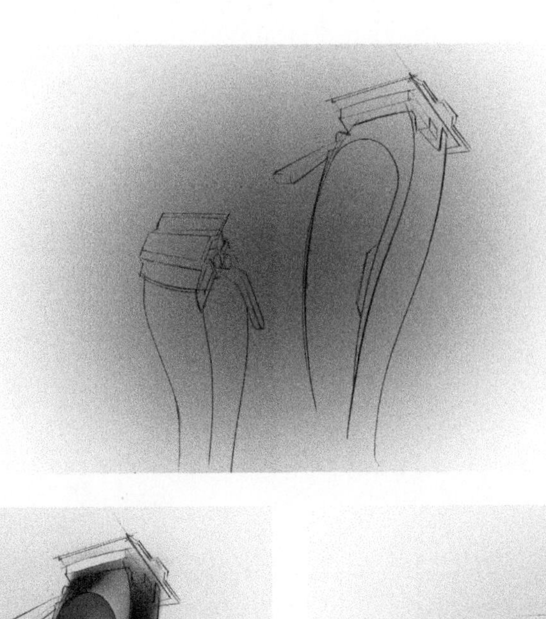

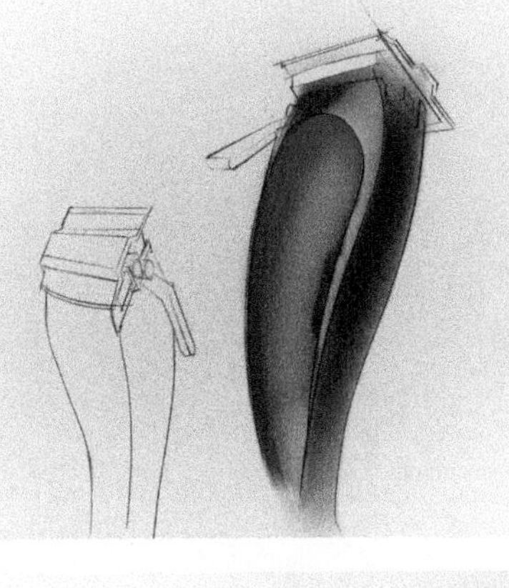

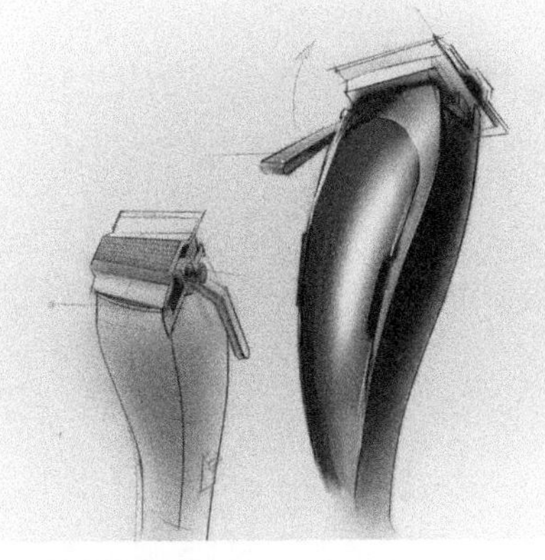

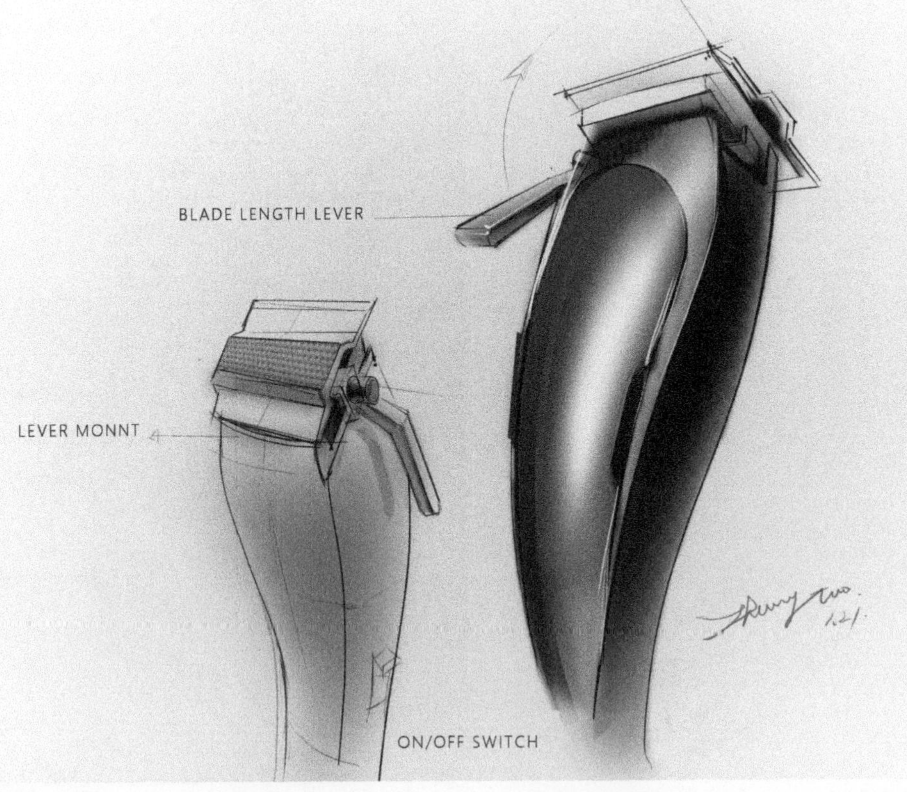
BLADE LENGTH LEVER
LEVER MONNT
ON/OFF SWITCH

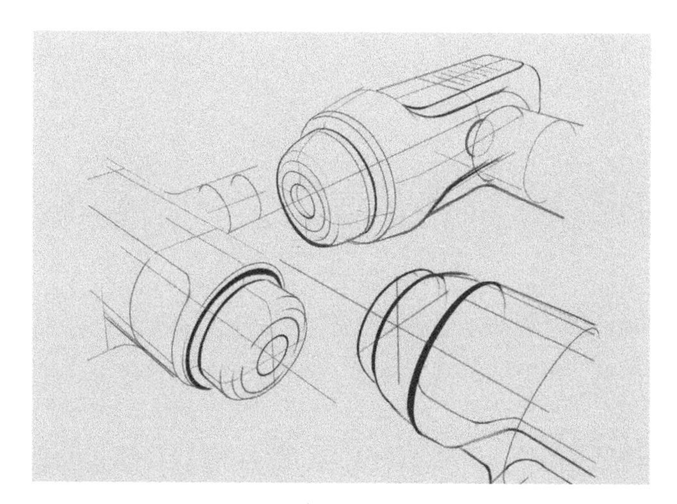

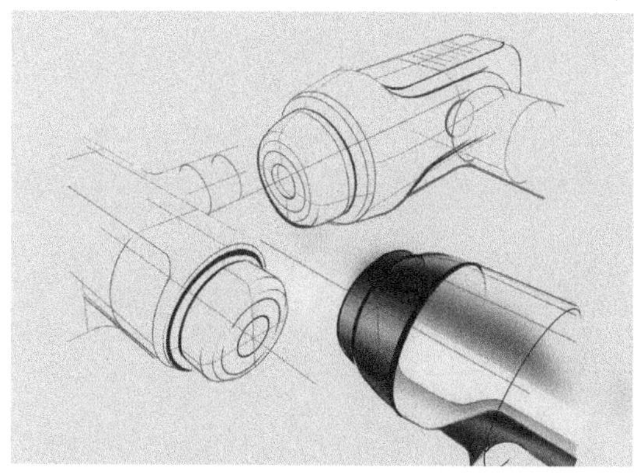

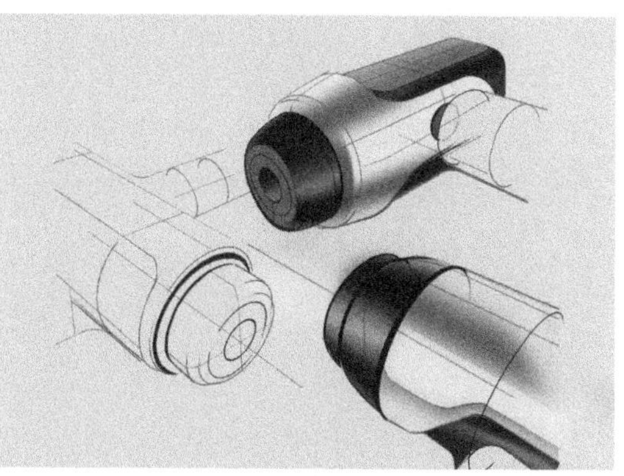

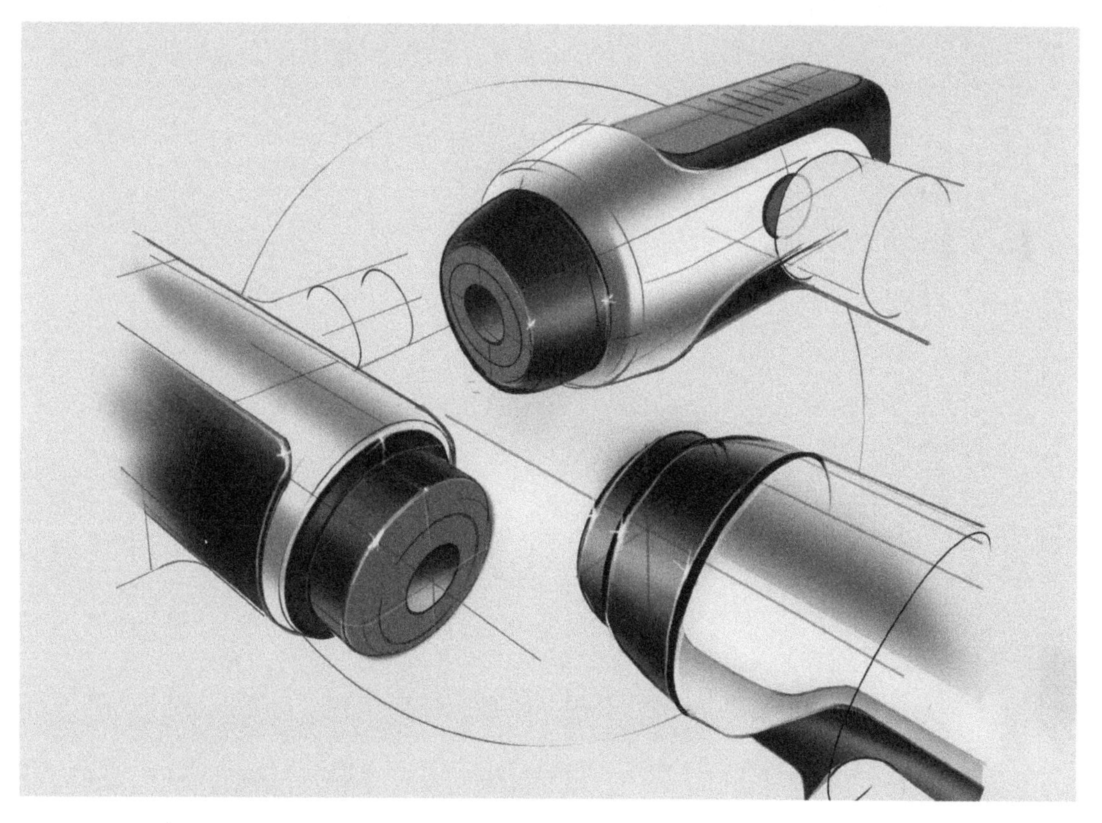

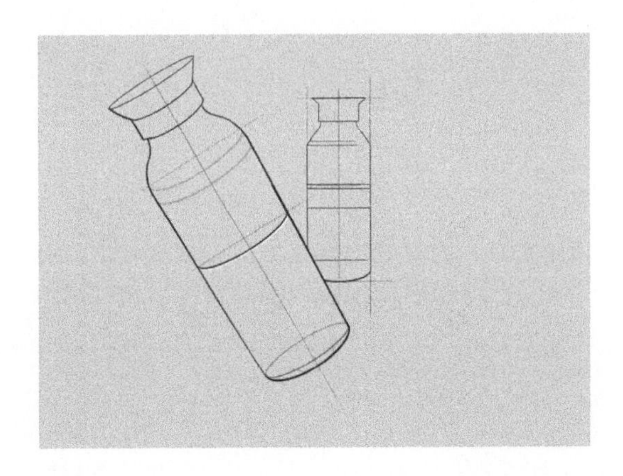

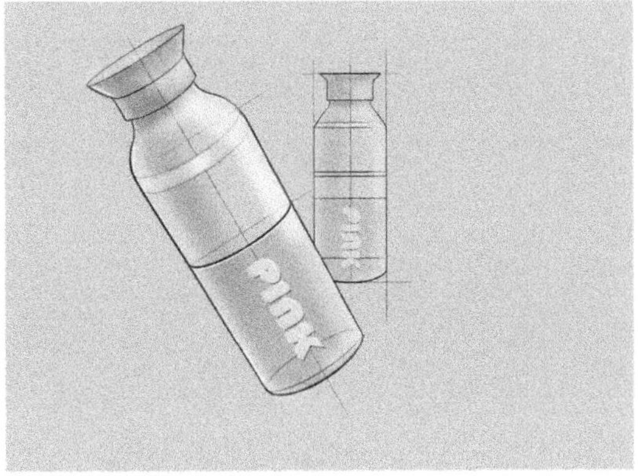
PINK
PINK

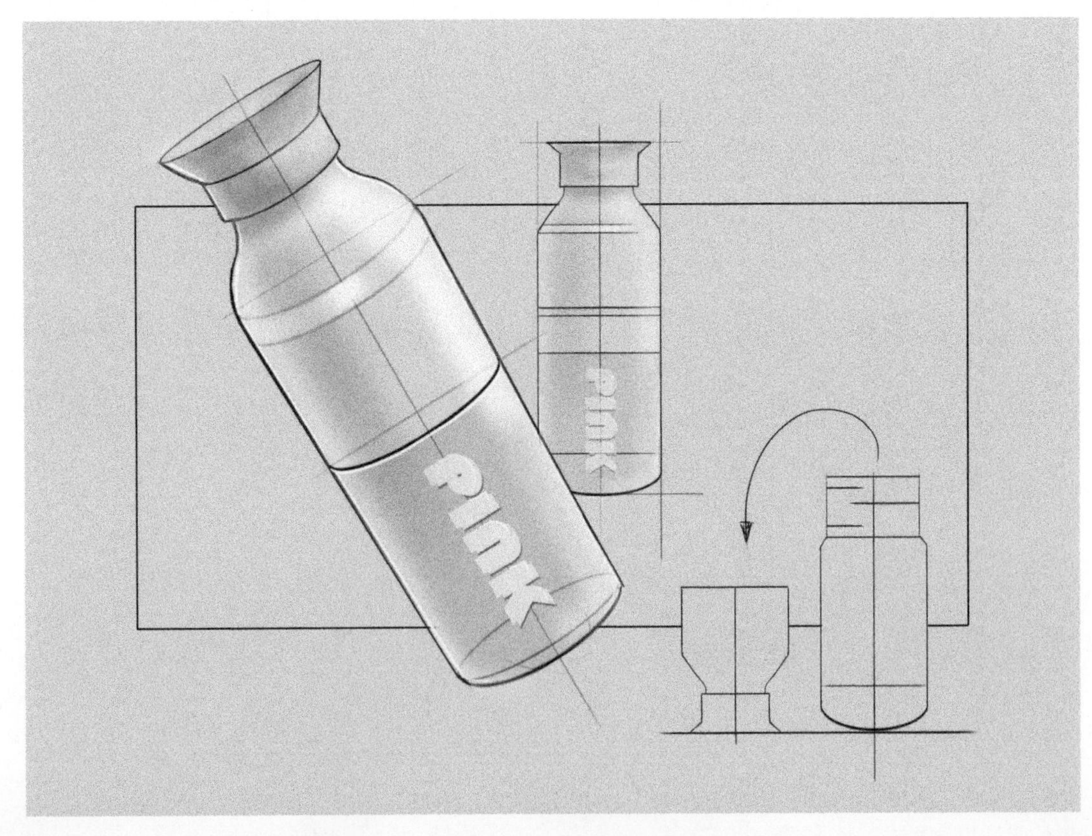
PINK
PINK

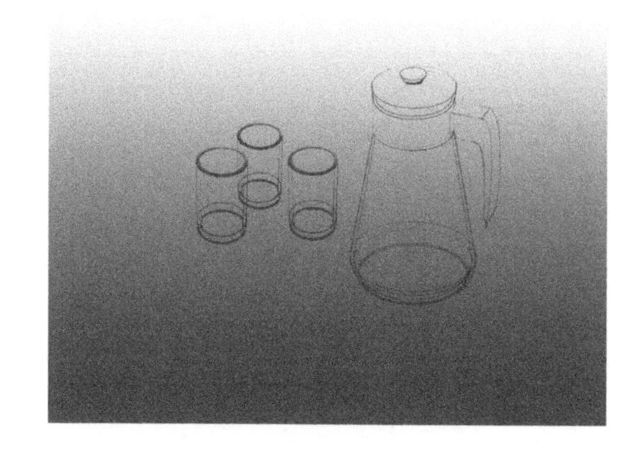

LIUYIHAN

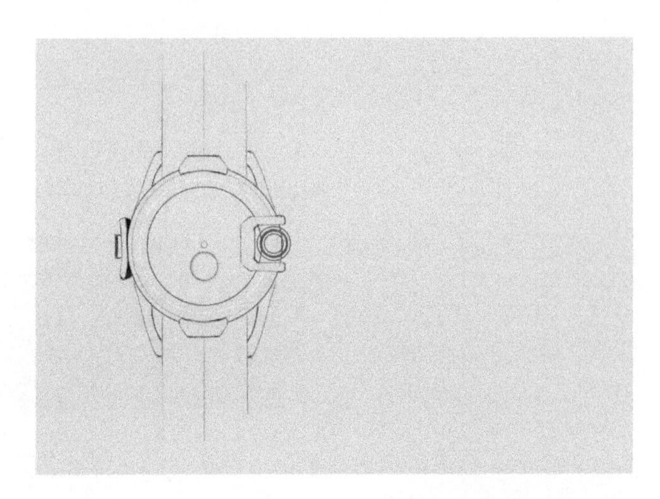

SKETCHES
Light and shadow analysis of ellipse
2019.1.20 BY LIU YIHAN

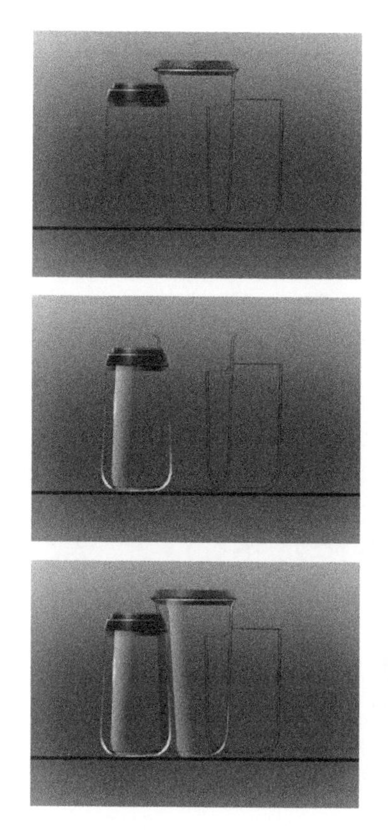

拉丝表面
玻璃

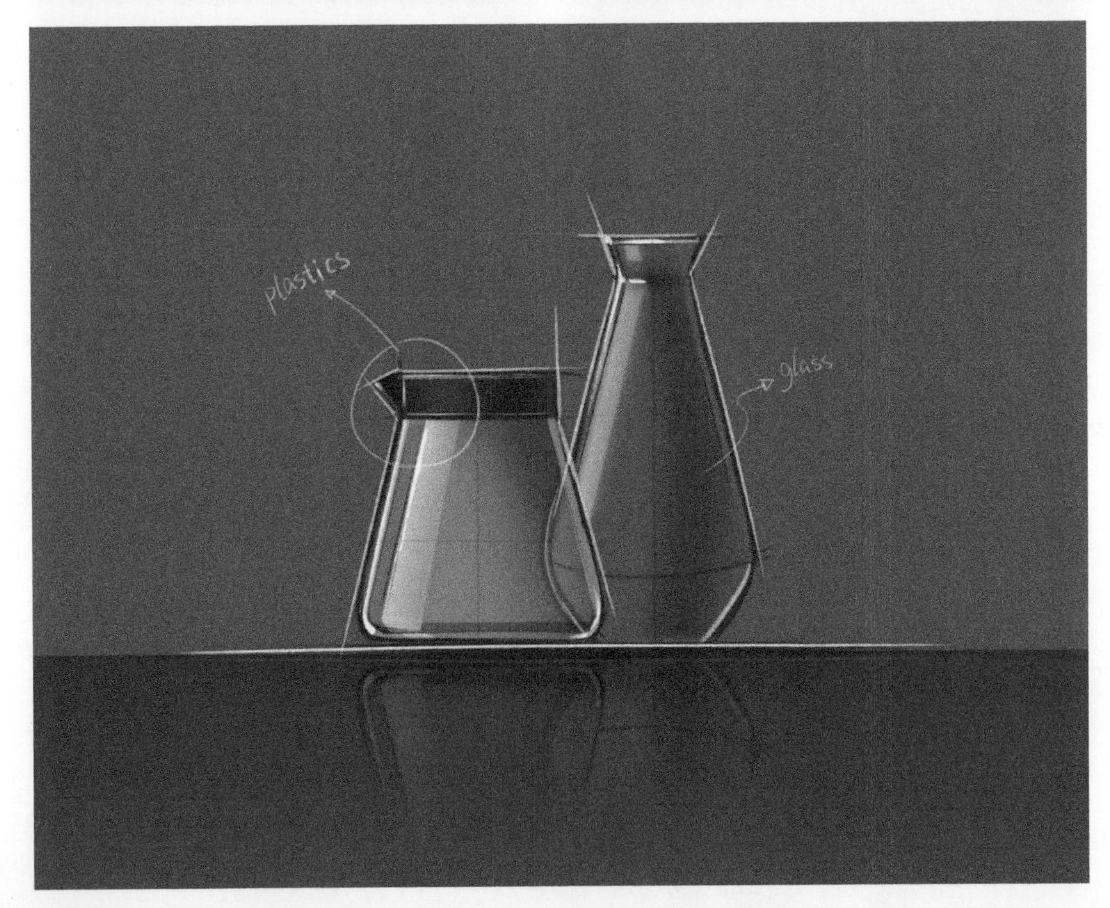
plastics
glass

QWX
QWX

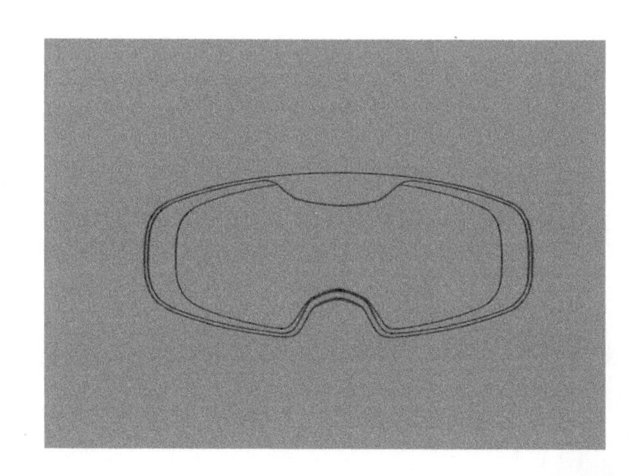

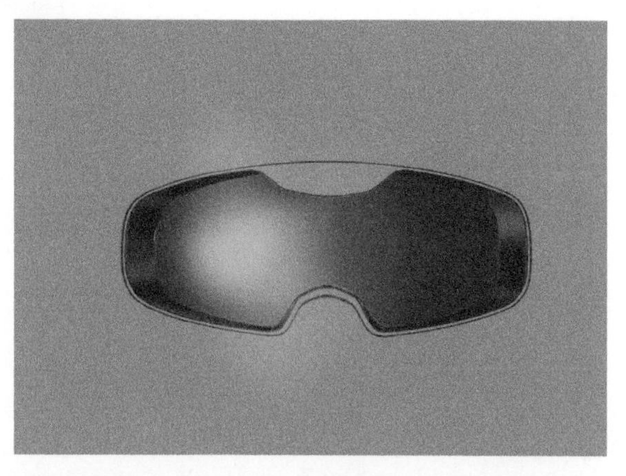

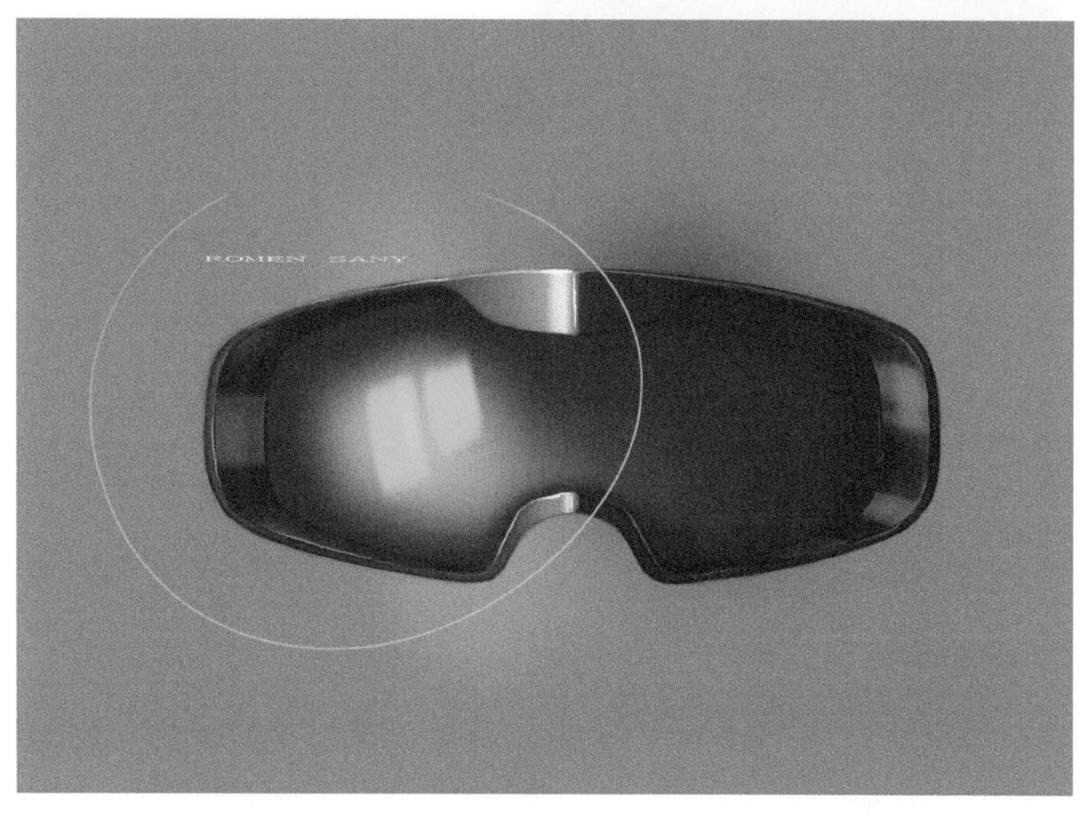
ROMEN SANY

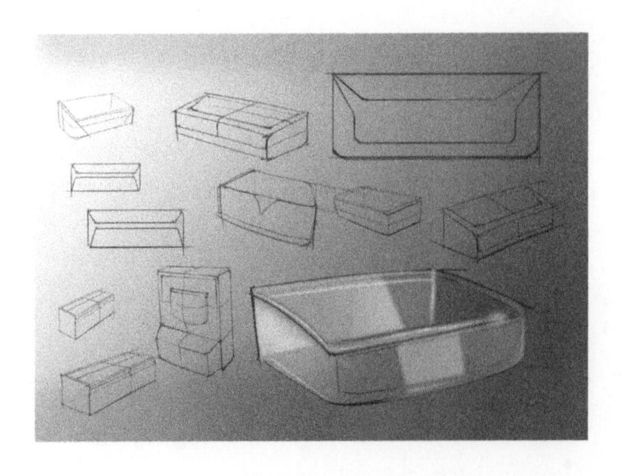

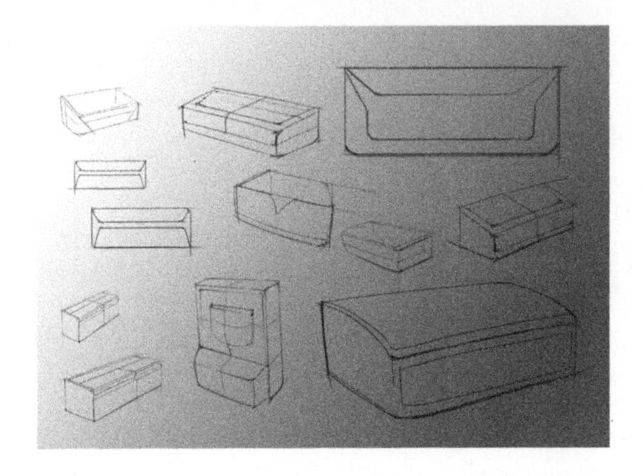

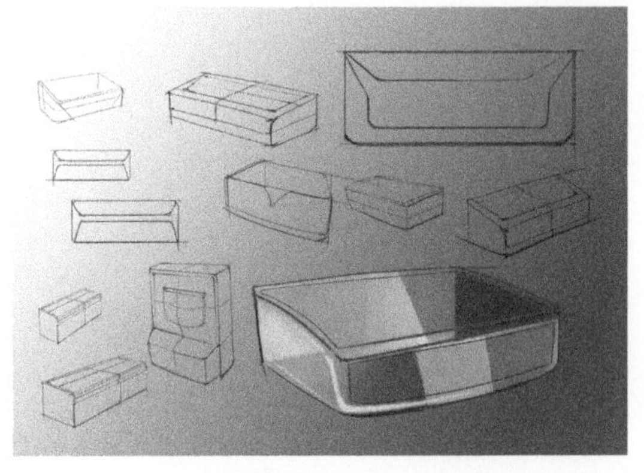

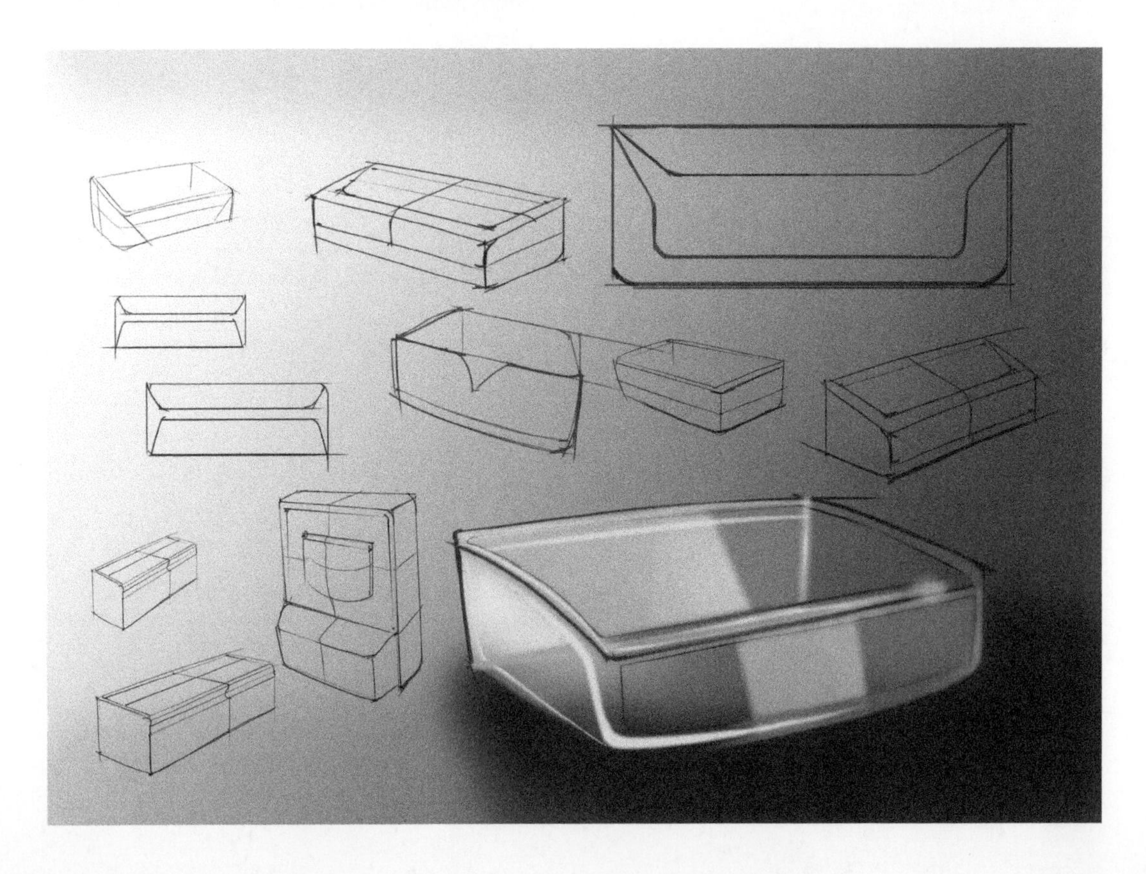

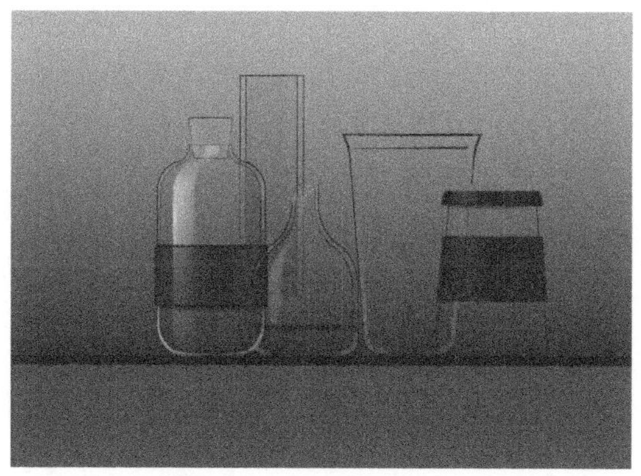

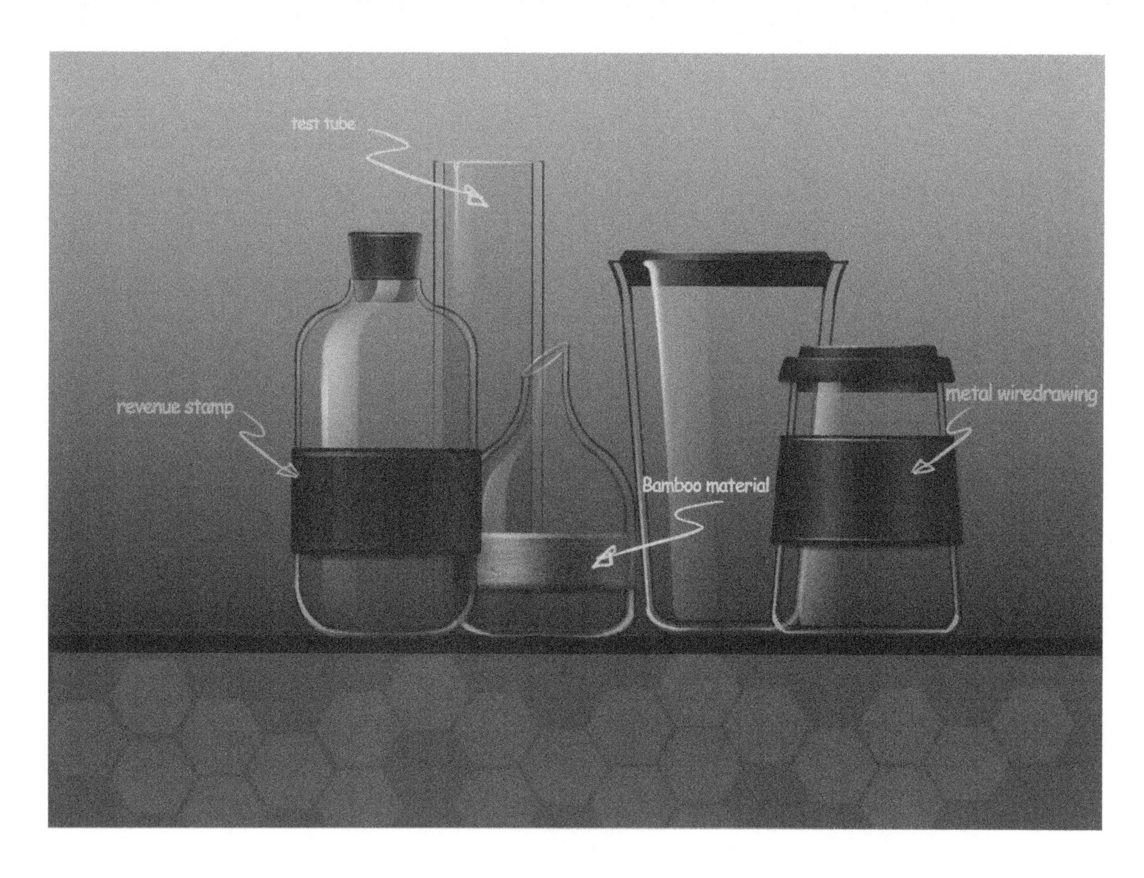
test tube
revenue stamp
metal wiredrawing
Bamboo material

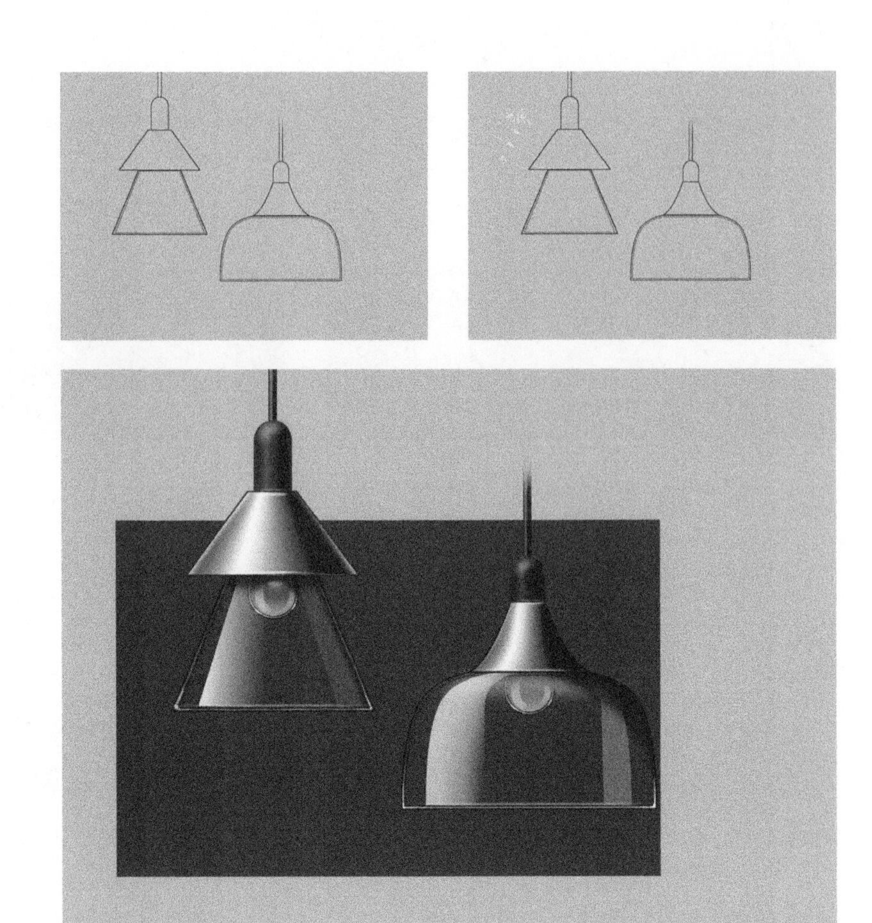

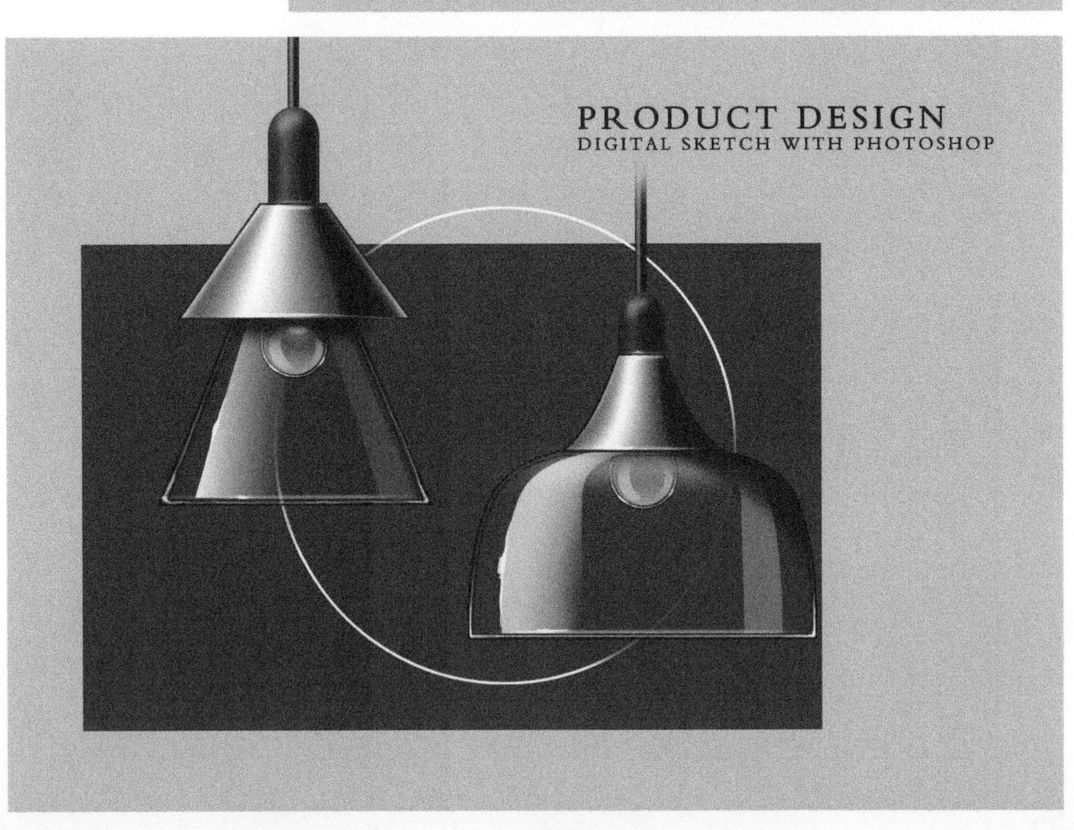
PRODUCT DESIGN
DIGITAL SKETCH WITH PHOTOSHOP

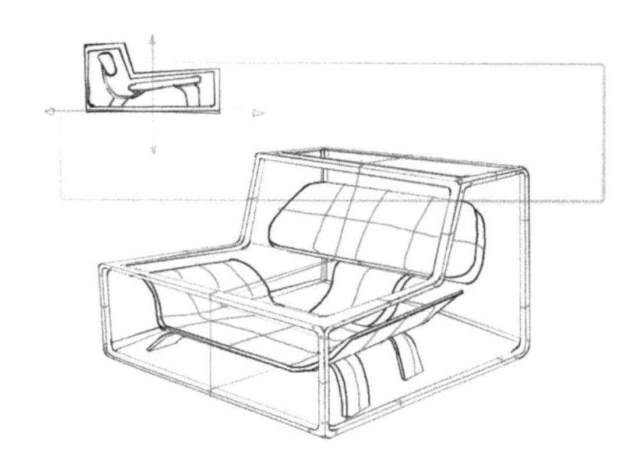

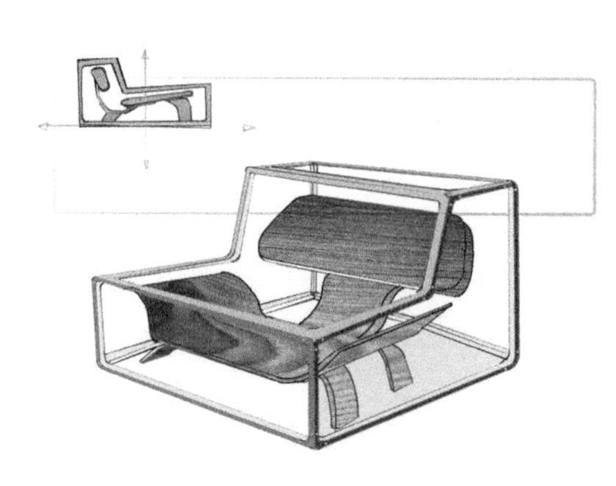

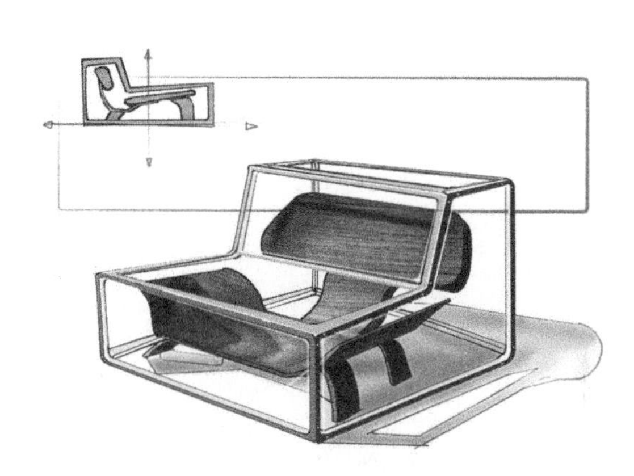

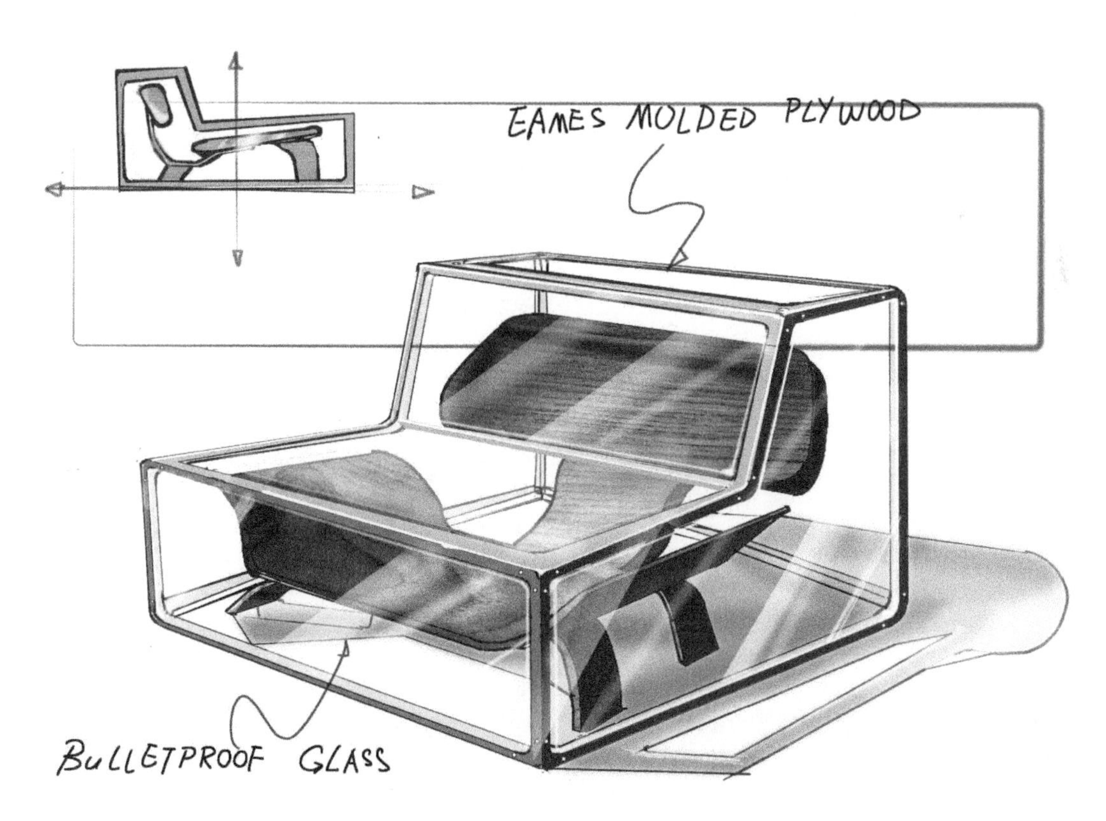
EAMES MOLDED PLYWOOD
BULLETPROOF GLASS

PRODUCT DESIGN
DIGITAL SKETCH WITH PHOTOSHOP

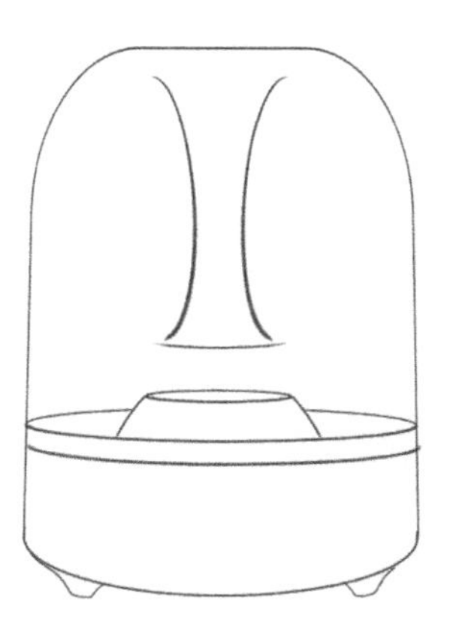

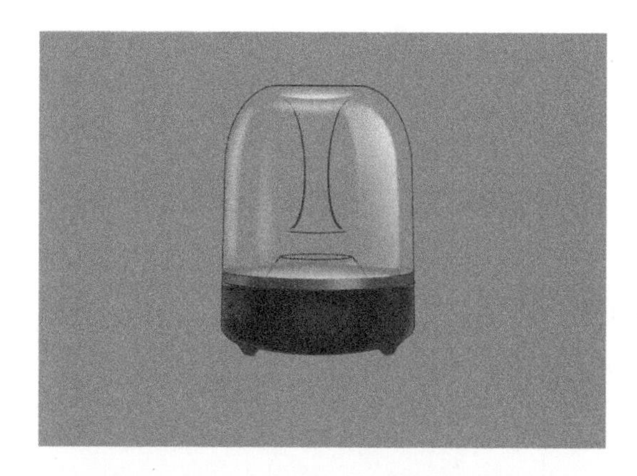

HARMAN/KARDON
CRYSTAL STEREO
HARMAN/KARDON

第七节：数字手绘怎样点高光

Step 1 首先判断光源光照方向，绘制出高光边（可以用描白边方式进行）。

Step 2 点出高光点的外层（呈现长条形）。

Step 3 点出高光点的内层（呈现圆形）。

绘制高光线与高光点之前的效果

绘制高光线与高光点之后的效果

第四章

数字手绘工业设计运用

第一节：交通工具效果图的背景与氛围

（注：只适用于数字手绘）

以下案例分析数字手绘所使用软件为 Photoshop。

今天给大家讲讲在数字手绘时交通工具效果图怎样完美设置背景烘托出氛围。

这是一个大家绘制效果图时都曾遇到过的问题，怎样选择、设置、合成、绘制一个让产品更加凸显的背景？这种效果图背景的作用至关重要，一个产品有背景衬托和没有背景衬托是两种完全不一样的效果，如图所示，你会很明显地感觉到效果冲击力的区别，有背景的效果图冲击力明显更强。

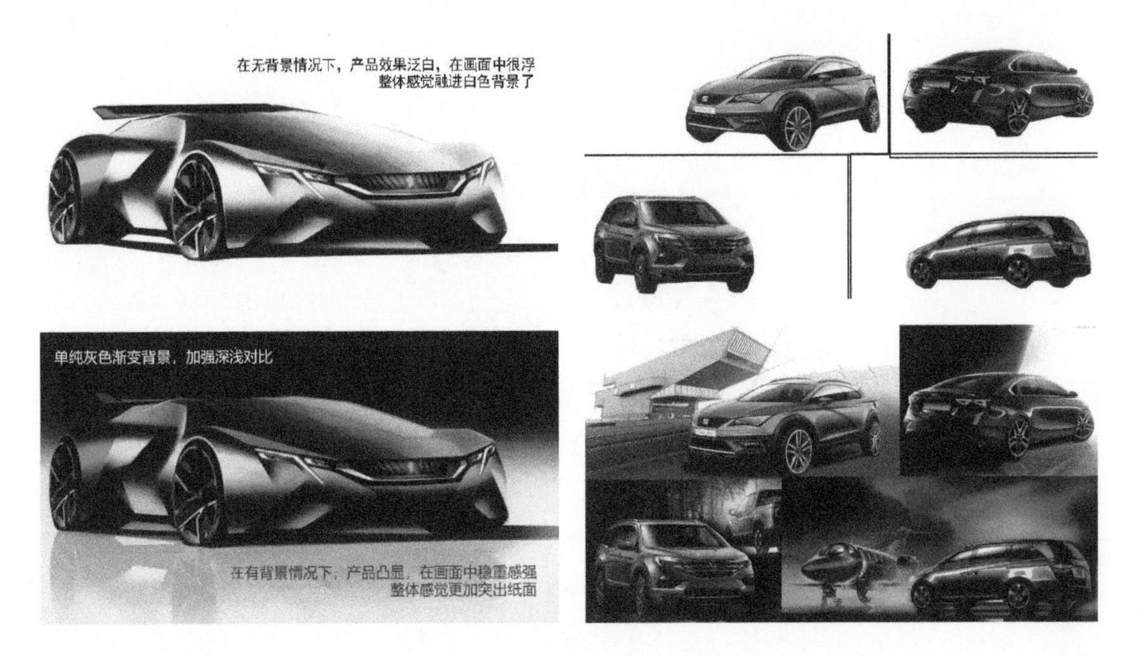

有的同学会说，背景不就是用来衬托主体的吗？产品主体和背景就好比红花和绿叶。其实“背景”两字的含义很多，类别、作用也多种多样，比如强调使用场景式背景、强调产品功能式背景、强调产品的品牌文化式背景、强调构图效果式背景等，每种背景的作用和特点都不一样。今天罗老师简单系统讲解一下数字手绘背景的选择、设置与合成，这对于作品集制作、毕业设计展示、效果图渲染制作都有一定的参考作用。

第一部分　背景样式的设定：根据产品主体特性选择背景样式

（1）效果凸显衬托式。

（2）强调使用人群式。

（3）强调使用场景式。

（4）强调产品品牌文化式。

（5）强调产品功能特性式。

（6）强调构图效果式。

第二部分　背景素材的选择：什么样的素材适合做背景

（1）高清、画面物体少。

（2）色调纯粹，颜色色相较少。

第三部分　背景效果的制作：手绘、半合成、合成

（1）手绘。

（2）半合成。

（3）合成。

第四部分　背景和产品怎样无缝对接：让产品和背景尽量统一、融合

（1）边缘处理方式。

（2）环境色处理方式。

（3）透视角度处理方式。

我们先来讲一讲背景的样式有哪些。

第一部分　背景样式的设定：根据产品主体特性选择背景样式

强调使用场景式。众所周知，拿交通工具来举例，不同设计匹配不一样的用户群定位，不同风格的外形也匹配不一样的使用场景。如果以建筑为画面背景，那么出现在这个背景中的交通工具多用于城市环境，上下班家用概率较大，建筑的欧式风格也可以映衬出交通工具本身的档次。但是要注意的是：建筑的透视关系和交通工具的透视关系要统一，看建筑的视角和看交通工具的视角是同一个；背景的色调和交通工具的颜色要协调统一；交通工具边缘一定要有虚实变化，那么具体怎样变化？当建筑背景较亮时，紧挨着交通工具的边缘就适当虚一些；反之，当建筑背景较暗时，紧挨着交通工具的边缘就适当实一些。

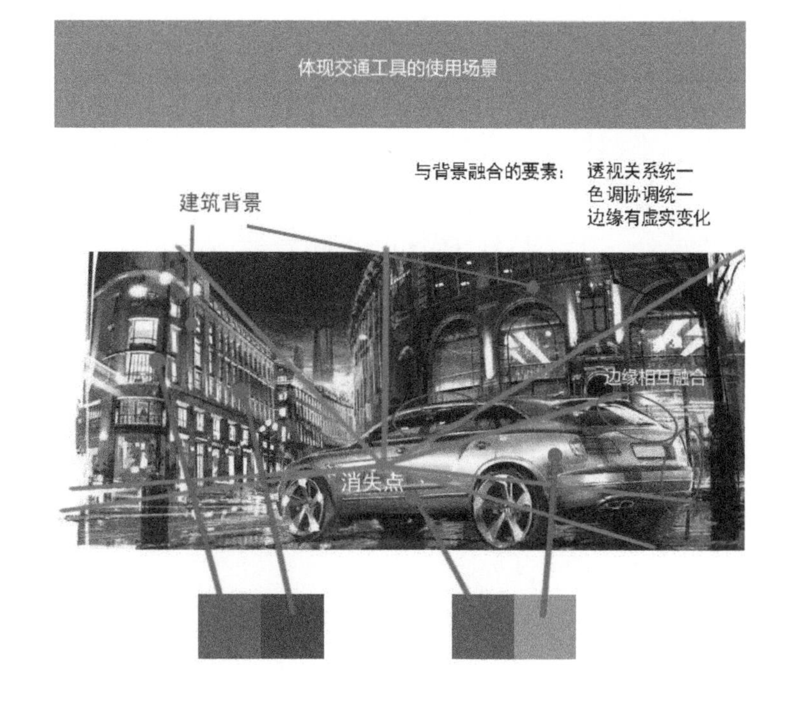

强调交通工具的品牌文化。交通工具的品牌文化是产品的支柱，一款交通工具要体现出本身所具有的品牌血液，除了外观，比如宝马的鼻孔前进气格栅、凯迪拉克的前大灯、林肯的飞翔翅膀造型进气格栅，还可以是符号，比如右图中的日系字体，给人的直观感觉就是一款日系车型，背景非常直截了当。

强调交通工具的功能特点及适用范围。交通工具的特殊性体现在其功能上，而功能的特点也体现在周边的使用环境上，比如你会感觉一辆JEEP牧马人和崎岖的山路更配。换句话说，只要把牧马人汽车和山路背景放在一起，马上就能明白该车的性能特点。

下面这款交通工具采用的是沙漠背景，并且4个轮胎做了动感模糊处理，让人看了感觉其正处在高速运转状态，并且它不是在城市里使用的，而是在沙漠等一些极限环境中使用的，是一款适合一些极限运动的交通工具。

强调交通工具的驾驶体验。这类背景通常拿一个不同类别的产品进行联想对比，比如兰博基尼跑车的内饰就偏向于飞机舱的操作台，就连启动汽车的按键也要标配一个翻盖，每次启动汽车时，都要打开翻盖按下按键，开车的仪式感十足，这完全向飞机靠拢了。所以有不少交通工具设计效果图会以这种类似靠拢设计的产品为背景，比如以飞机客机为背景强调的是驾驶交通工具的体验感和飞机类似。

这类背景的优势是能烘托出交通工具的特点、气势，以及驾驶体验的不一样，但是不好的地方是你得手绘一架飞机，当然可以不用刻画得那么精细。

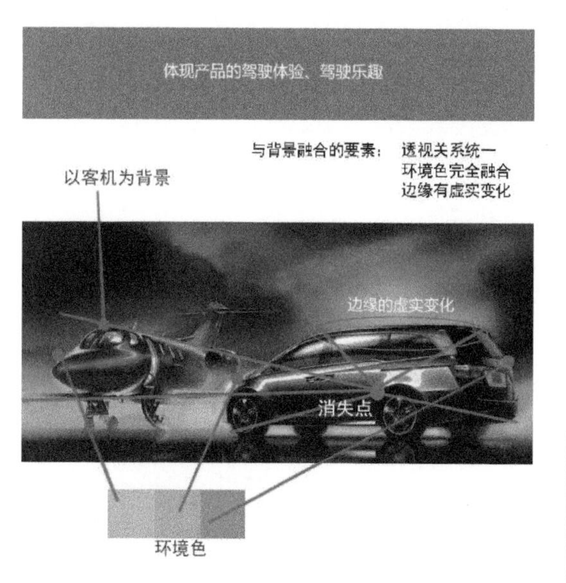

强调构图效果式。还有一些背景单纯是为了产品效果图的构图效果，这类背景基本只有两个作用：第一，衬托出产品主体；第二，协调其他版面构成完整的展示效果，如图所示。

第二部分　背景素材的选择：什么样的素材适合做背景

选择背景的素材也是特别重要的，基本上要符合两点：①高清、画面物体少；②色调纯粹，颜色色相较少。类似这样的素材都可以作为背景候选素材，画面上没有多余物体，色调颜色也较少，这样可以避免造成喧宾夺主的现象。

第三部分　背景效果的制作：手绘、半合成、合成

背景效果的制作方式包括手绘、半合成、合成。半合成是指手绘和背景素材掺半；合成是指纯拿背景素材来用。

手绘背景效果

罗老师之前网课手绘案例

半合成背景效果

合成背景效果

第四部分　背景和产品怎样无缝对接：让产品和背景尽量、统一融合

背景和产品无缝对接，说白了就是怎样让效果图看着更加协调，方法的要点在于边缘处理方式、环境色处理方式和透视角度处理方式。

第一步，绘制好一个背景素材。

第二步，把交通工具的效果图叠加在手绘背景之上，图层属性设置为正片叠底。

第三步，依照交通工具的透视关系协调场景的透视（注：效果图的背景一定是跟着交通工具主体透视关系走的），两者要统一起来才能在视觉上感觉是处在一个场景里面的。

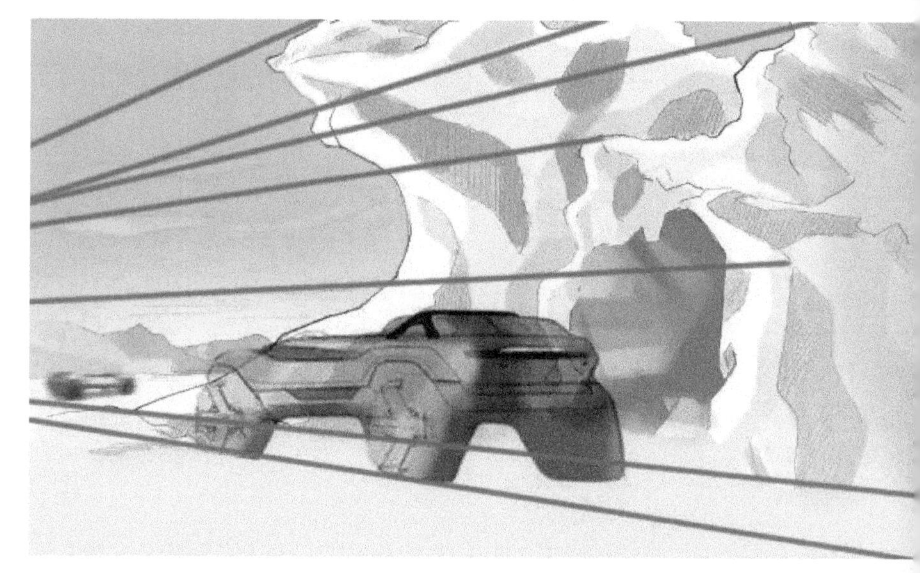

第四步，在交通工具轮胎底部、边缘适当增加一些场景背景中有的元素，比如积雪，可以让其更好地融进背景中。

在轮胎底部、边缘可以塑造一些积雪，让交通工具与雪地场景相融合

第五步，给交通工具添加环境色，比如天空的蓝色等，可以在交通工具外轮廓边缘处进行绘制修饰。

第二节：数字手绘工业设计产品外观设计创意表达

9 个实用案例

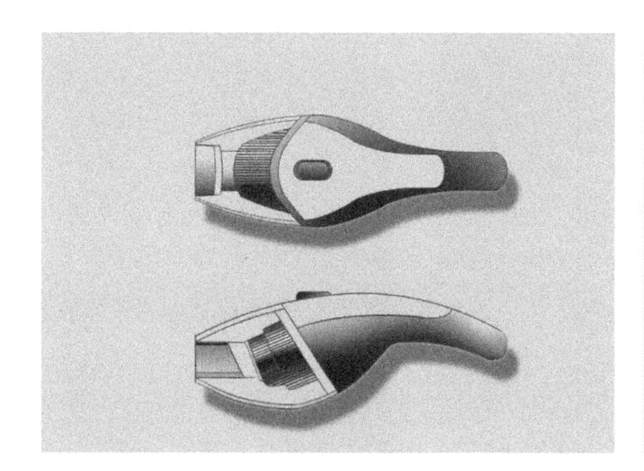

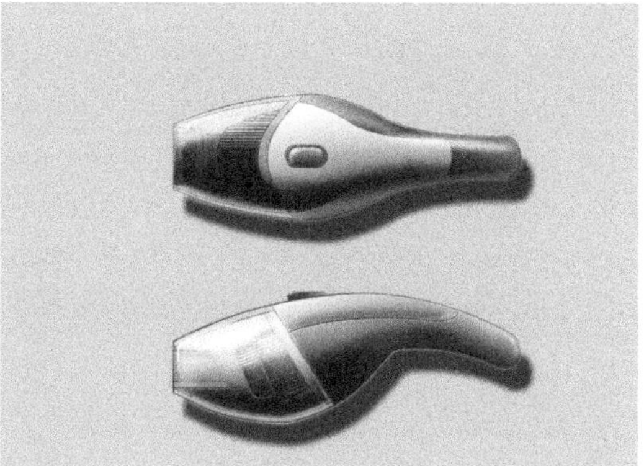

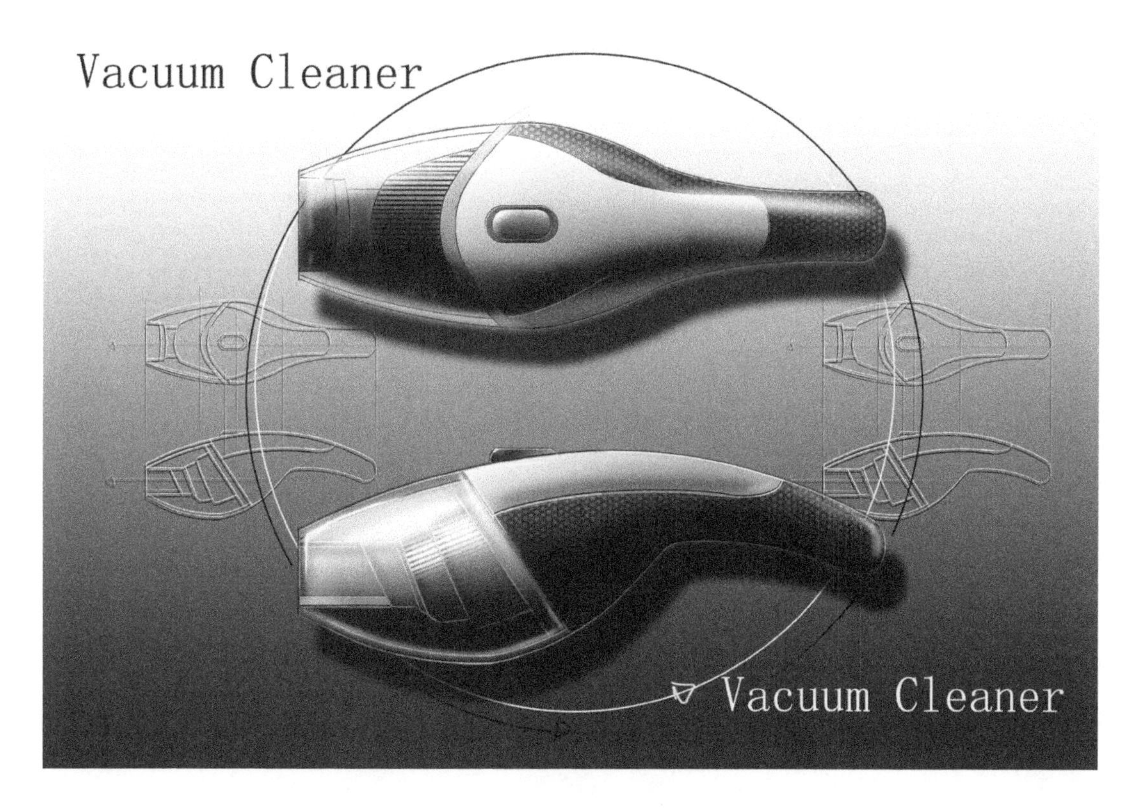

▲ 便携式吸尘器

▶ 播放器

-
+
GPS
GPRS
WORK

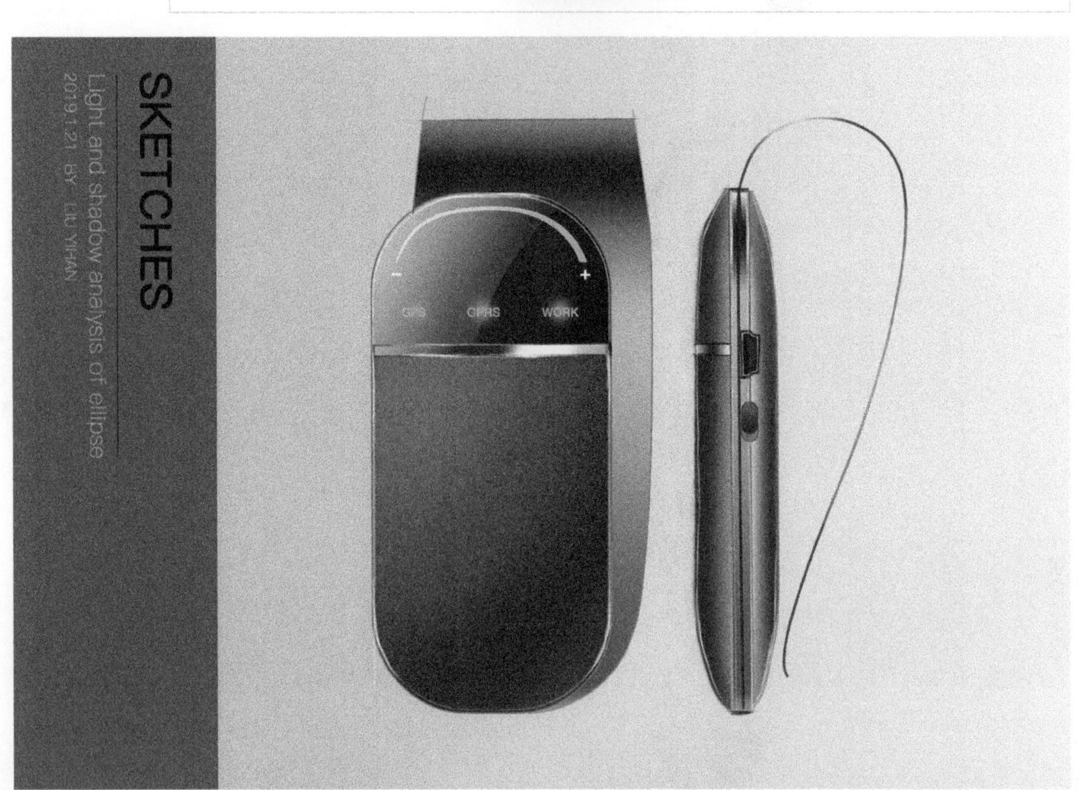

SKETCHES
Light and shadow analysis of ellipse
2019.1.21 BY LIU YIHAN
-
+
GPS
GPRS
WORK

▼ 电子产品数字手绘表达

案例运用 Photoshop 进行演示。

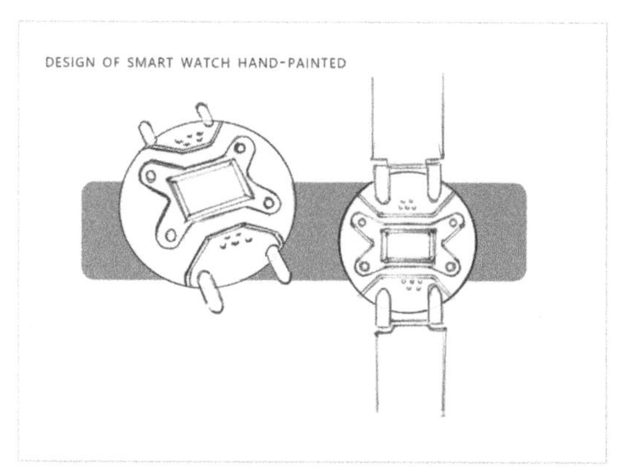

Step 1 就像传统手绘一样，线稿（完全没有上色之前的稿件）对于数字手绘也是非常重要的。数字手绘有许多优势，比如它可以不断返回上一步，可以反复重新画某一笔，可以快速让线条规整化，可以不断复制同样的线，等等。但不管怎样，线条画准了再上色是硬道理，这一步属于数字手绘表达效果图的前端。计时器产品线稿绘制完成以后，用一个浅灰色背景衬托出线稿本身。

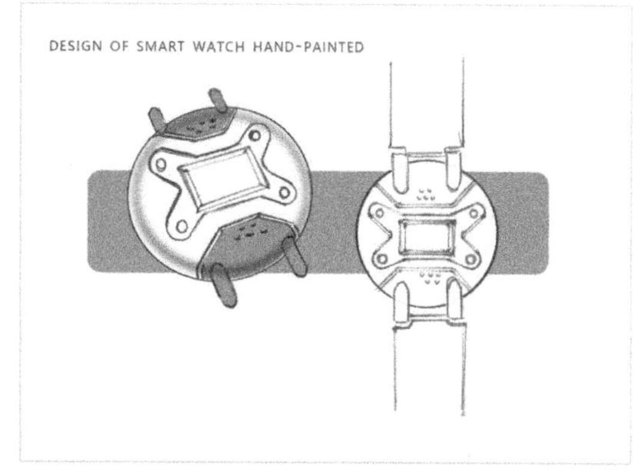

Step 2 以大体的光影为首要绘制部分，逐步增加计时器产品局部细节，但是这种增加是有先后顺序的，一定要逐渐缩小范围，由大到小，颜色也由浅入深。

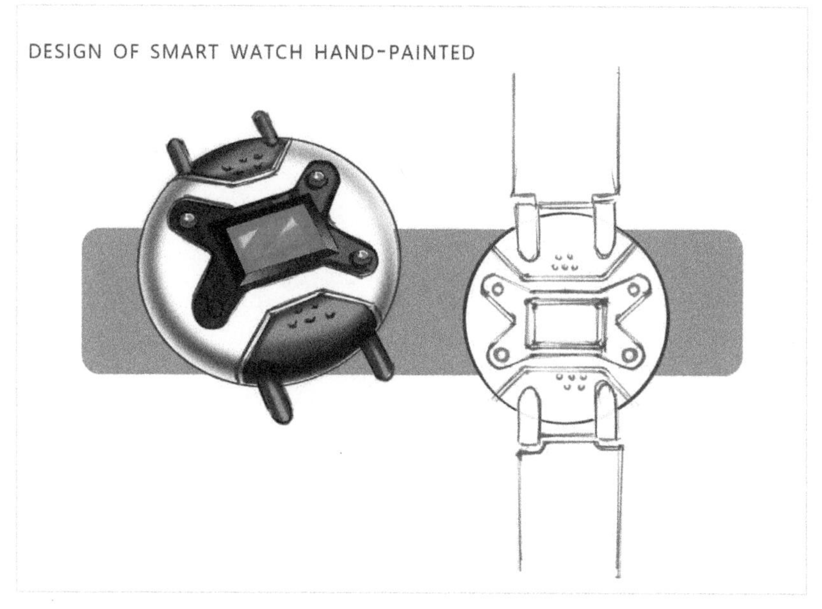

Step 3 配色选用灰色和橙色搭配，这两种颜色即可，不能太多了。计时器的屏幕用宽笔触擦出，切记不能太规整，笔触可以呈现对角形态。

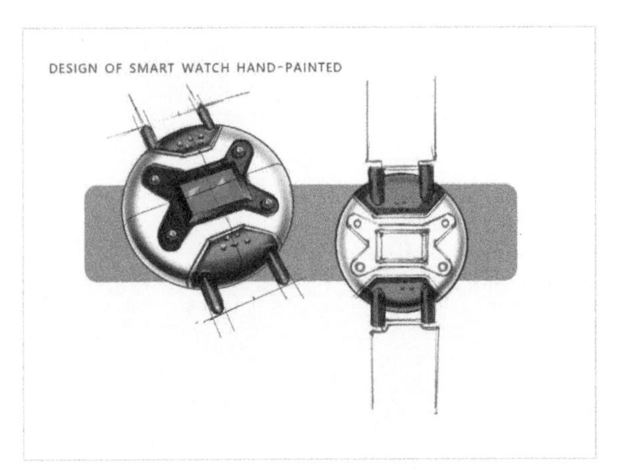

Step 4 用同样的方法，对同一计时器产品另一个角度的效果图进行塑造，如图所示。

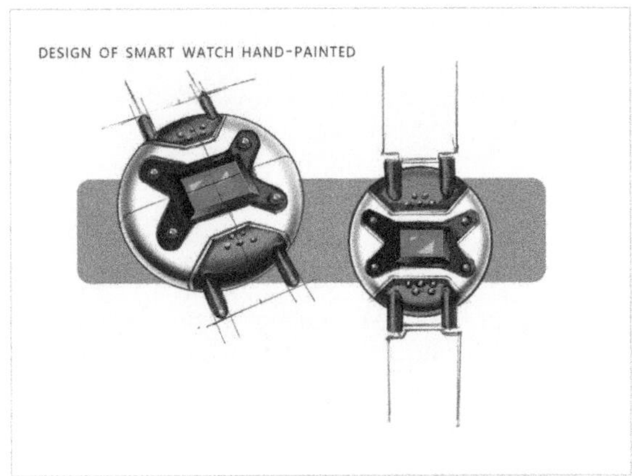

Step 5 逐渐刻画细节，比如上面的小凸点等。

Step 6 画出皮带部分，可以先使用喷笔工具喷绘柔和的浅灰色，再用深一个色阶的灰色刷出笔触，笔触可以由密到疏。计时器产品最终效果图呈现如下。

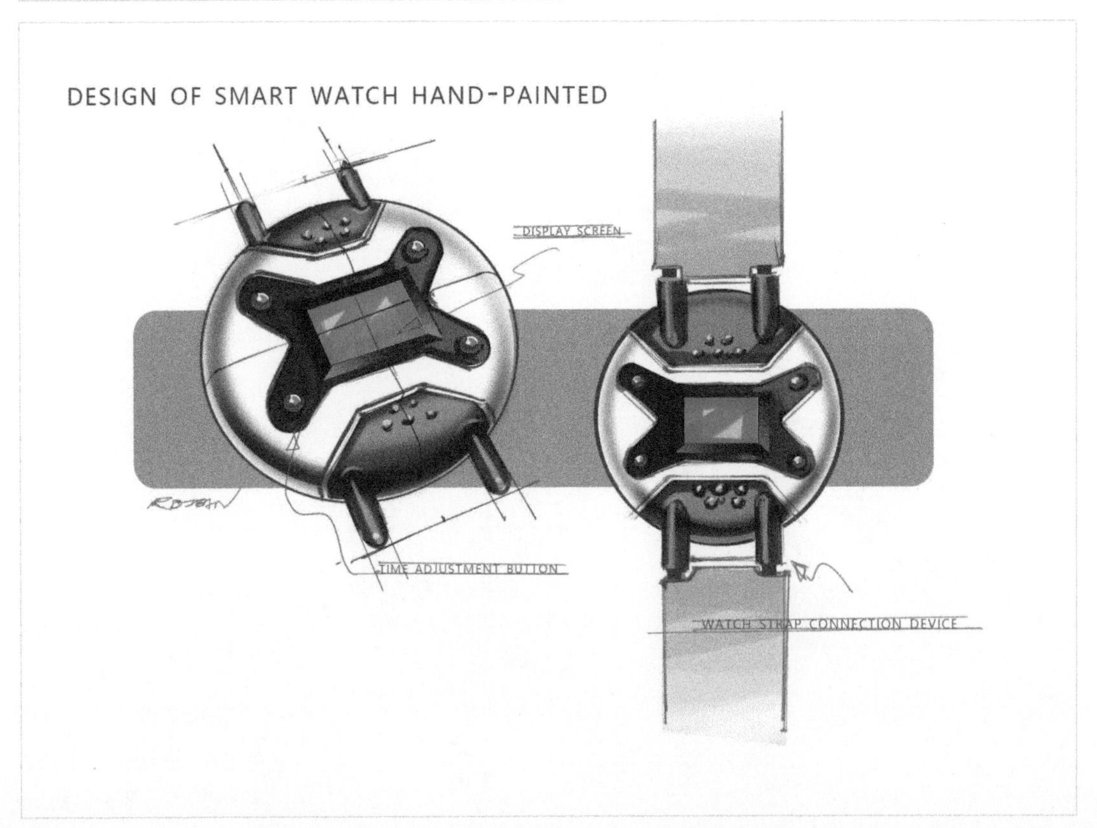

▶ 耳机

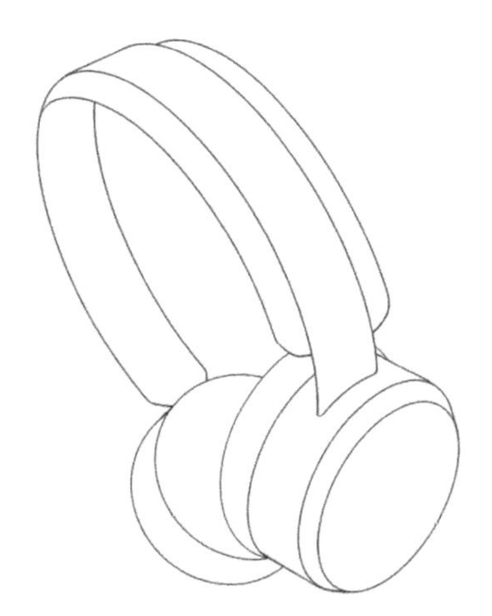

▶ 翻页器

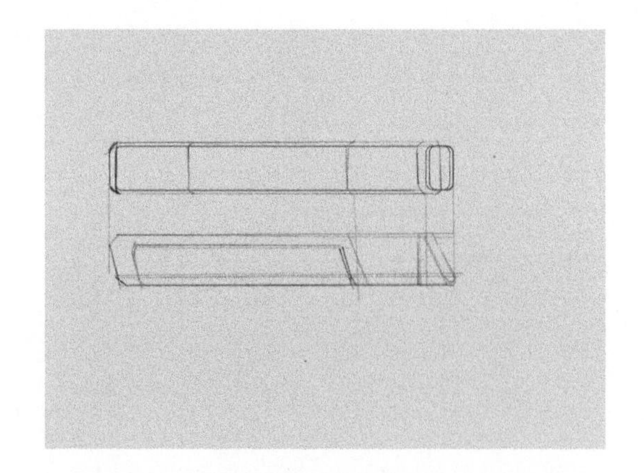

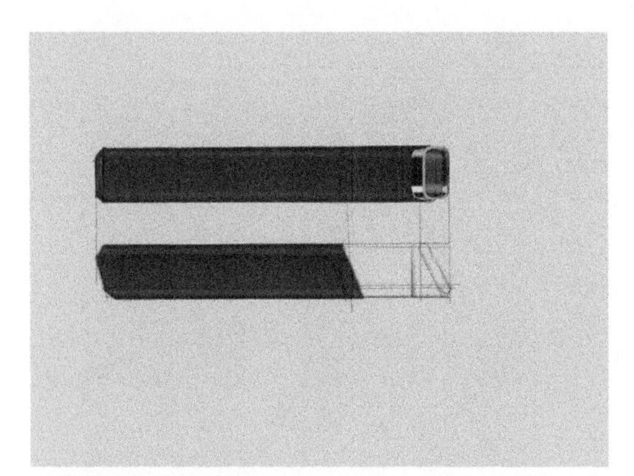

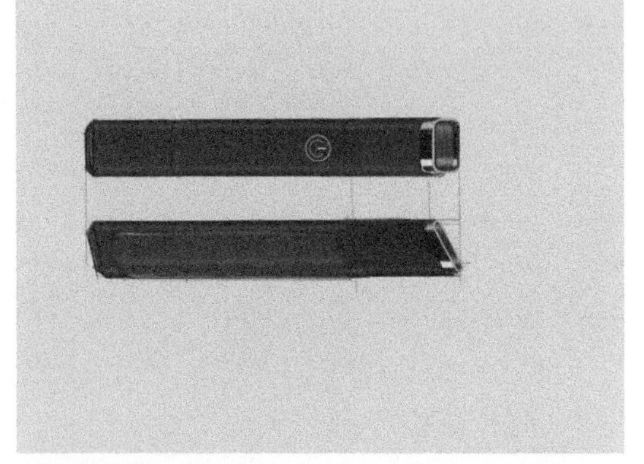

▶ 咖啡机

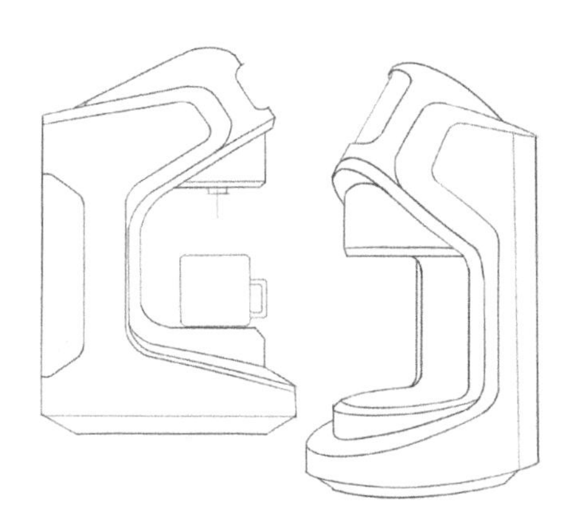

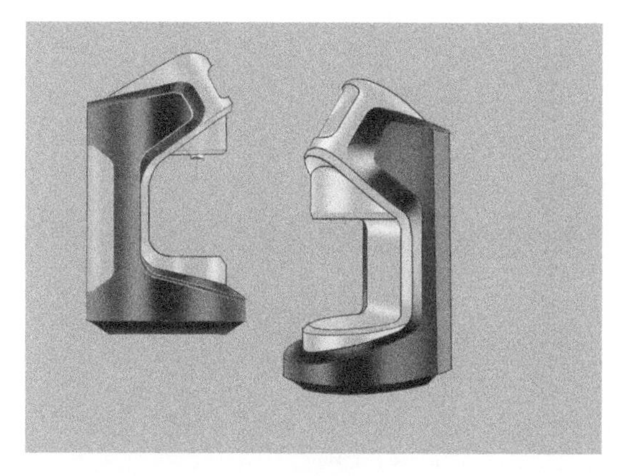

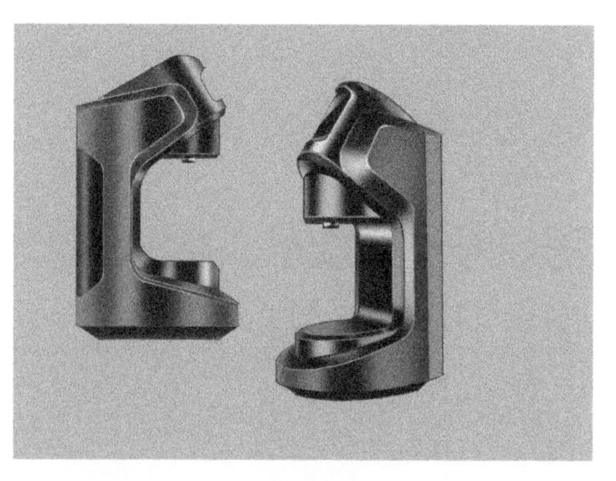

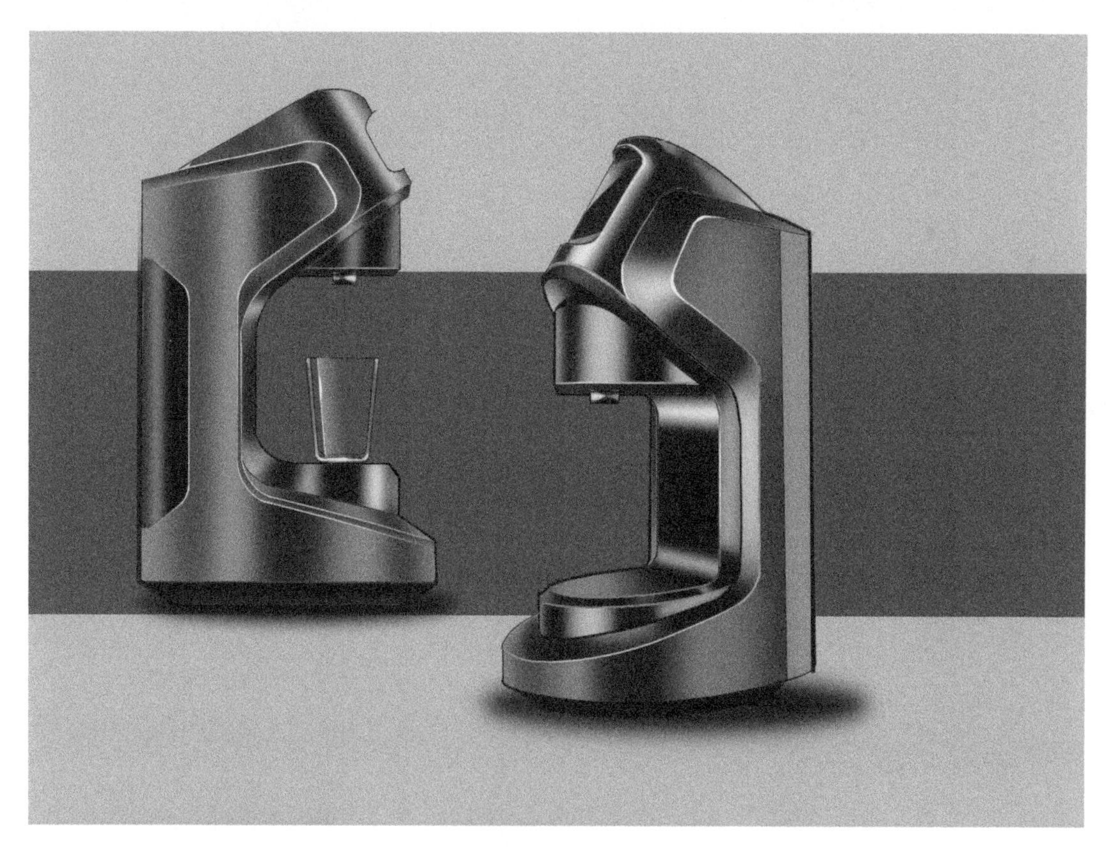

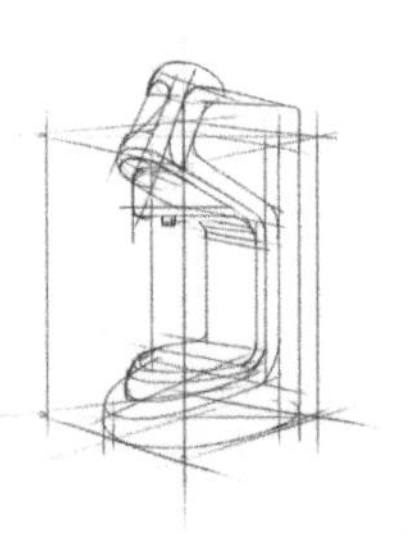

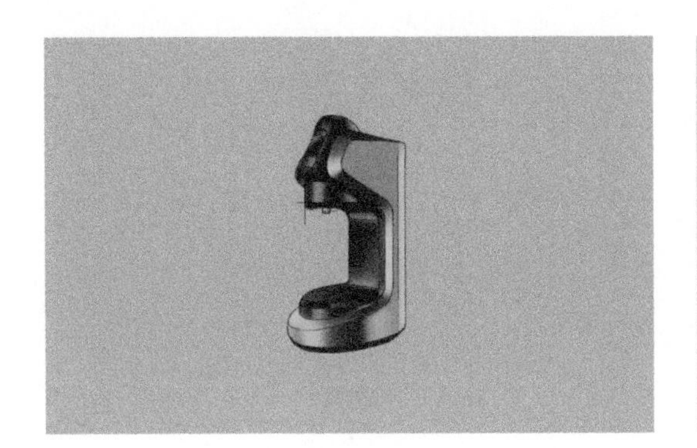

SURE COFFEE
A CUP OF GOOD COFFEE
AN EFFICIENT DAY

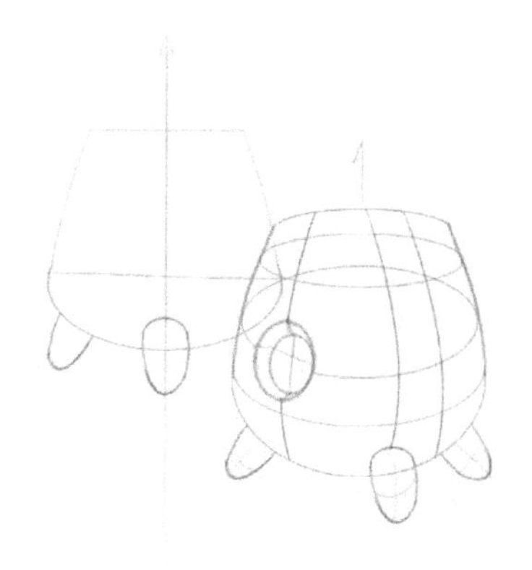

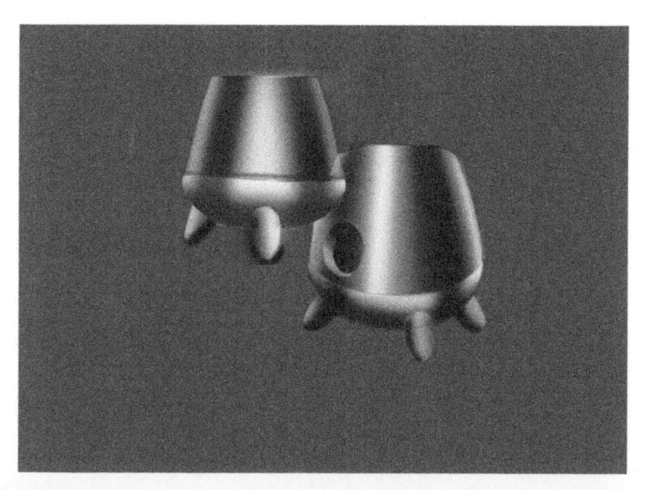

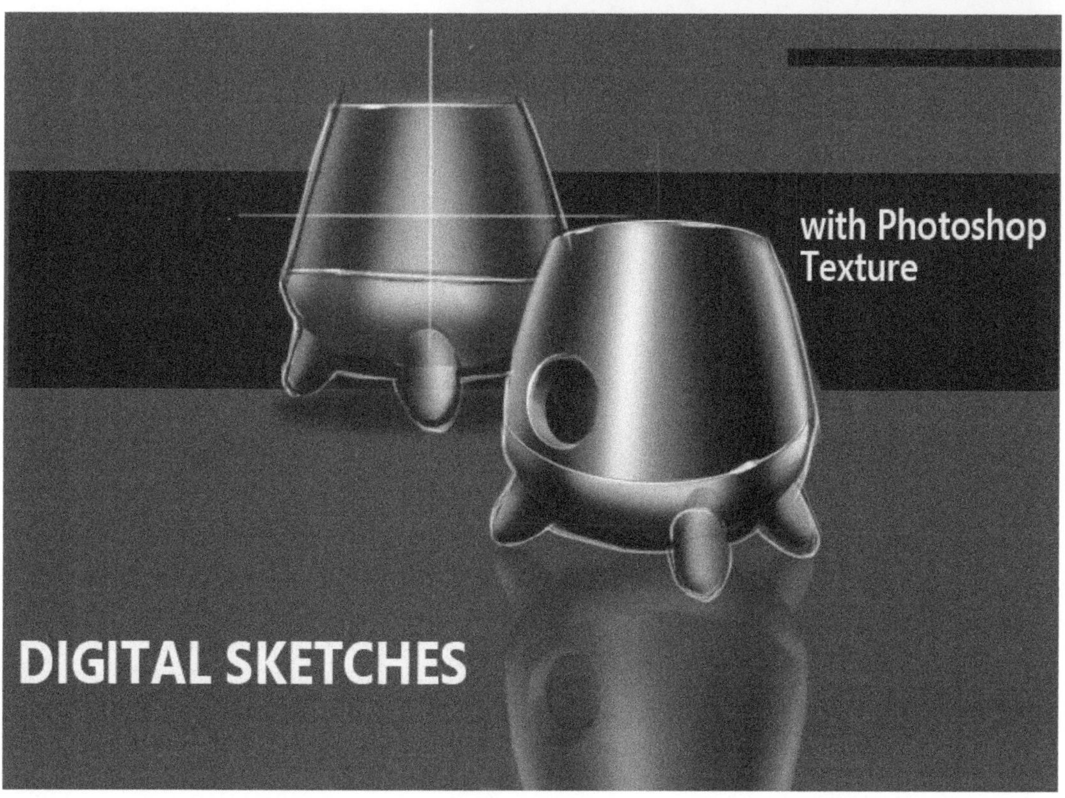
with Photoshop
Texture
DIGITAL SKETCHES

▼ 电子显示屏数字手绘

此案例选用 Photoshop 进行数字手绘步骤演示。

DISPLAY DESIGN SKETCH

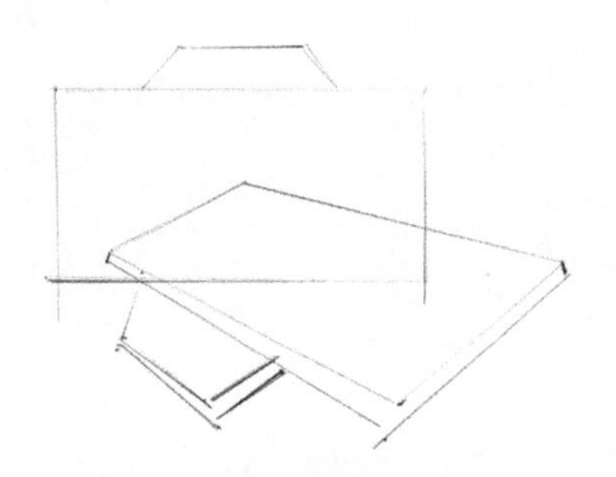

Step 1 首先分析一下这个产品的大致形状是怎样的，其为几何形态并且外轮廓以直线为主，可以通过按住 Shift 键用喷笔命令点击两个端点来达到绘制直线的目的。

DISPLAY DESIGN SKETCH

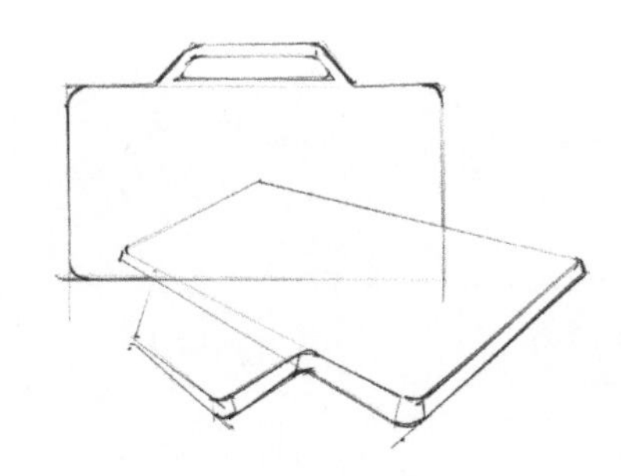

Step 2 先画直线再倒圆角，绘制圆角的线条要着重强调，这样可以让线稿更加结实，如图所示。

DISPLAY DESIGN SKETCH

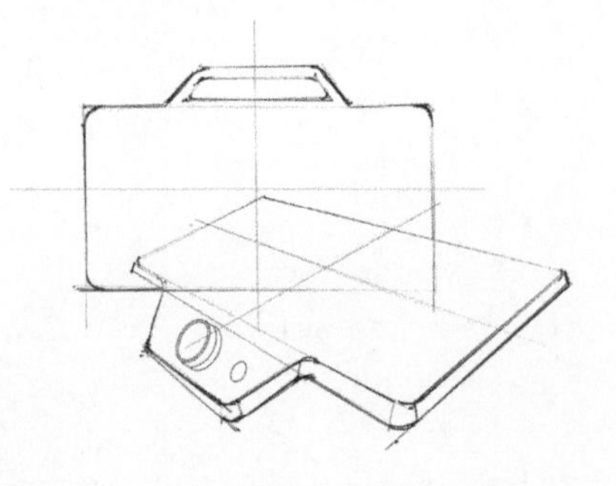

Step 3 绘制出剖面线及旋钮、按键。因为旋钮为圆柱体形状，因此可以用圆形选区描边的命令来绘制，这样可以保证圆形的准确性及同心圆的画面整洁性。

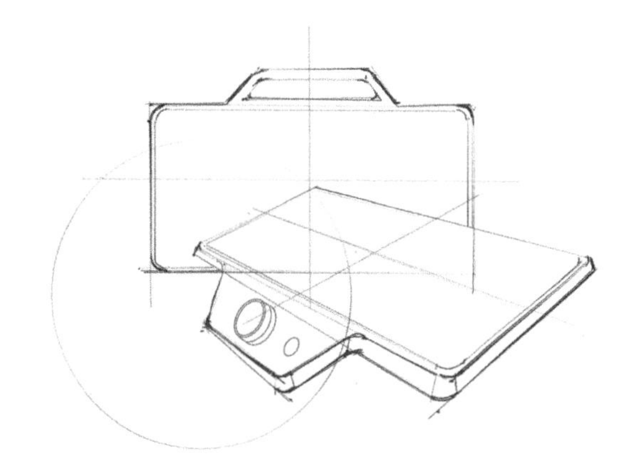

Step 4 继续塑造线稿的细节。

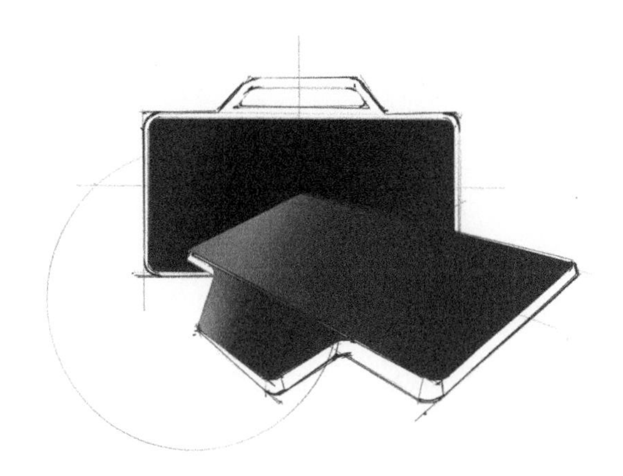

Step 5 开始填色，以深灰色为主，不要用黑色填色，选用深灰色可以让层次塑造感更强。

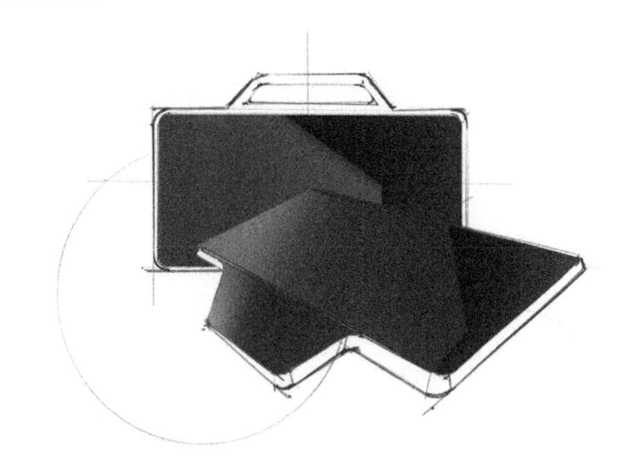

Step 6 先渐变，再剪切，表现出显示屏的受光部分。注意，多余的部分不是用橡皮擦工具擦除，而是用剪切方式去掉，剪切方式可以让光感更加犀利。

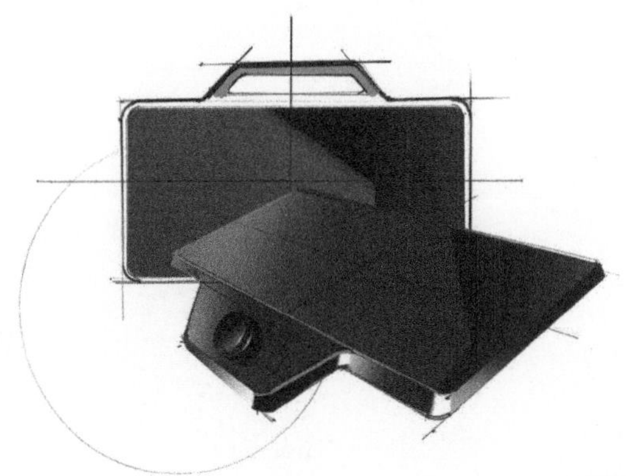

Step 7 对旋钮及其上面的锯齿进行刻画塑造。

Step 8 显示屏最终效果呈现。

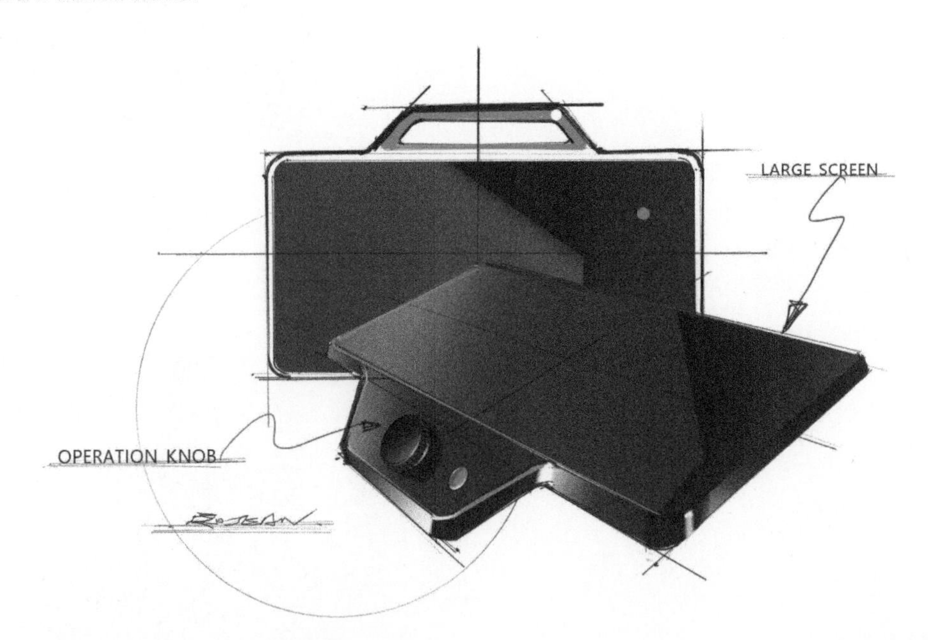

▶ 相机

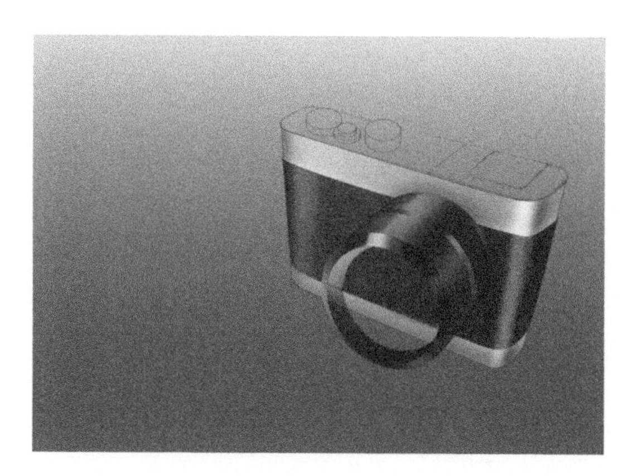

INNOVATION
2019122
SKETCHES
Light and shadow analysis of ellipse
2019.1.21 BY LIU YIHAN

第三节：数字手绘工业设计鞋外观设计创意表达

▶ 登山鞋

Step 1 绘制鞋子的线稿，线稿必须精确细致。

Step 2 运用 Photoshop 软件润色，先从鞋体固有色着手，可以用比较淡的颜色来绘制大体固有色，从而便于修改。

Step 3 着重绘制鞋底颜色，选用深灰色作为其固有色，这样会显得整体更加厚重饱满。

Step 4 仔细刻画细节，比如鞋带部分，加上深灰色背景，让鞋体的效果更加凸显。

▼ 科技感跑鞋 -1

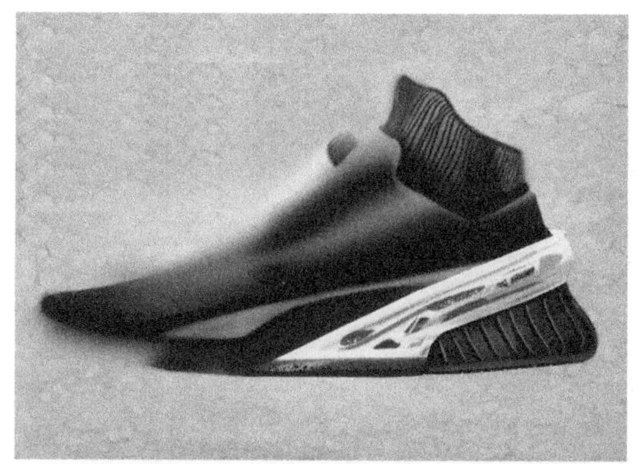

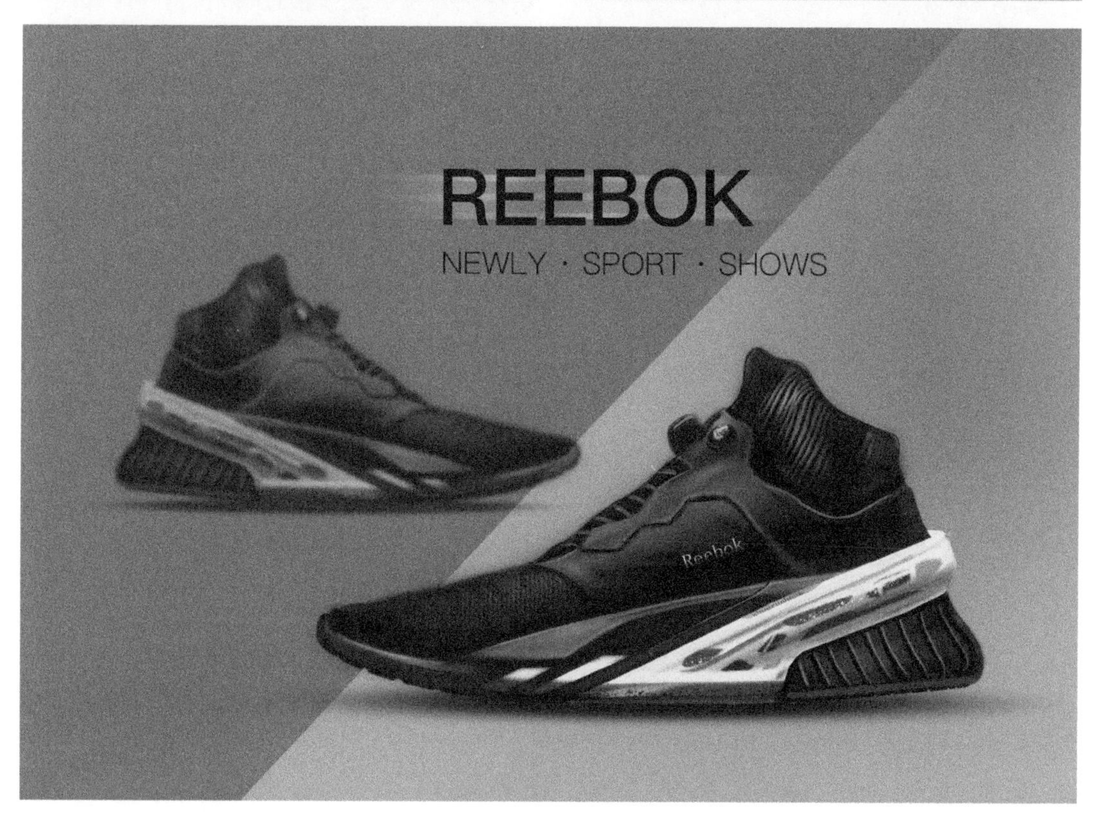

▼ 科技感跑鞋 -2

Reebok

Reebok

CHEN-J
Reebok

Reebok

Reebok
Reebok
CHEN-J
Reebok

▼ 篮球鞋 -1

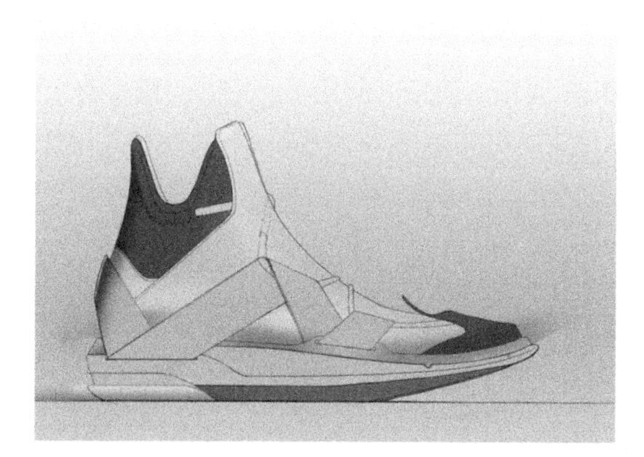

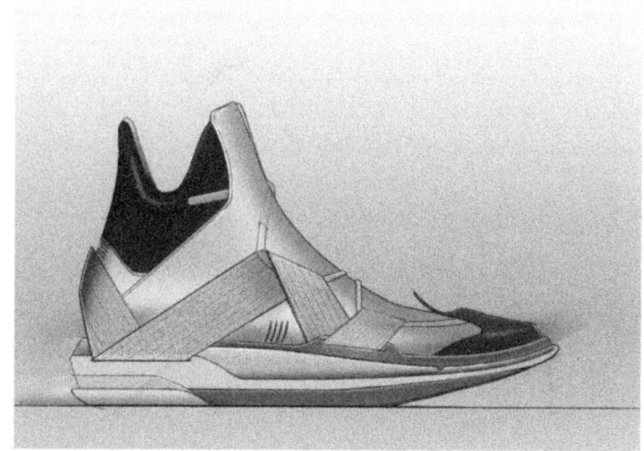

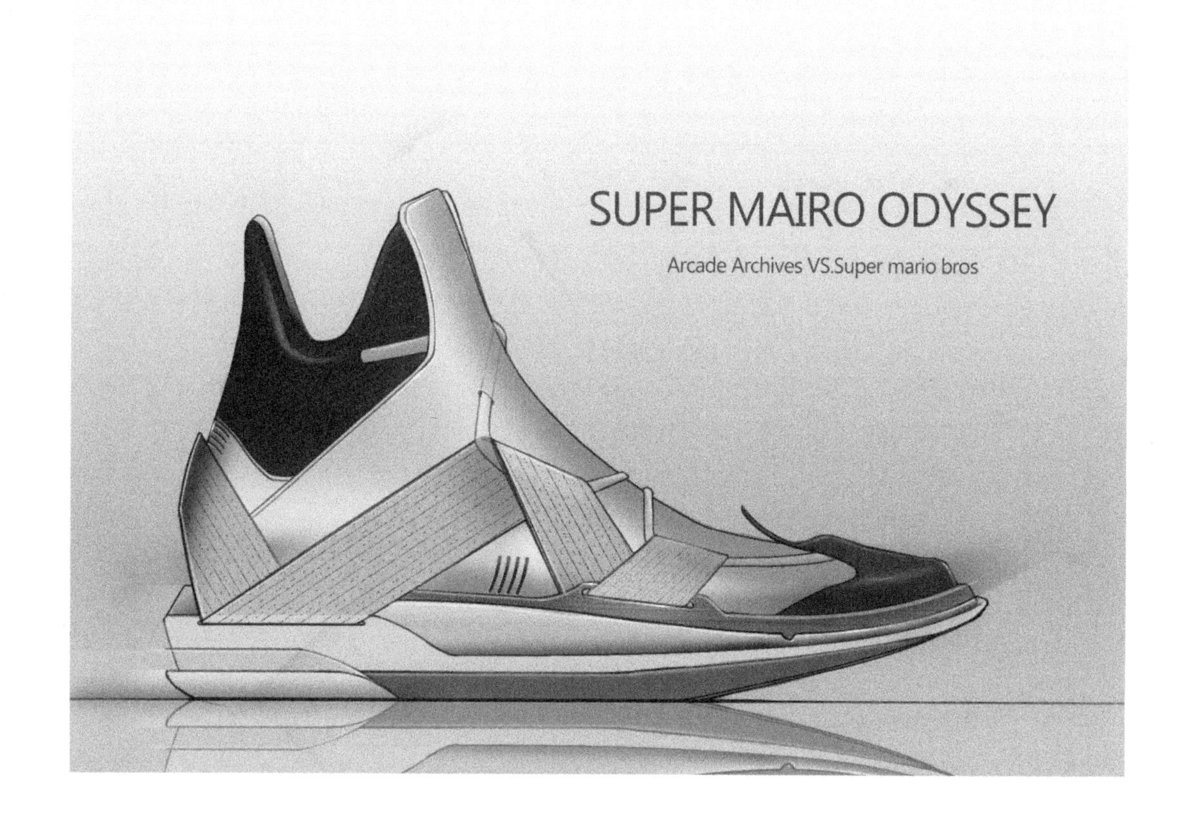

▼ 篮球鞋 -2

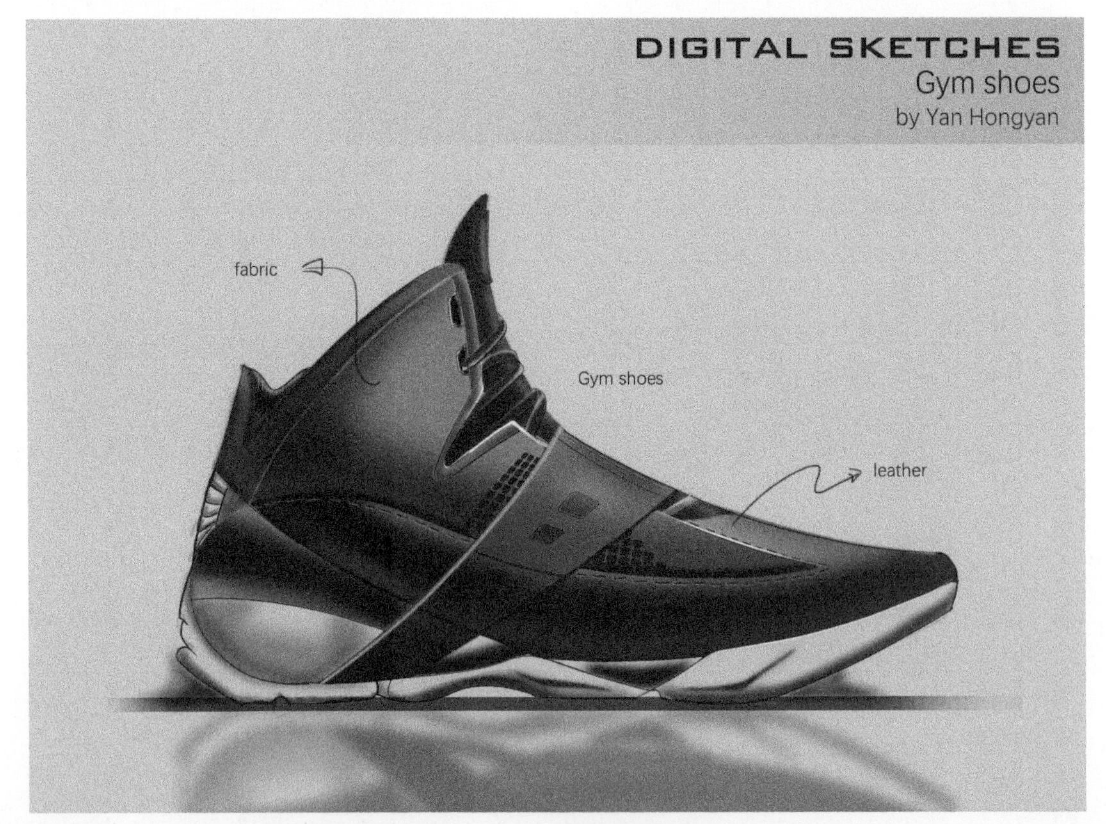
DIGITAL SKETCHES
Gym shoes
by Yan Hongyan
fabric
Gym shoes
leather

▼ 篮球鞋 -3

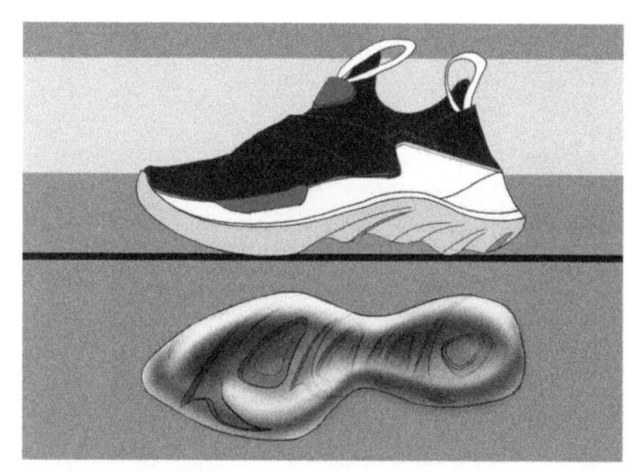

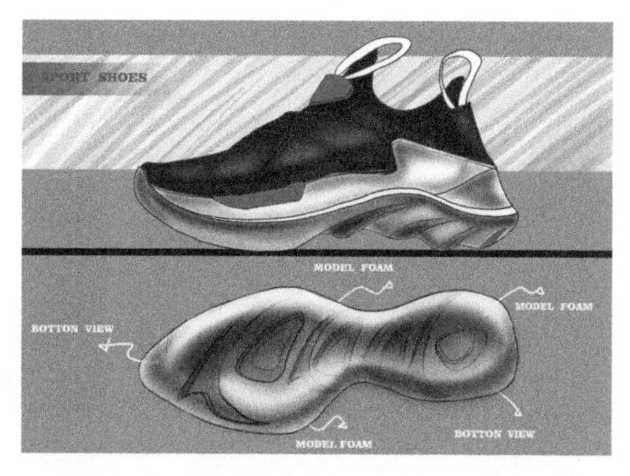
SPORT SHOES
MODEL FOAM
MODEL FOAM
BOTTON VIEW
MODEL FOAM
BOTTON VIEW

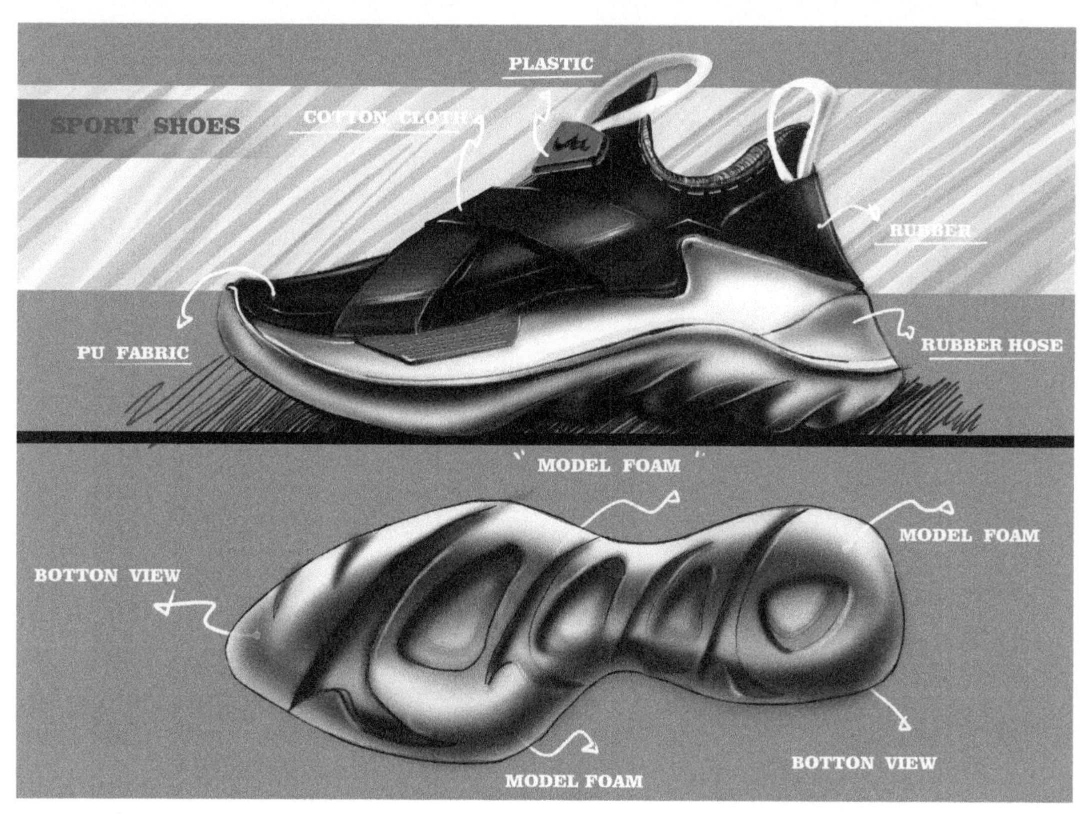
PLASTIC
SPORT SHOES
COTTON CLOTH
RUBBER
PU FABRIC
RUBBER HOSE
MODEL FOAM
MODEL FOAM
BOTTON VIEW
MODEL FOAM
BOTTON VIEW

▼ 篮球鞋 -4

▼ 跑鞋

▼ 雪地靴

▼ 运动跑鞋 -1

PORTFOLIO
Light and shadow analysis of ellipse
2019.1.23 BY LIU YIHAN

▼ 运动跑鞋 -2

Every day to keep running

▼ 运动跑鞋 -3

▼ 运动跑鞋 -4

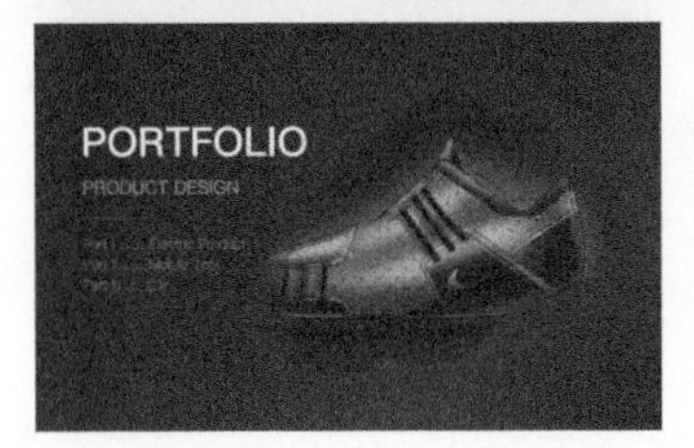
PORTFOLIO
PRODUCT DESIGN

PORTFOLIO
BY DANIEL HEART

▼ 运动鞋 -1

Reebok

▼ 运动鞋 -2

DIGITAL SKETCHES
with Photoshop
Gym shoes
shoes
Detail
Rubber

▼ 运动鞋 -3

PUMA

▼ 运动鞋 -4

▼ 运动鞋 -5

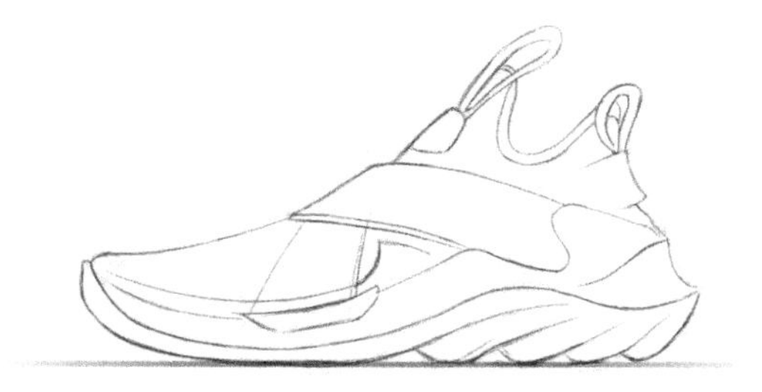

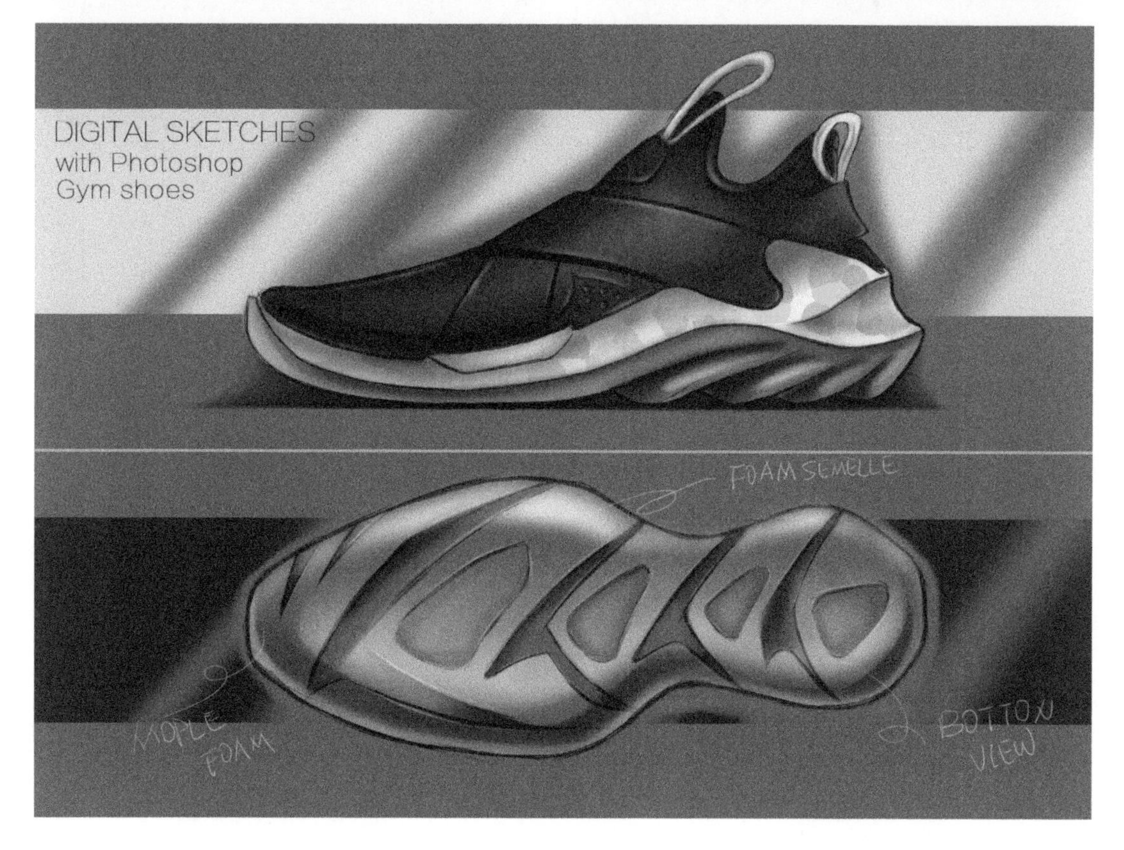
DIGITAL SKETCHES
with Photoshop
Gym shoes
FOAM SEMELLE
BOTTON
VIEW

▼ 运动鞋 -6

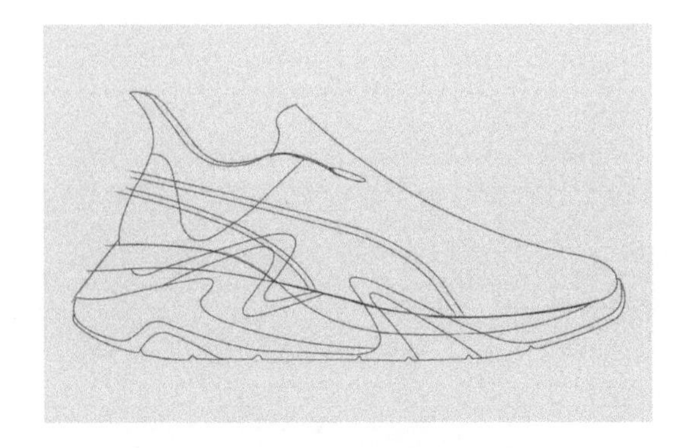

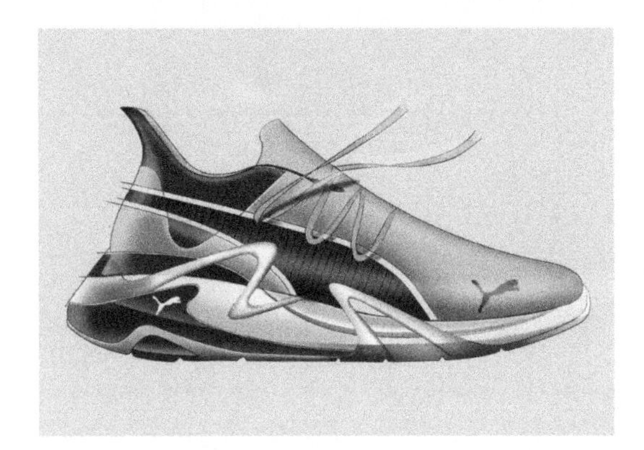

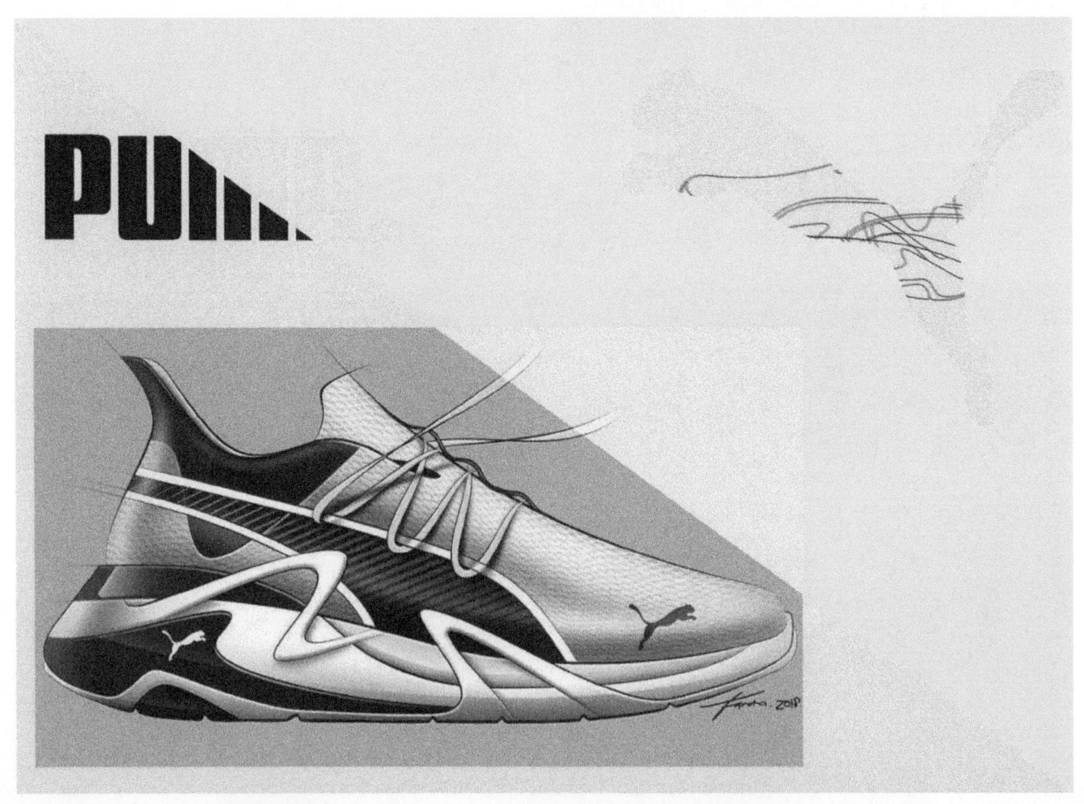

▼ 运动鞋 -7

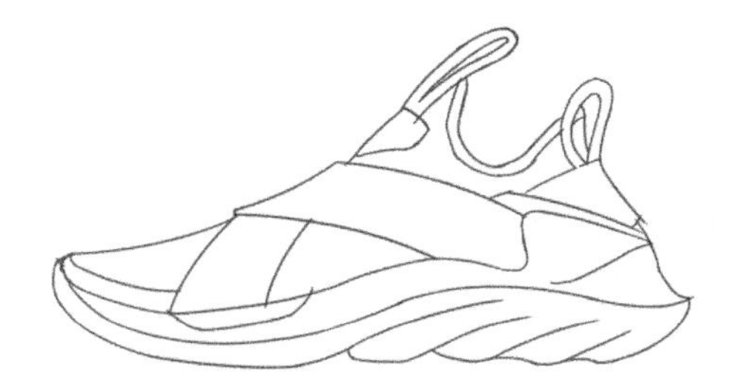

▼ 运动鞋 -8

▼ 运动鞋 -9

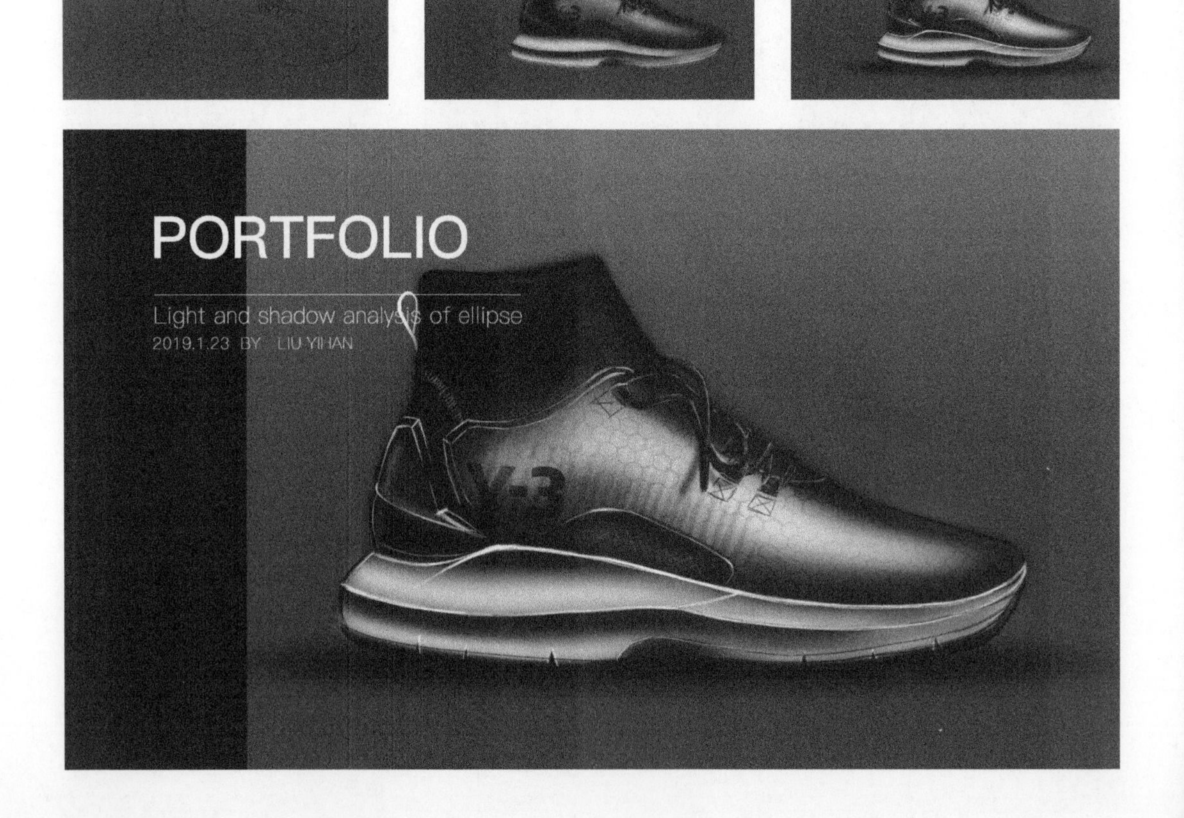
PORTFOLIO
Light and shadow analysis of ellipse
2019.1.23 BY LIU YIHAN

第四节：数字手绘工业设计交通工具外观设计创意表达

▼ 电动摩托车数字手绘表达

选用 Photoshop 软件进行数字手绘步骤演示讲解。

Step 1 电动摩托车数字手绘效果图首先从线开始，从下图中可以看出，除前后轮胎外，其他零部件轮廓线显而易见，无论零部件有多少，大体可以分成车身、车座、车头、车轮 4 部分。

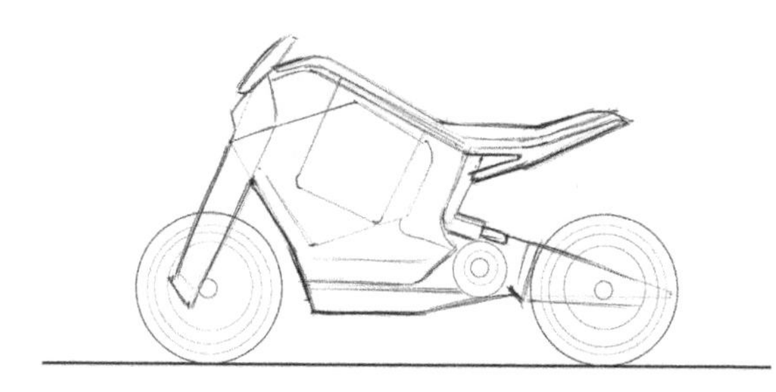

Step 2 使用 Photoshop 软件开始润色，从面积最大的部分着手，其中面积最大的部分是电动摩托车的主车身，可以先填充浅灰色，再中间提亮一部分（平面感变成了凸起感），从而先区分大的明暗关系。

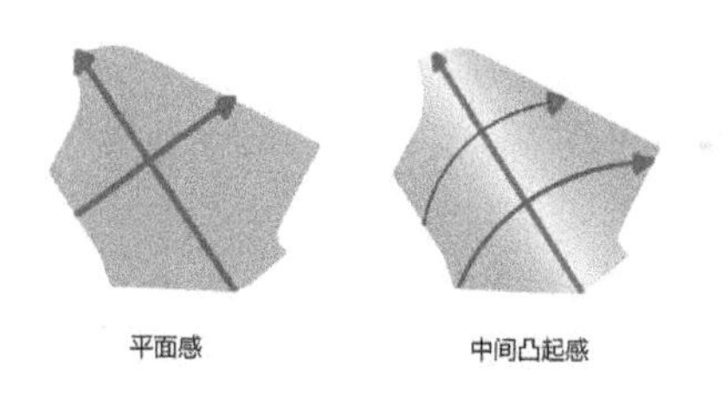

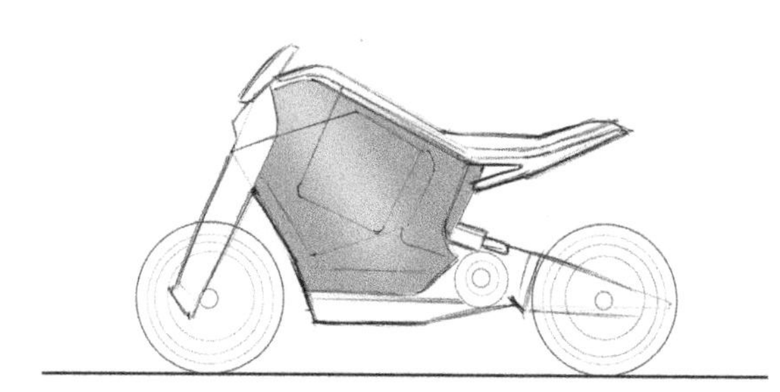

Step 3 继续加大对比程度，围绕刚刚填充的颜色四周叠加黑色部分，让造型显得更加厚重，体积感更强。

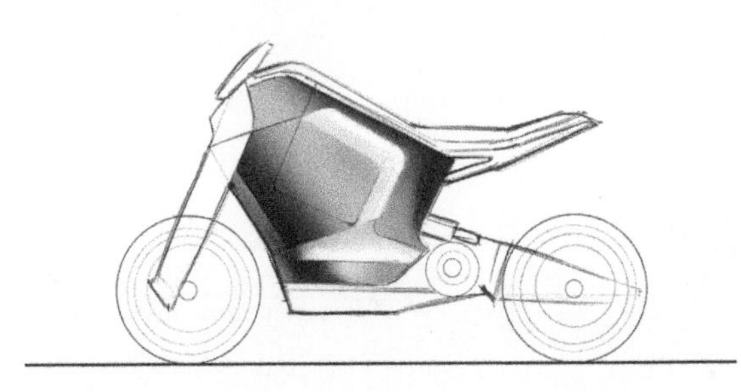

Step 4 选用黑色填充车身周围零部件，这一步不用考虑造型体积感，只需要考虑黑色色块的边缘是否平齐规整即可。

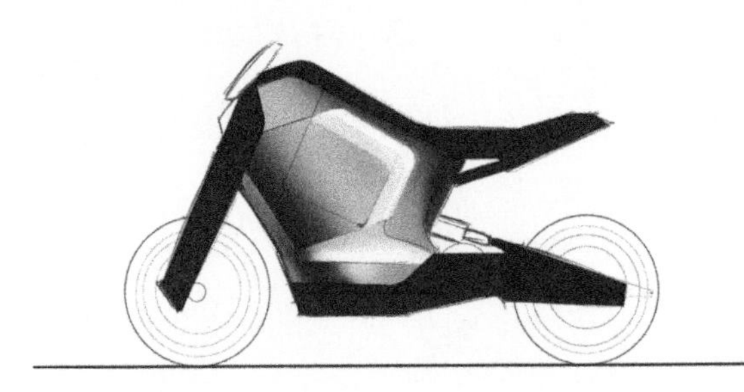

Step 5 根据主光源方向，继续塑造电动摩托车的其他零部件，绘制出车轮胎的固有色。

Step 6 对电动摩托车车头部的车灯部件进行绘制，以深灰色、浅灰色对比为主。

Step 7 塑造出电动摩托车车轮、轮盘的造型，可以应用 Photoshop 软件重复自由变换命令。

Step 8 加上车体背景，增加版面元素，丰富版面细节。背景不建议横平竖直，可以稍微倾斜一点，有一定的动感，因为产品本身就是电动交通工具。

▼ 轻型越野摩托车数字手绘表达

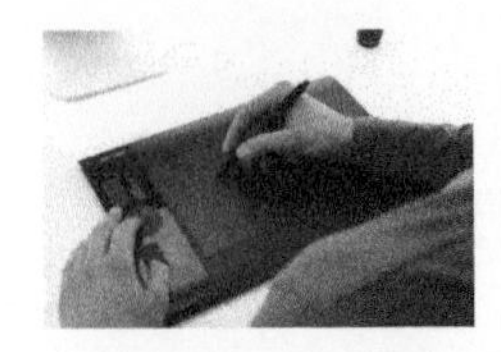

选用 Photoshop 软件进行数字手绘步骤演示讲解。

Step 1 绘制轻型越野摩托车线稿。

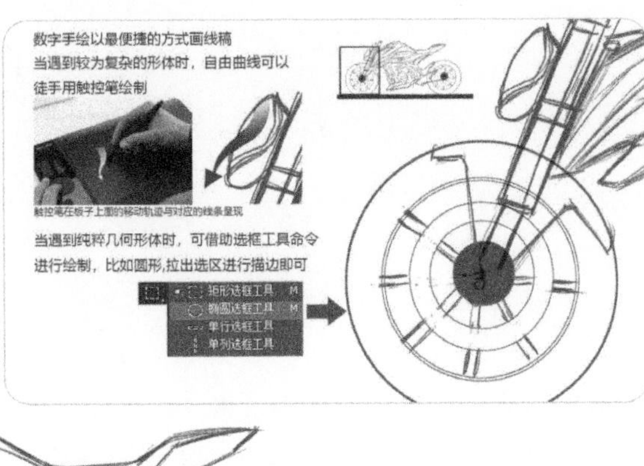

Step 2 沿着摩托车整体车身的外轮廓框选、填充颜色（以深灰色为宜，颜色不需要太黑，也不需要太亮，从而便于后期通过提亮受光、高光区域来塑造形态）。罗剑老师将其总结为：**先底色、后受光、再高光。**

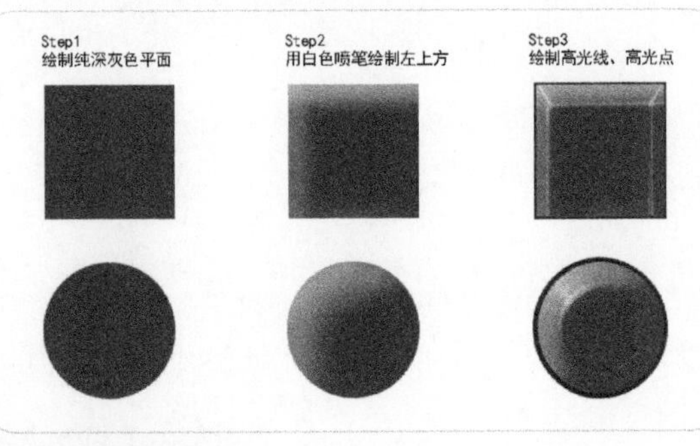

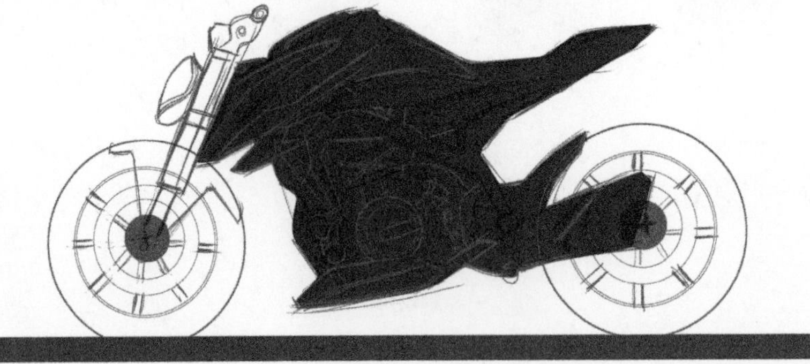

Step 3 开始提亮受光及高光区域，如图所示，一些由浅到深的渐变可以用排线的方式，当然前提是选用 Photoshop 里面的白色喷笔。

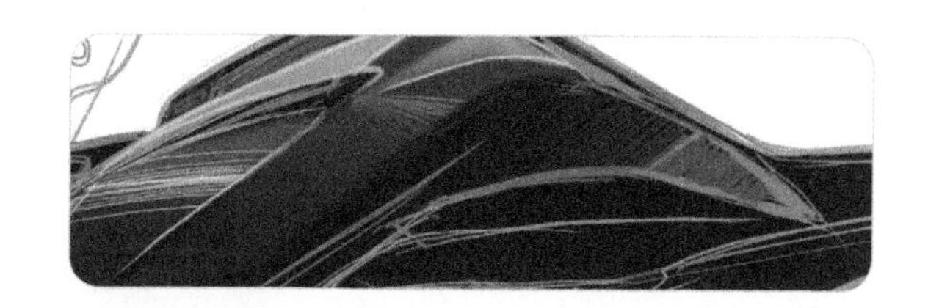

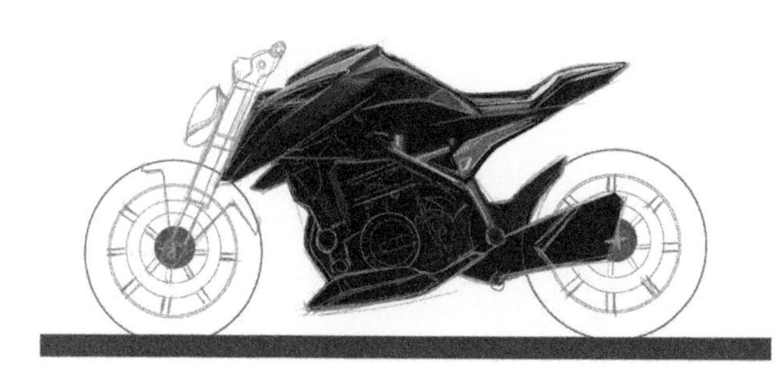

Step 4 用同样的方法处理尾部坐垫区域，选用 Photoshop 里面的白色提亮受光区域，逐步绘制车体其他零部件，均可以选择用白色或浅灰色色调进行塑造。

Step 5 开始塑造车轮，采用相同的数字手绘绘制原理，即先底色、后受光、再高光。

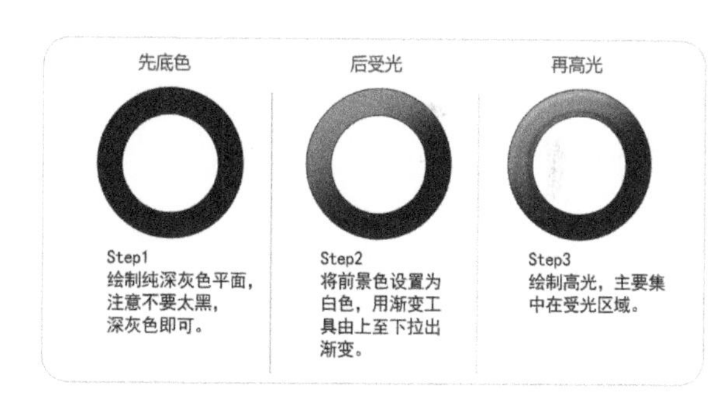

Step 6 继续塑造车轮轮盘造型的零部件细节。

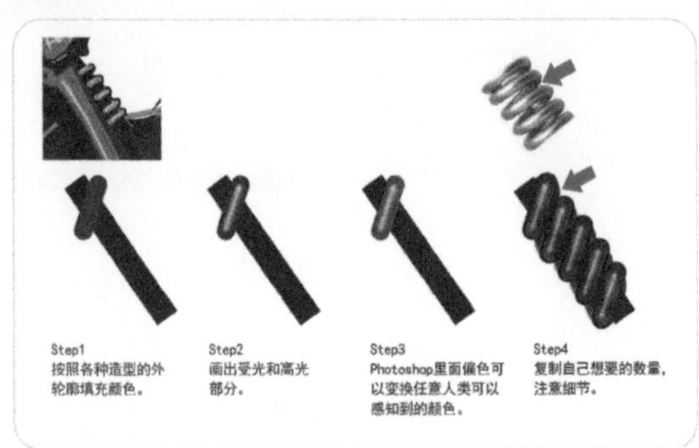

Step 7 添加减震弹簧等其他局部细节。

Step 8 最终效果呈现，可以适当加上一些车体喷涂图案丰富效果，增强画面氛围。

DESIGN OF CONCEPT MOTORCYCLE

▼ 格色渲染学员－程光林作品

▼ 格色渲染学员－费斌斌作品

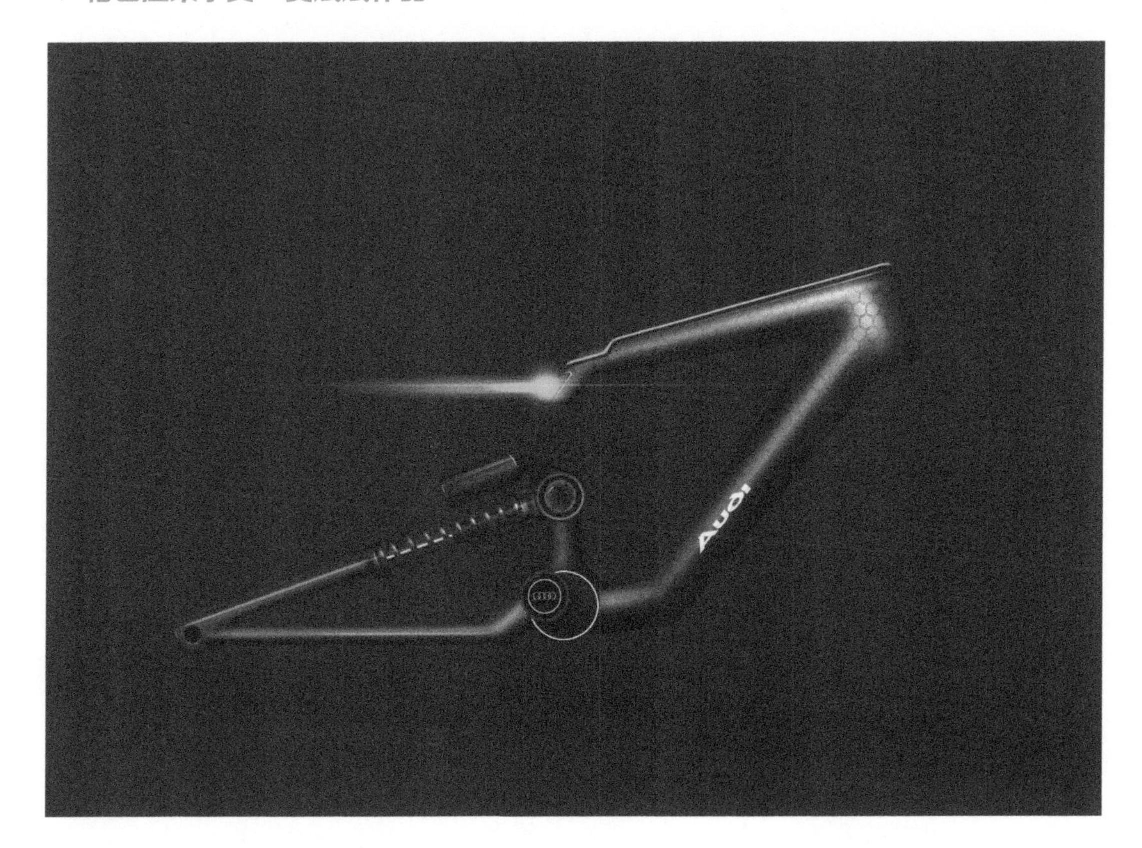

▼ 摩托车数字手绘表达

选用 Photoshop 软件进行数字手绘步骤演示讲解。

Step 1 绘制出摩托车的完整线稿，对于简单的几何形态可以直接使用选框工具绘制，比如椭圆选框工具、矩形选框工具等。

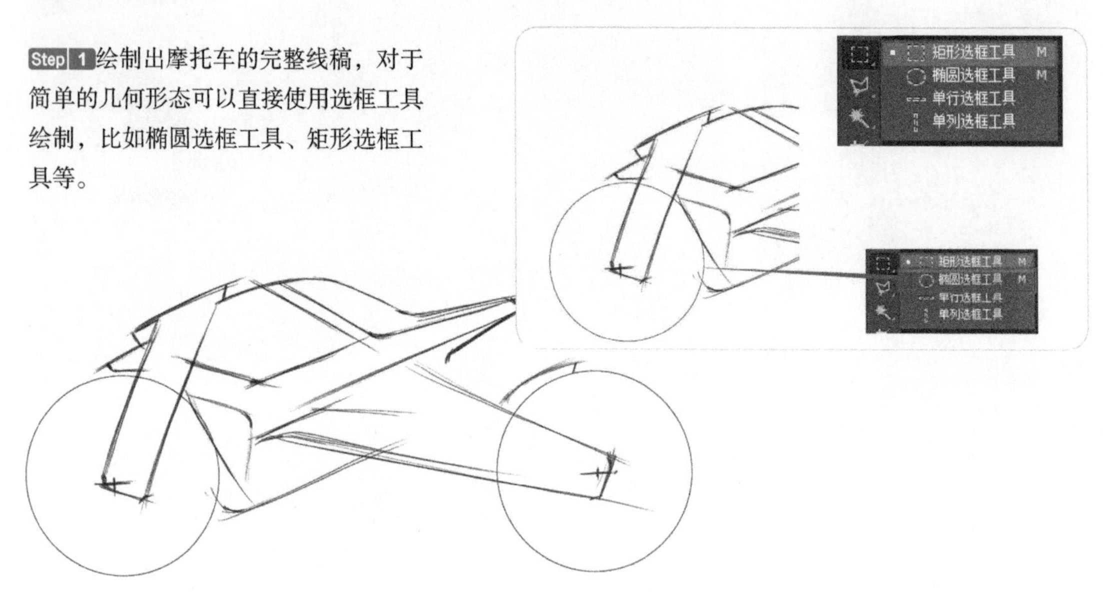

Step 2 以第一步绘制的（摩托车侧视图）线稿为基础绘制摩托车其他造型的细节。

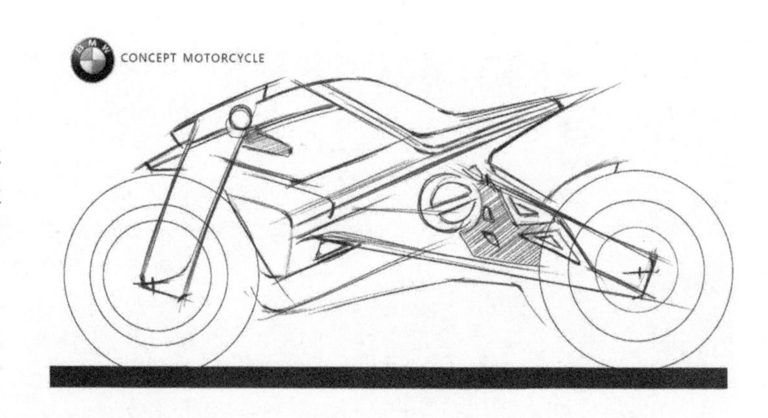

Step 3 画出车轮轮盘造型细节，这一步可以强化不同的线条属性，外轮廓、结构线等不同线条的角色要区分开，如图所示，可以很明显地看出线条的粗细。

Step 4 开始润色，先按照摩托车车体外轮廓用黑色填充，衬托出灰色线稿。

Step 5 绘制摩托车油箱、减震弹簧、轮胎等，用灰色与绿色两套色进行搭配绘制。

Step 6 尝试给背景填充颜色，衬托摩托车主体，让其更加凸显在画面中。

Step 7 为了更加凸显摩托车的重装效果，增强背景的金属感，可以塑造金属肌理感，烘托出整体氛围。

▼ 自行车框架数字手绘表达

选用 Photoshop 软件进行数字手绘步骤演示讲解。

今天分享自行车框架的数字手绘步骤，包含的知识点很多，其中罗剑老师会挑选一些典型的问题进行剖析、演示讲解，比如造型折面塑造、环境色塑造、高光塑造等。

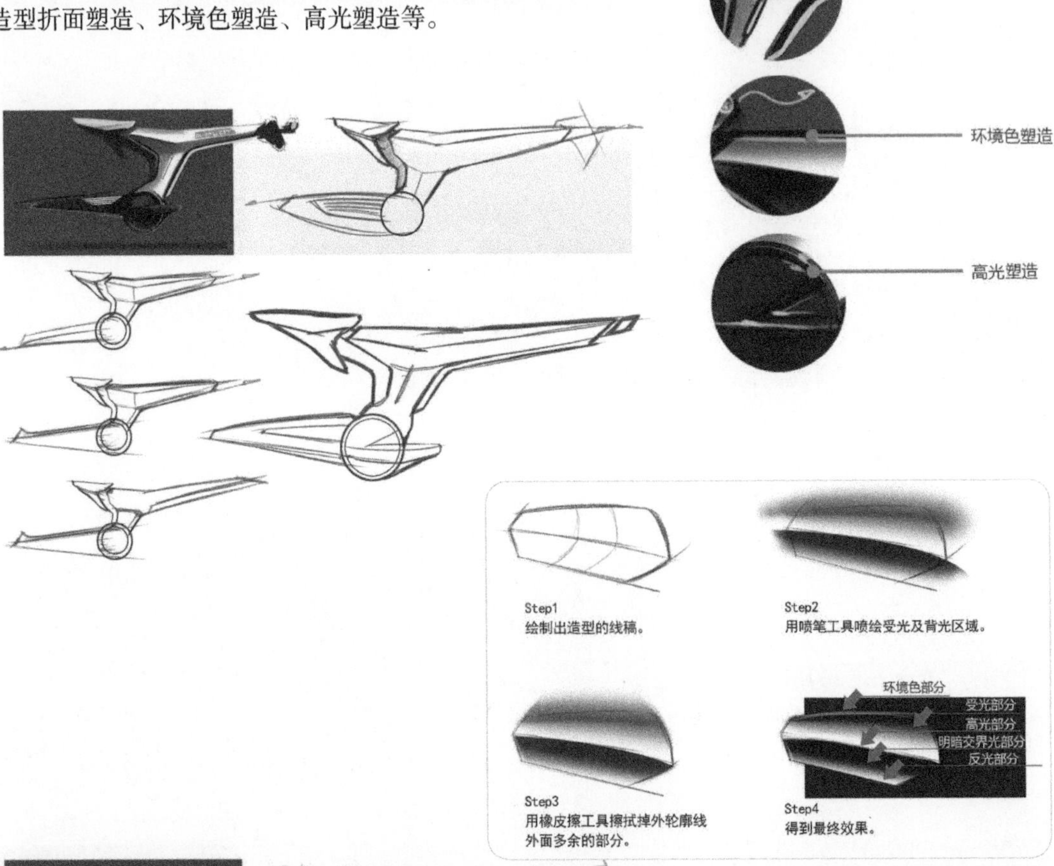

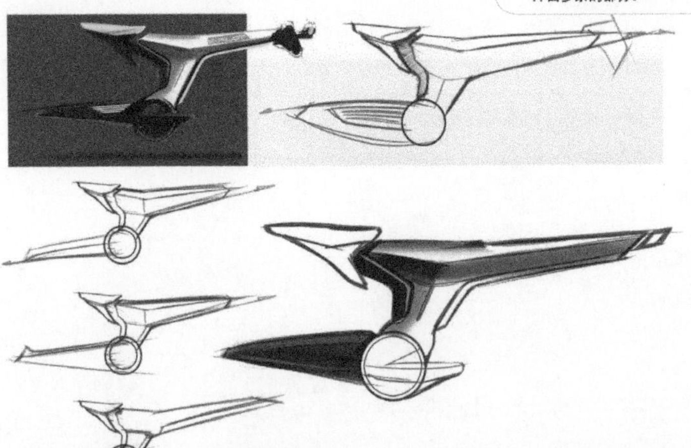

Step 1 造型折面的塑造，详细的步骤细节很多，除了最后一步最终效果呈现，整个过程大致可以归纳为三步：①线；②喷；③擦。

Step1
判断光源光照方向，绘制出高光边（可以用描白边方式进行）。

Step2
点出高光点的外层（呈现长条形）。

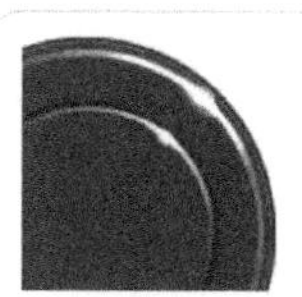

Step3
点出高光点的内层（呈现圆形）。

Step 2 刻画其他局部细节，包括高光点等。点高光也是有方法的，大致可以分成三大步：①绘制高光边；②点出高光点外层；③点出高光点内层（一个小小的高光点也是有层次之分的）。

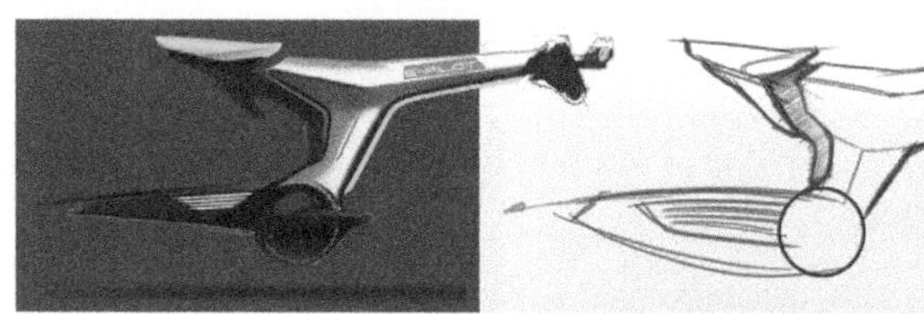

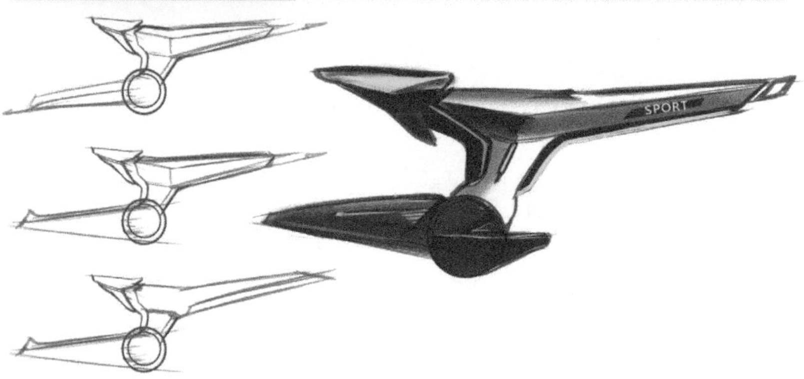

左上方环境色为暖色调

右下方环境色为冷色调

环境色为冷色调

Step 3 环境色的塑造，通常都体现在造型形态的边缘区域，如图所示。

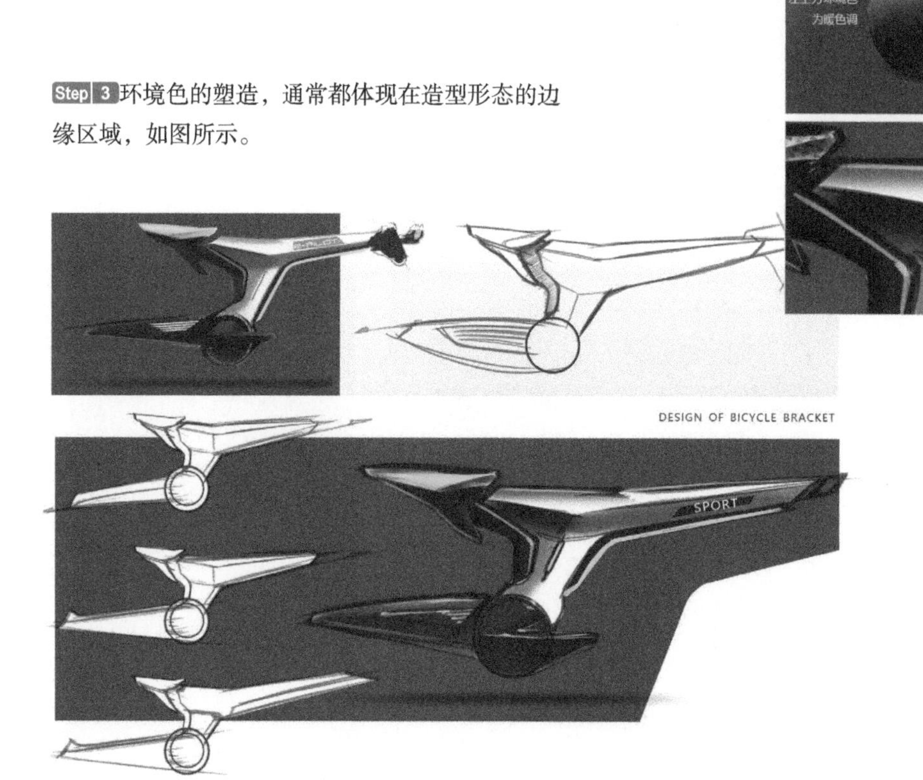

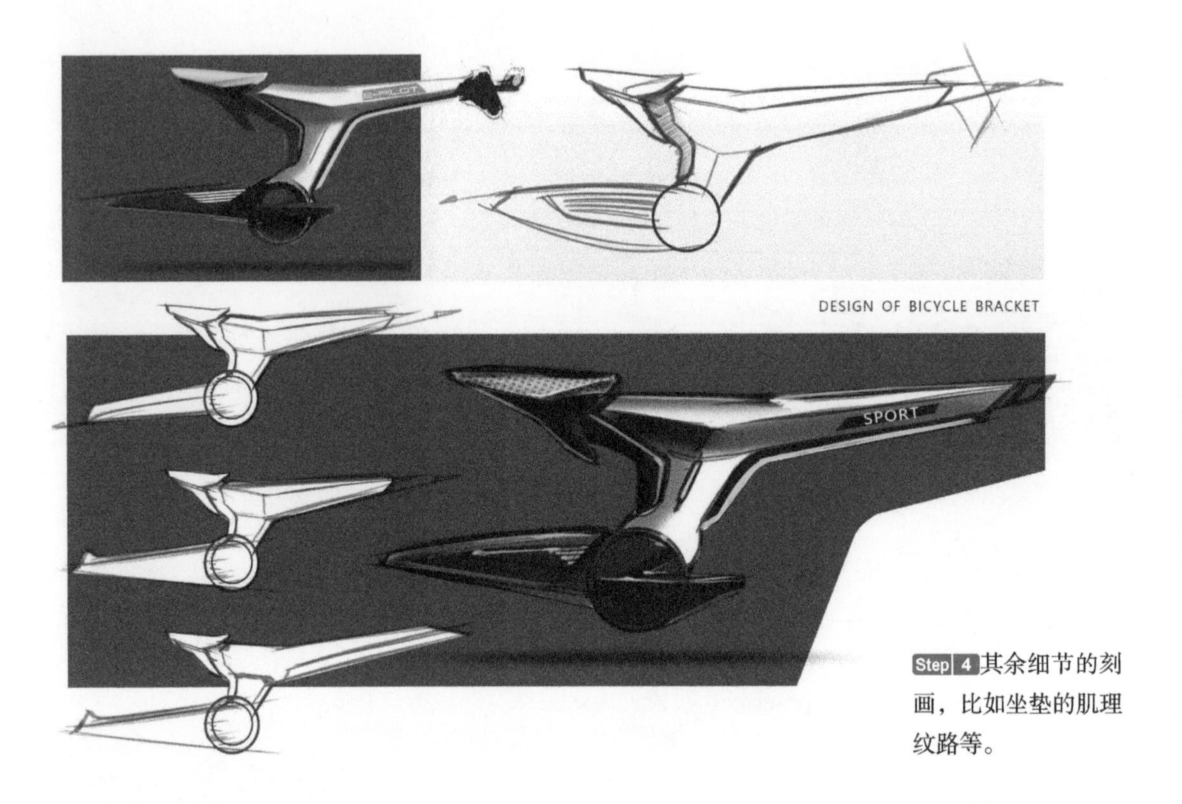

Step 4 其余细节的刻画，比如坐垫的肌理纹路等。

Step 5 为零部件加上相应的标注，呈现最终效果图。

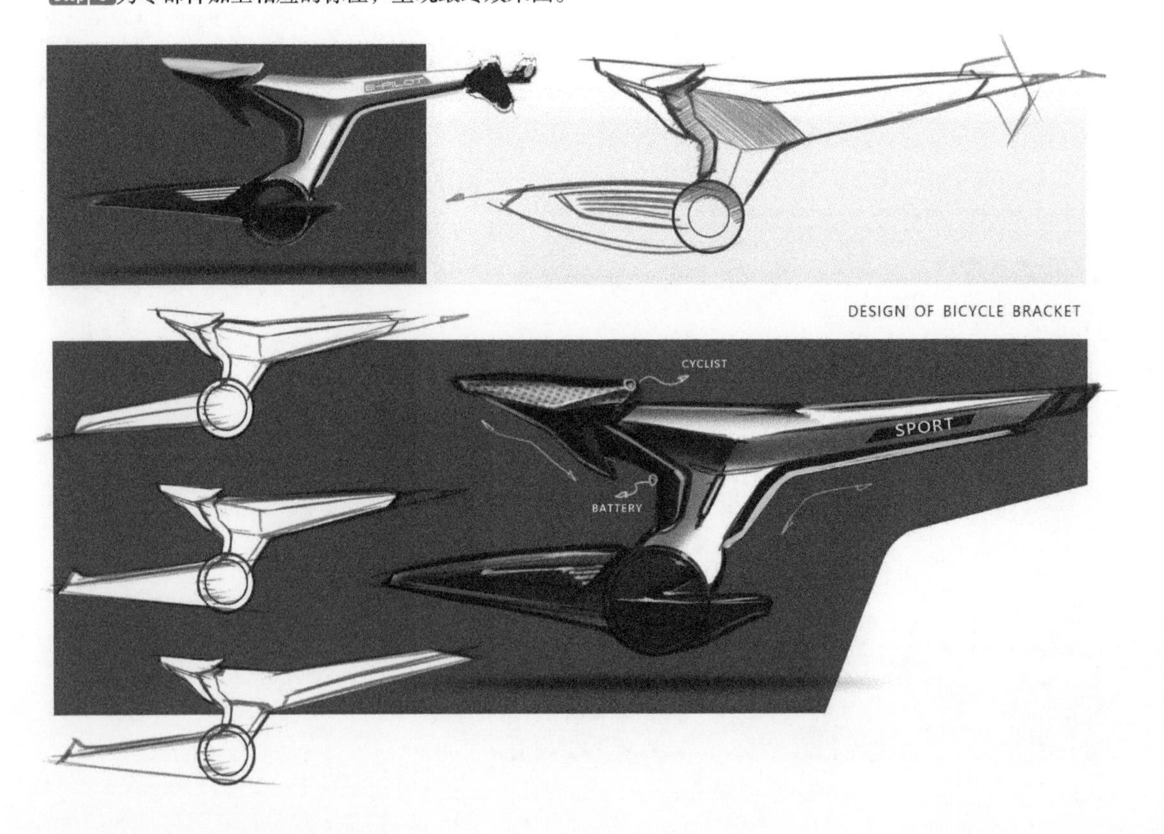

▼ 山地自行车数字手绘表达

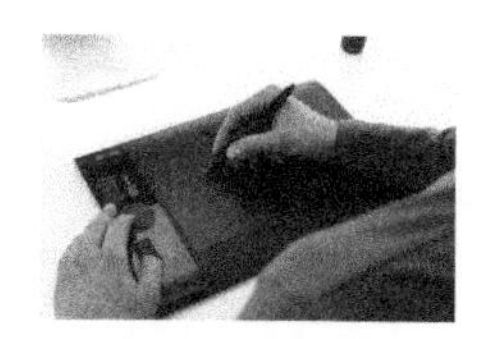

选用 Photoshop 软件进行数字手绘步骤演示讲解。

Step 1 绘制出山地自行车的线稿，注意线条的属性，比如结构线、分型线、外轮廓线，还有剖面线的粗细区别要体现出来。因为观者角度是全侧视图，所以车轮可以通过用正圆模板进行正圆选区并描边获得。

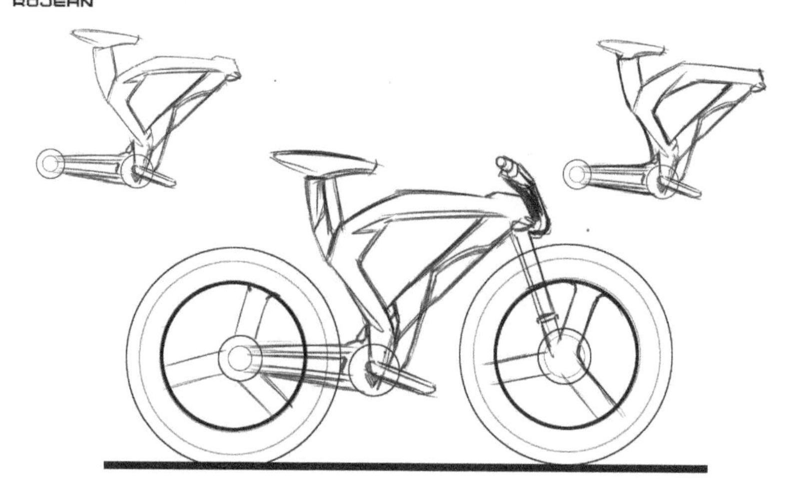

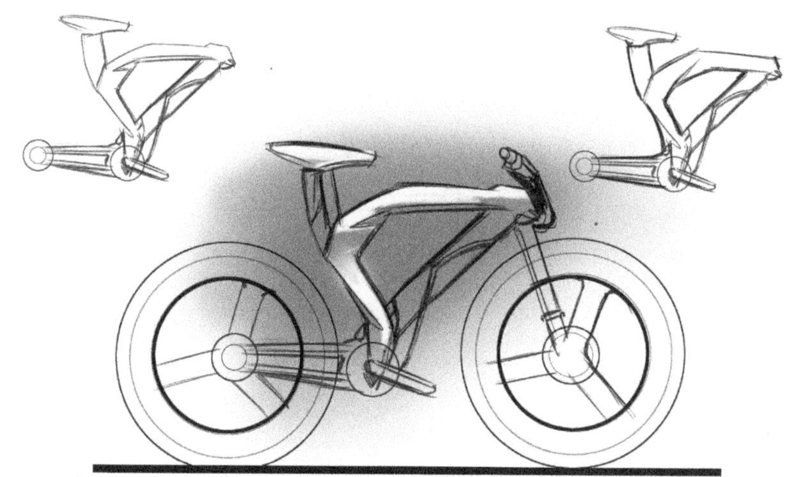

Step 2 先润色一个大灰色背景，然后用橡皮擦工具擦除覆盖自行车车体部分。

Step 3 增加整个山地自行车效果图的重色，让整车更加有重量感，可选用深灰色润色，整体色调为黑白灰、深灰，使层次越来越丰富。

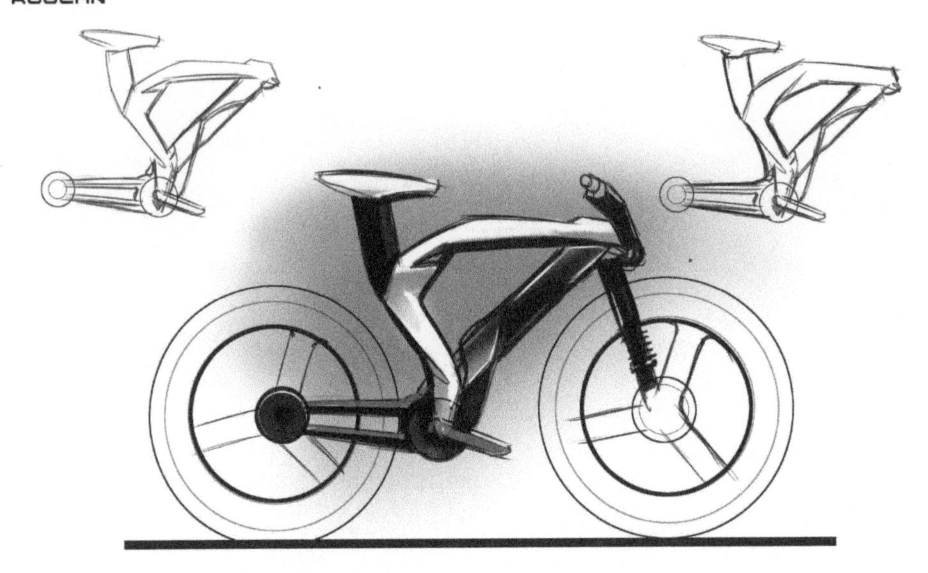

Step 4 逐步完善细节，开始绘制车轮轮胎部分。

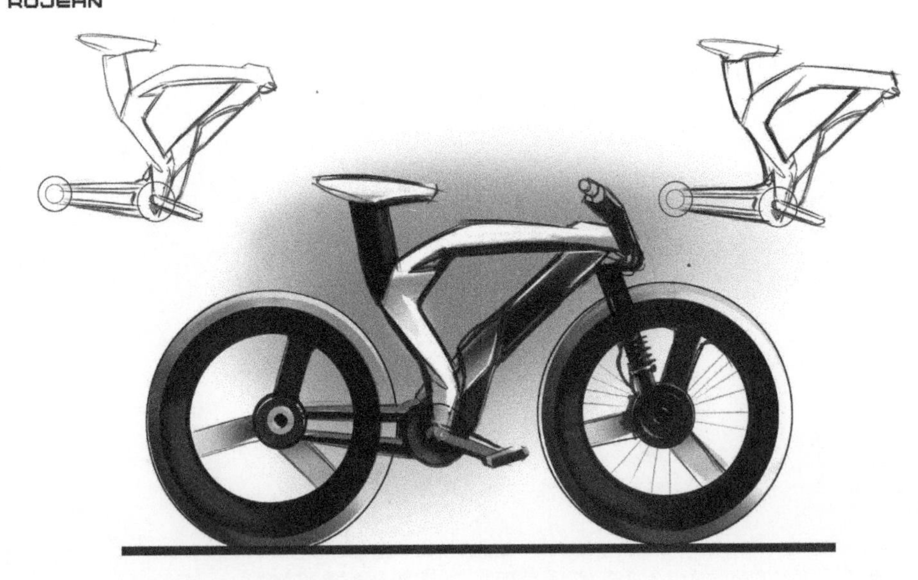

Step 5 山地自行车的传动齿轮、脚踏板、刹车等细节也要逐步刻画出来。

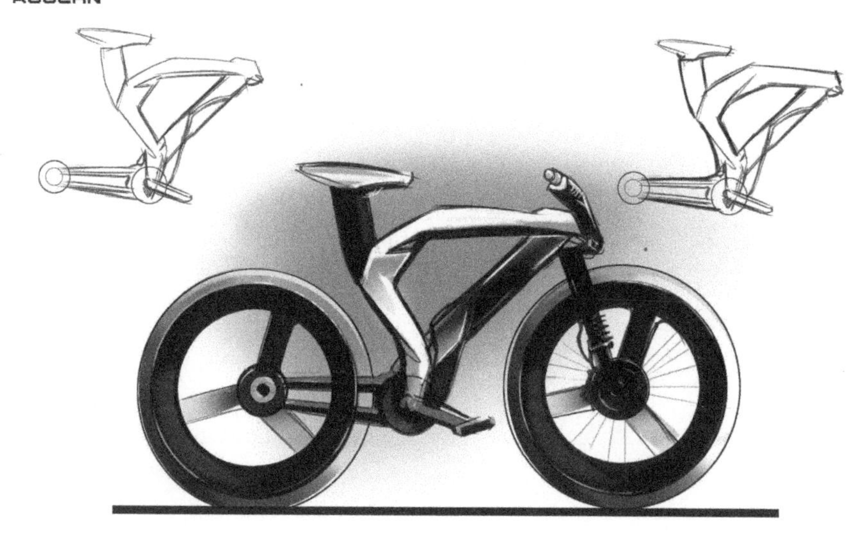

Step 6 在整车黑白灰的基调之上添加一点橙黄色，可以让整体颜色更跳，注意橙黄色面积不宜太大，稍微一点点即可。

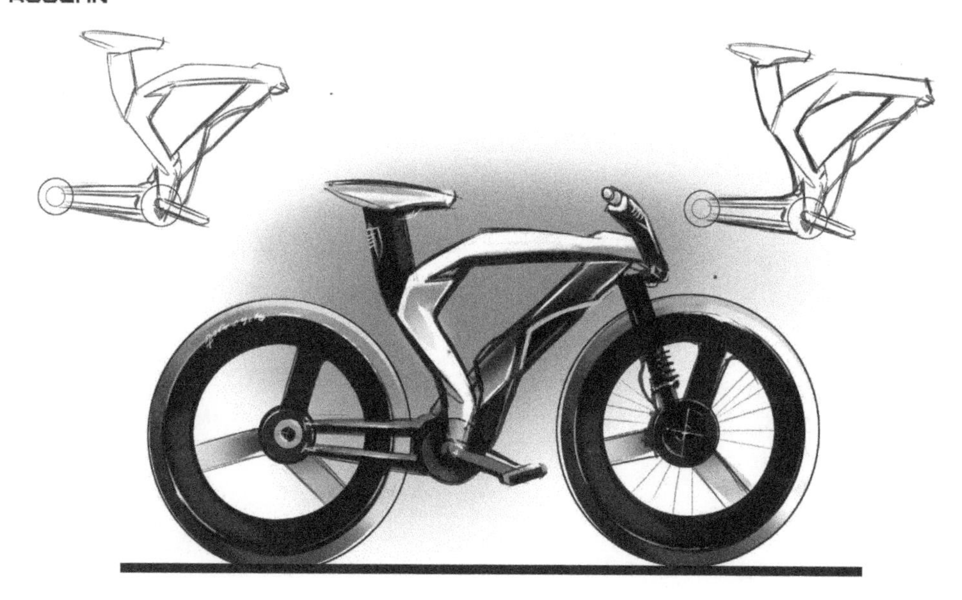

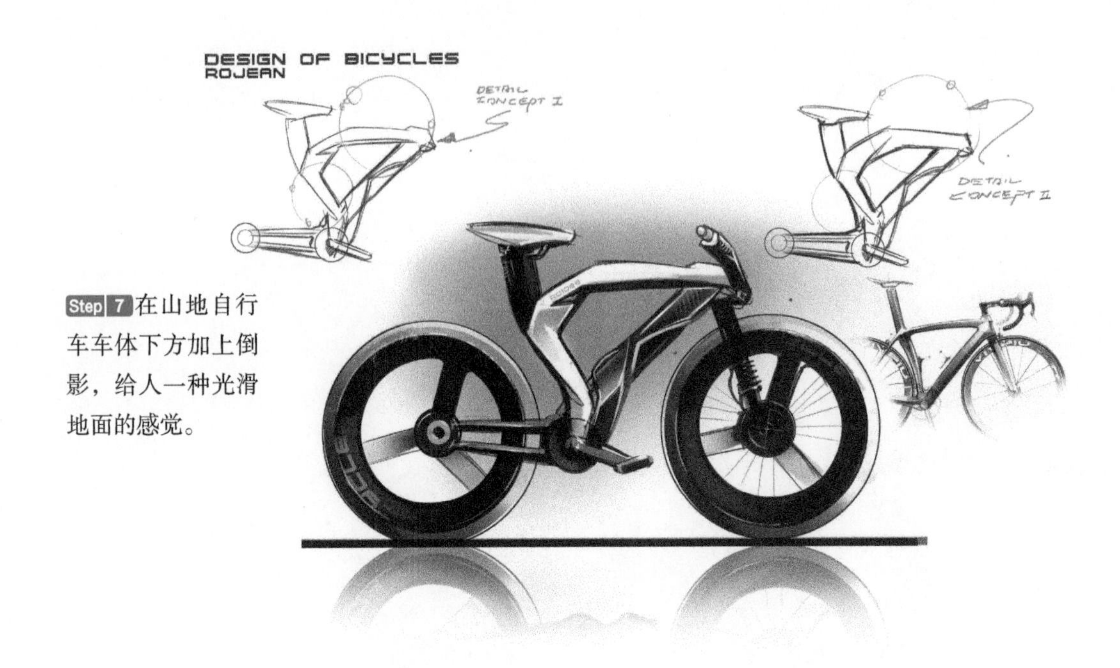

Step 7 在山地自行车车体下方加上倒影，给人一种光滑地面的感觉。

Step 8 山地自行车最终效果图呈现。

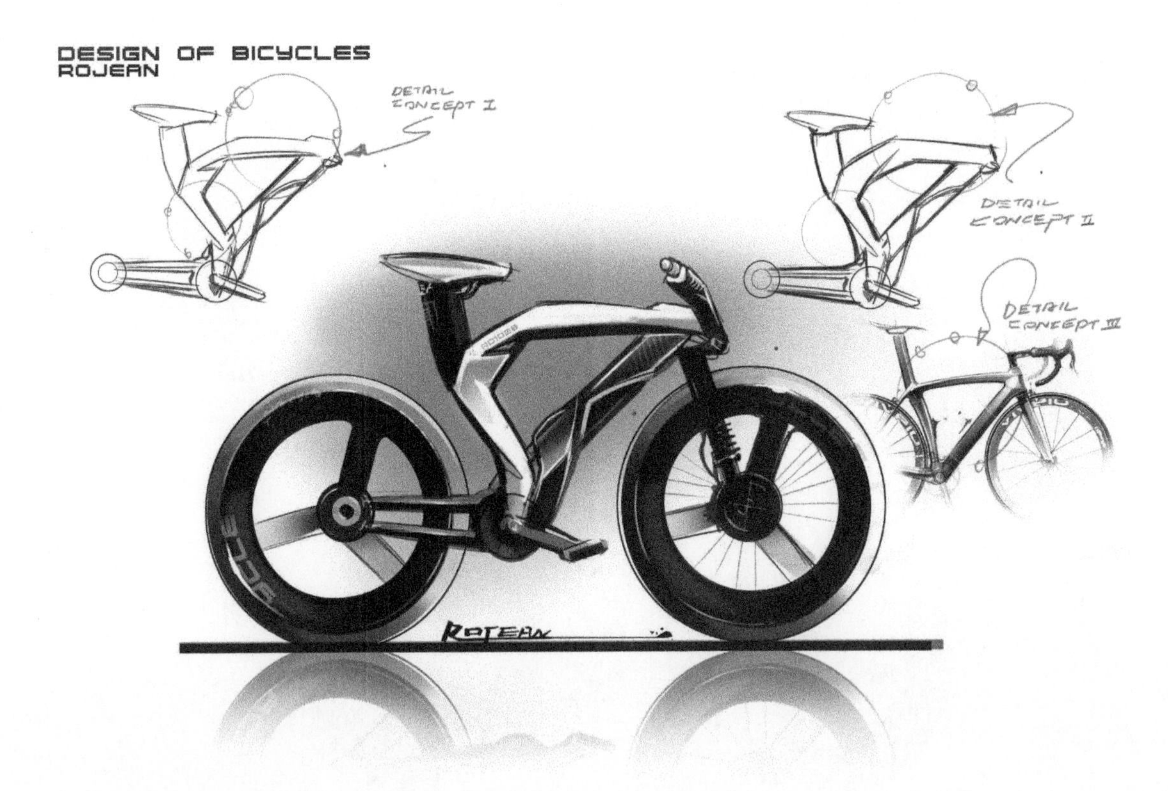

第五章

数字手绘工业设计实战

第一节：怎样用好数字手绘

随着时代的发展，数字手绘（Digital Sketches）广泛应用于工业设计各个领域，以提高效率、易于修改、容易塑造“高大上”的效果等特质深受工业设计师的青睐，是完成作品集、制作作业、设计方案实战的利器。数字手绘工业设计非常方便快捷，也大大提高了作品质量。

下面给大家看一看纯数字手绘完成的作品集，可以看出其效果图画面整洁干净、版面充实饱满。

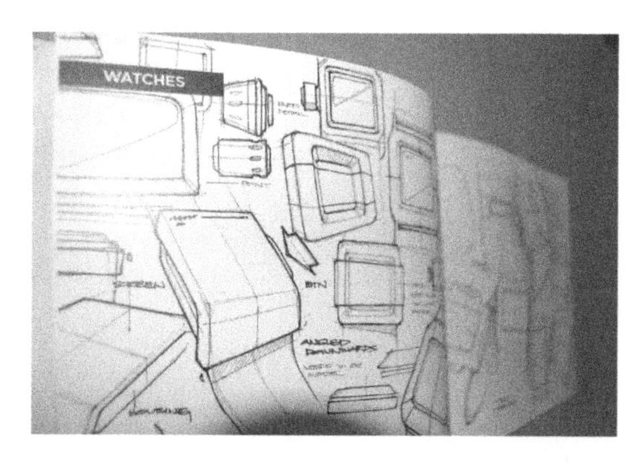

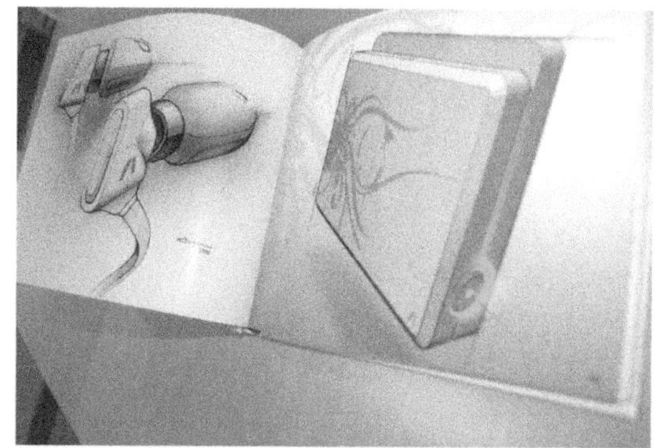

下面是纯数字手绘完成的设计方案实战。

与此同时，数字手绘工业设计产品修改、编辑也非常方便，这得益于它可以多个图层分开进行绘制，最后合成一张效果图，存储时可以多个图层分开存储。并且每笔的笔触都可以随意调整，大大加强了绘制效果图的可修改、编辑性。

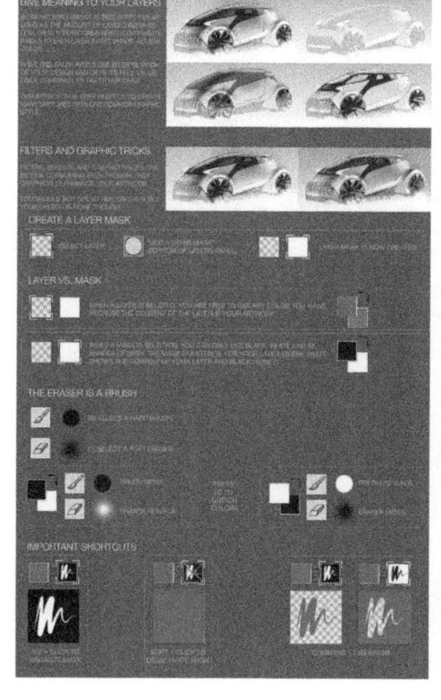

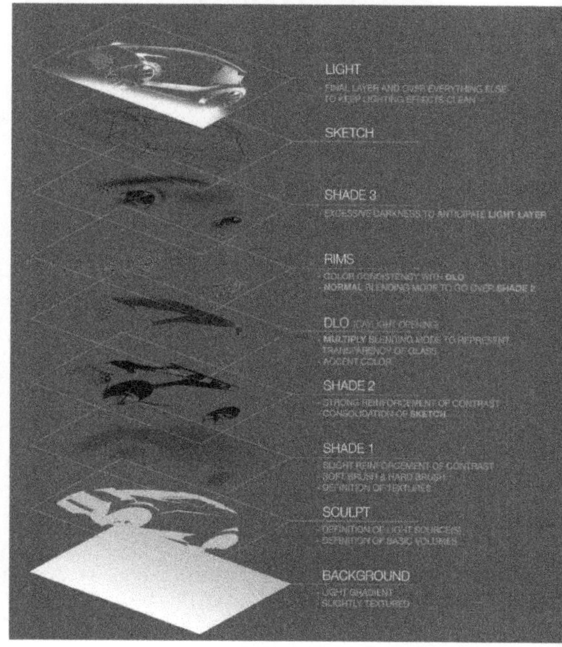

罗剑老师作品

▲ 产品类别：Conceptual vehicles
使用软件：Photoshop
使用图层：31 layers
时长：3 hours

▼ 产品类别：Basketball shoes
使用软件：Photoshop
使用图层：23 layers
时长：2.6 hours

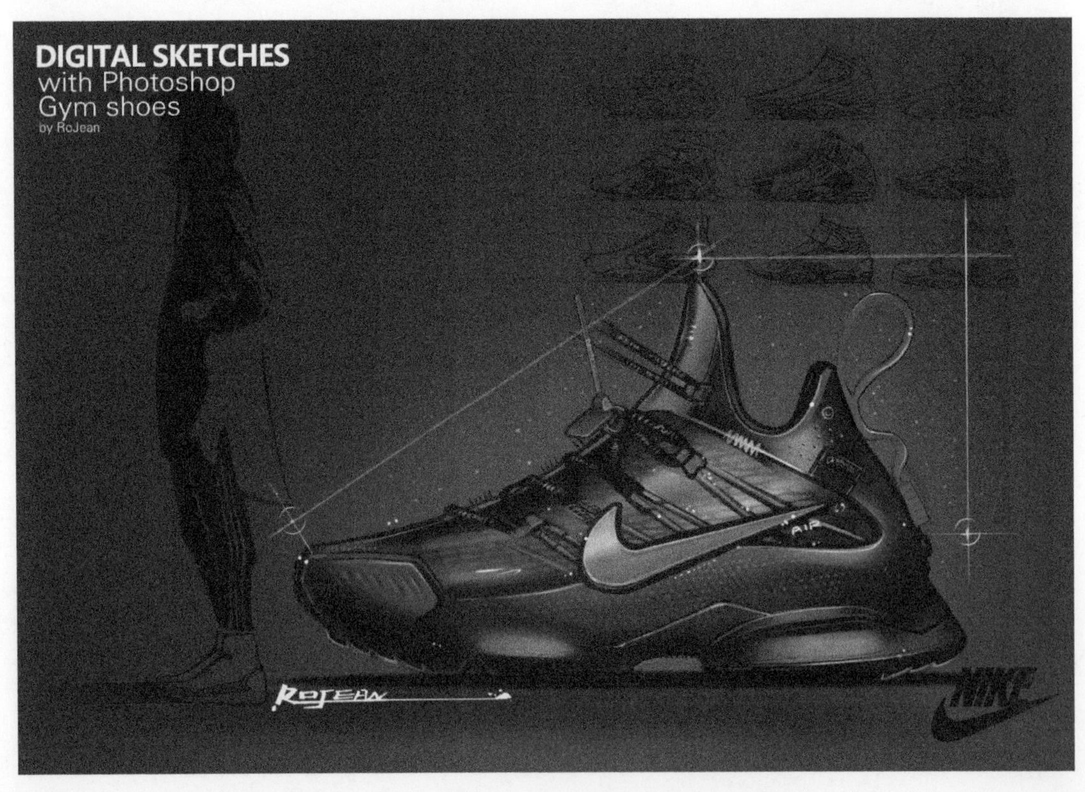

▲ 产品类别：Super car
使用软件：Photoshop
使用图层：50 layers
时长：3 hours

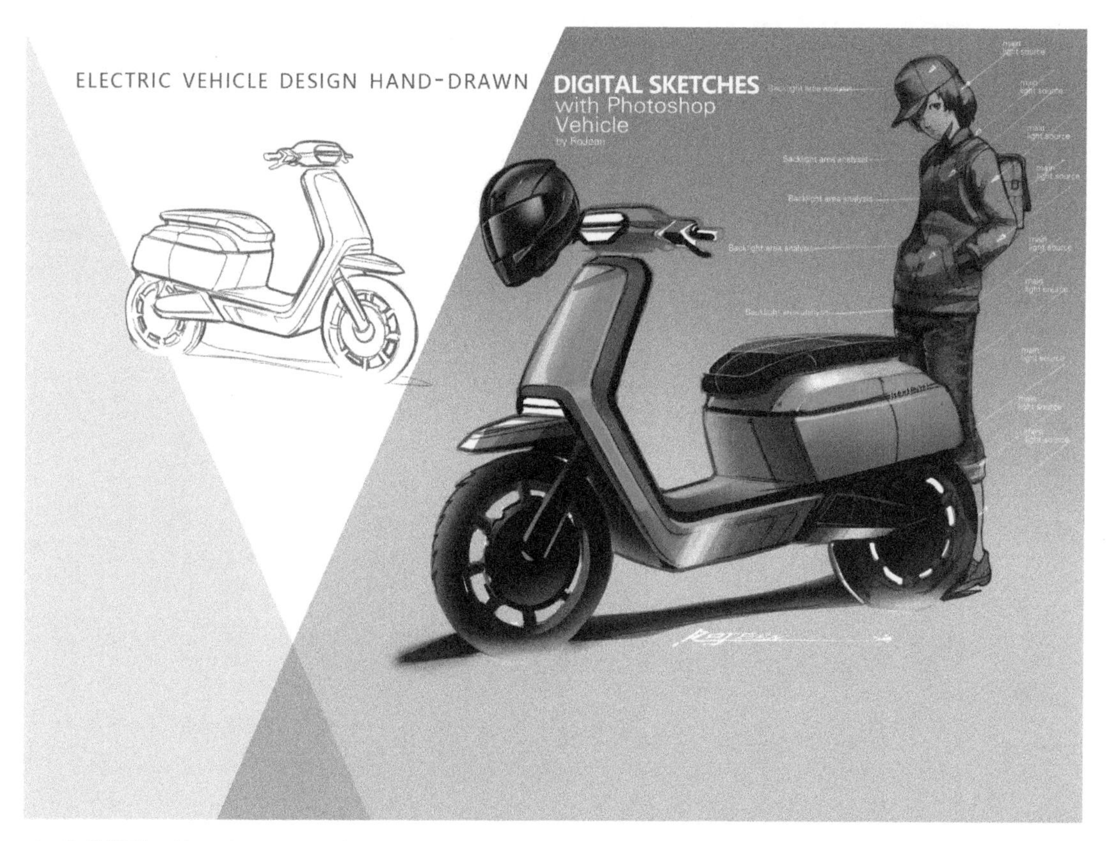

▲ 产品类别：Electric motorcycle
使用软件：Photoshop
使用图层：48 layers
时长：2.8 hours

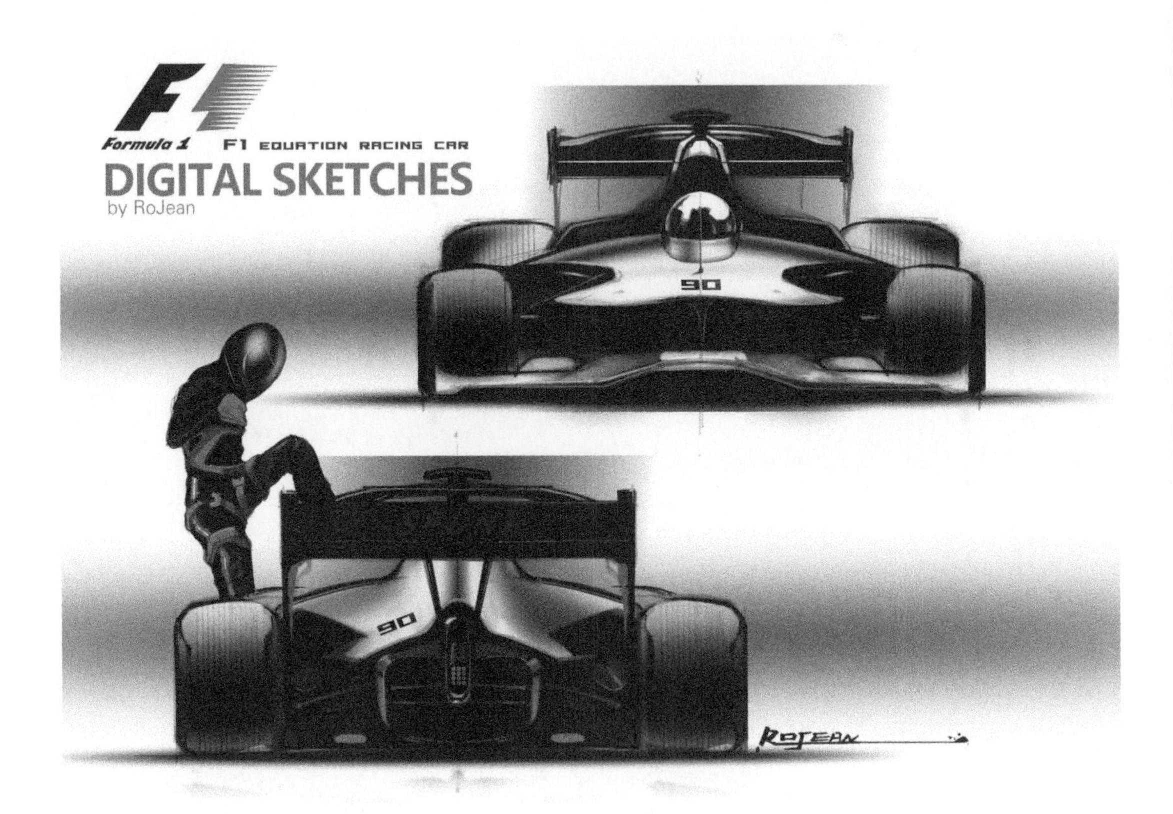

▲ 产品类别：Formula car
使用软件：Photoshop
使用图层：68 layers
时长：2.9 hours

▼ 产品类别：Material
使用软件：Photoshop
使用图层：28 layers
时长：1.5 hours

▲ 产品类别：Modeling training
使用软件：Photoshop
使用图层：45 layers
时长：1.5 hours

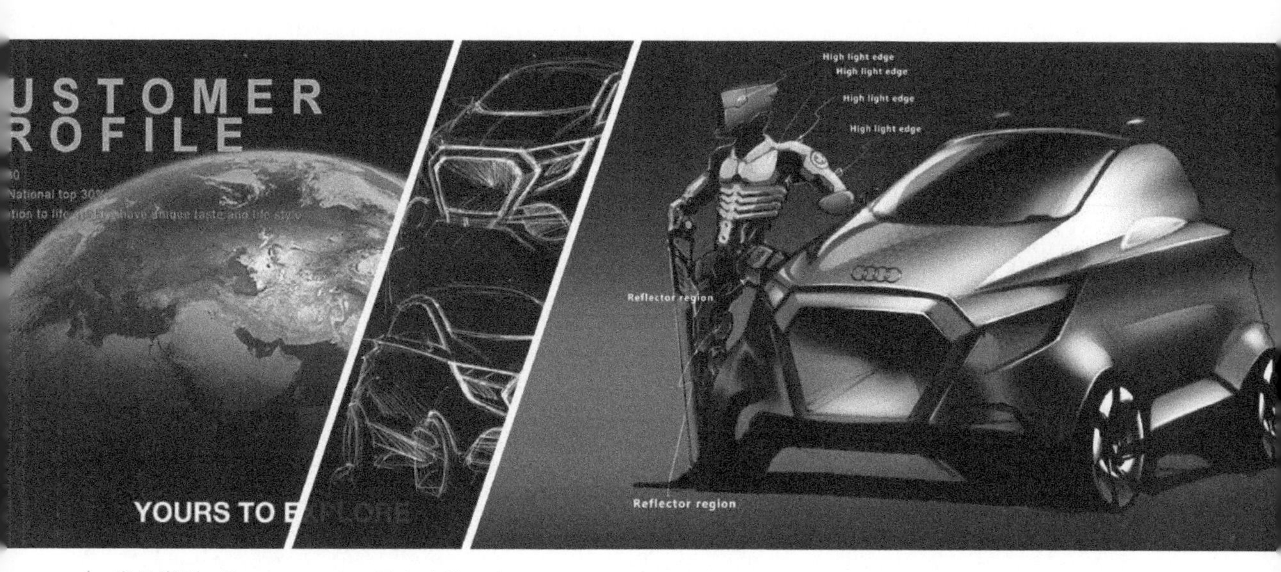

▲ 产品类别：Transportation Digital Sketch
使用软件：Photoshop
使用图层：57 layers
时长：3 hours

▲ 产品类别：Transportation Digital Sketch
使用软件：Photoshop
使用图层：87 layers
时长：3.5 hours

▼ 产品类别：Transportation Digital Sketch
使用软件：Photoshop
使用图层：43 layers
时长：2.3 hours

第二节：数字手绘工业设计作业成果和详细点评

以下所提到的数字手绘均基于 Photoshop 软件。

下面罗剑老师来讲讲同学们在数字手绘作业练习当中所存在的问题。数字手绘用的硬件目前以数位板为主，软件以 Photoshop 为主。为什么会是这两样，在前面章节中有相关介绍。其实数字手绘用鼠标、iPad Pro、数位板、数位屏等工具都可以，有多种选择，但是数位板的使用体验及价格是最适合同学们练习的，这里所说的“适合”是从功能、携带、应用等方面考量的。而软件选用 Photoshop，一个很重要的原因是其非常容易上手，比较好掌握，适合初学者，当然设计师也很喜欢用。Photoshop 的效果编辑、光影编辑、上色编辑效果等相对来说都是很好的。

罗剑老师点评开始

数字手绘典型问题剖析一

问题概括：笔触顿挫感强，光滑的曲面被画成不同明度色块堆叠在一起的效果

问题轻重指数：★★★★★

原稿修改难度：★★★★

改后展现效果：★★★★

感觉颜色过渡得总有些不顺畅，整体看起来脏脏的……

查看作业题目

罗剑ROJEAN：你和楼下nz同学作业问题是一样的，你看到他画的了么？

段袖子回复罗剑ROJEAN：看见了！谢谢老师，我再调一下改进改进

罗剑ROJEAN：嗯比例问题

段袖子回复罗剑ROJEAN：那请问老师，这个色彩……是不是明暗表现得有些不明显？感觉第一眼结构没有表现出来...要怎么改呀？

罗剑ROJEAN：选取白颜色作为画笔颜色提结构线，注意是往亮处提而不是用彩铅往暗处画，两者相反的，但也就是数字手绘可以做到，因为对白色要求高

段袖子回复罗剑ROJEAN：哇……记下了，谢谢老师指点

某个同学提交作业的截图

作业原稿

罗剑老师看到这张作业以后的心理活动：

画这张作业的同学真的很不易，非常努力地在电脑前甩动着笔触，但是怎么感觉笔触甩不开，而且明暗的色块堆叠在一起，原本很好的曲面硬生生地敲成了一块一块的折面，并且线条也不是很流畅。这张作业的主要问题就集中在线、笔触这两个大问题上，这两个问题解决好了，效果也就出来了，我还是在这个同学的作业原稿上改一改吧！

罗剑老师在作业原稿上进行修改

数字手绘典型问题剖析二

问题概括：缺少背景，缺少投影及效果图中氛围的渲染

问题轻重指数：★★★★

原稿修改难度：★★★

改后展现效果：★★★★★

作业 打卡 第一次画 用鼠标弄的好别扭 求指导。

AUTODESIGN SKETCH

查看作业题目

大叔不玩浪漫、罗剑ROJEAN

罗剑ROJEAN：明早点

罗剑ROJEAN：鼠绘可以画，只是没有板绘方便，鼠绘强调精准，因为你所有的只是左右中键罢了，画的时候全靠点击和短距离滑动，不精准才怪，但长距离不行，建议分为两段

某个同学提交作业的截图

作业原稿

罗剑老师看到这张作业以后的心理活动：

竟然用鼠标可以画出这样的效果，可以说是鼠绘的王者了，只是产品周边的整个构图不完整，感觉没有画完，那么，罗老师就接着你画的作品继续画下去了！

罗剑老师在作业原稿上进行修改

数字手绘典型问题剖析三

问题概括：数字手绘工业设计最忌讳的是将立体造型画出平面效果，这张作业中就出现了这样的问题

问题轻重指数：★★★★

原稿修改难度：★★★★

改后展现效果：★★★★★

某个同学提交作业的截图

作业原稿

罗剑老师看到这张作业以后的心理活动：

第一眼看到这个同学的数字手绘作业的感觉是“平”，造成这样的效果的原因是对比不够。对比分为几个方面的对比，比如明暗的对比（暗部和亮部对比）、颜色的对比（冷色和暖色对比）、线条的对比（粗线和细线对比），这些在这张作业中都没有体现出来，我还是在这个同学的作业原稿上面稍微改一改吧！

罗剑老师在作业原稿上进行修改

数字手绘典型问题剖析四

问题概括：这个问题也非常典型，不仅平，而且硬，全是渐变拉出来的造型，缺少细节

问题轻重指数：★★★★

原稿修改难度：★★★★

改后展现效果：★★★★★

某个同学提交作业的截图

作业原稿

罗剑老师看到这张作业以后的心理活动：

这个同学的作品满屏都是渐变，头部、尾部、车窗等，除此之外的结构线、轮廓线都没有，高光点、高光线也没有，轮眉本该有的造型也是平面的。要想改进效果，就只有加细节，细节加上后效果自然会好不少。先添加各种线框，再加上高光线、高光点，最后加上深色背景和倒影。诚然画得越多、细节越多，意味着出错的机会越多，但在数字手绘中可以使用Ctrl+Z命令。曾经有同学说过这样一句话：日常使用Ctrl+Z命令的次数决定了你的绘图水平。这句话可以解读为：一个好枪手是用子弹“喂”出来的；一个能画出优秀数字手绘作品的设计师是用Ctrl+Z命令“喂”出来的！

罗剑老师在作业原稿上进行修改

数字手绘典型问题剖析五

问题概括：就像煮了3个小时的饺子，颜色全部糊在一起，没有形体、没有结构、没有光影等，但有一点是具备的并且是最耀眼的，那就是自信心！

问题轻重指数：★★★★★

原稿修改难度：★★★★★

改后展现效果：★★★★★

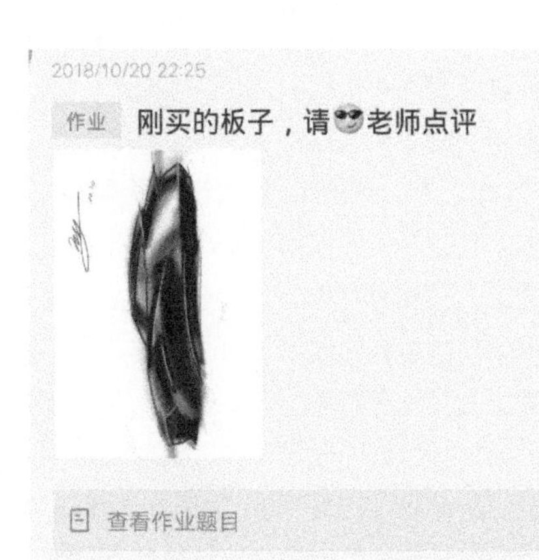

某个同学提交作业的截图

作业原稿

罗剑老师看到这张作业以后的心理活动：

黑，有点眩晕。

但是，好在这是数字手绘作品，一切皆有可能！

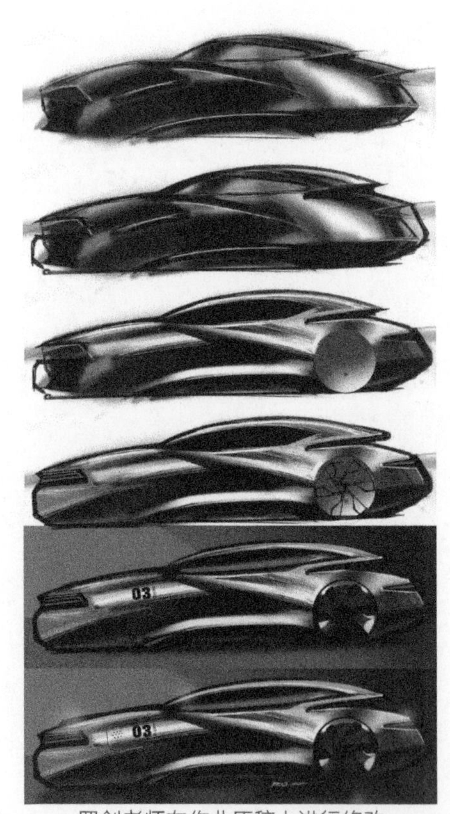

罗剑老师在作业原稿上进行修改

看完以上罗剑老师点评、修改同学们数字手绘作业的过程，零基础不敢画、不敢交作业的你有什么感受？不管怎样，点个赞再走！

来，我们一起学习，一起进步！

第三节：数字手绘作业纠正

Step 1 下面左上角的图片为学生完成的原稿，我要对其进行大改动，首先要改动的就是整个机器人的透视及站姿。这个机器人本身就是一个特别高大的物体，如果要凸显它就必须要强调三点透视关系，如图所示，我把机器人的手臂和腿部都进行了加宽、加大处理。

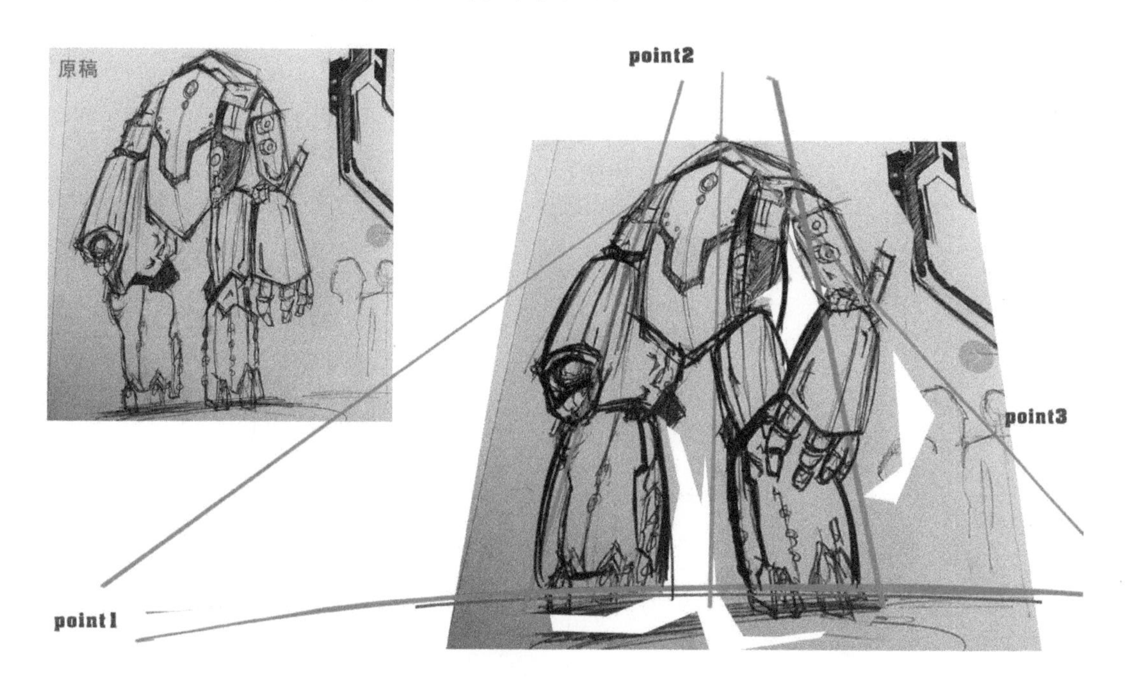

Step 2 把背景处理成白色，因为之前的背景由手机拍摄而成，有一些杂点并且整体泛黄色。

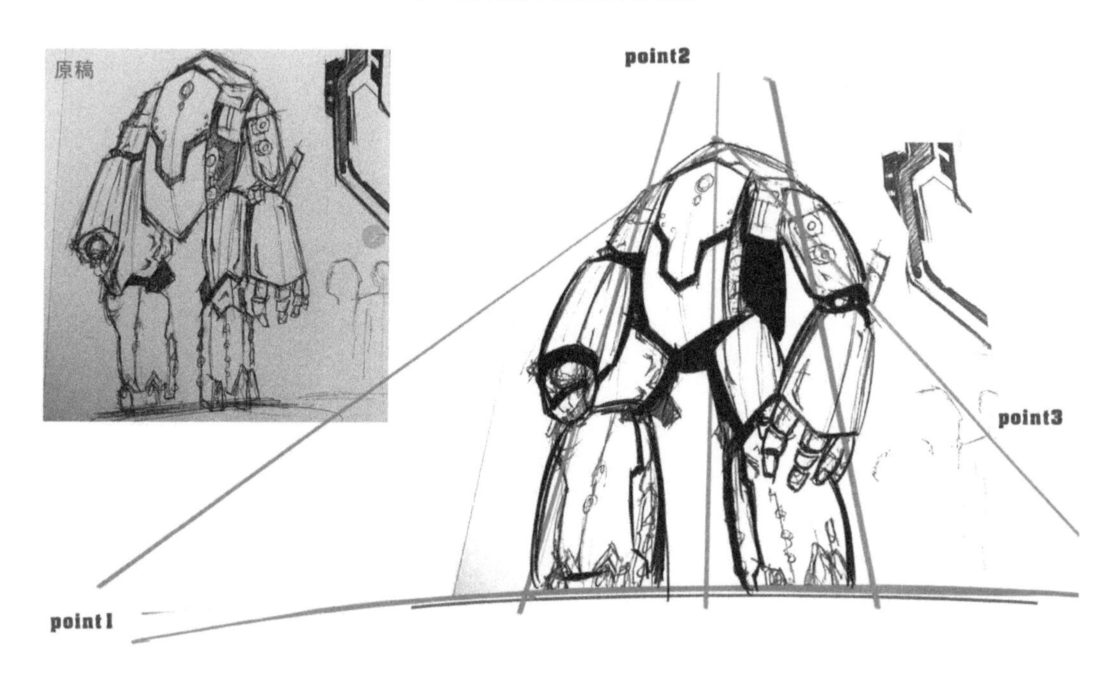

Step 3 开始设定光影关系，设定主光源从左上方照射下来，用大体色块区分出受光与背光的关系，只是大体大面积色块，还没有其他细节。

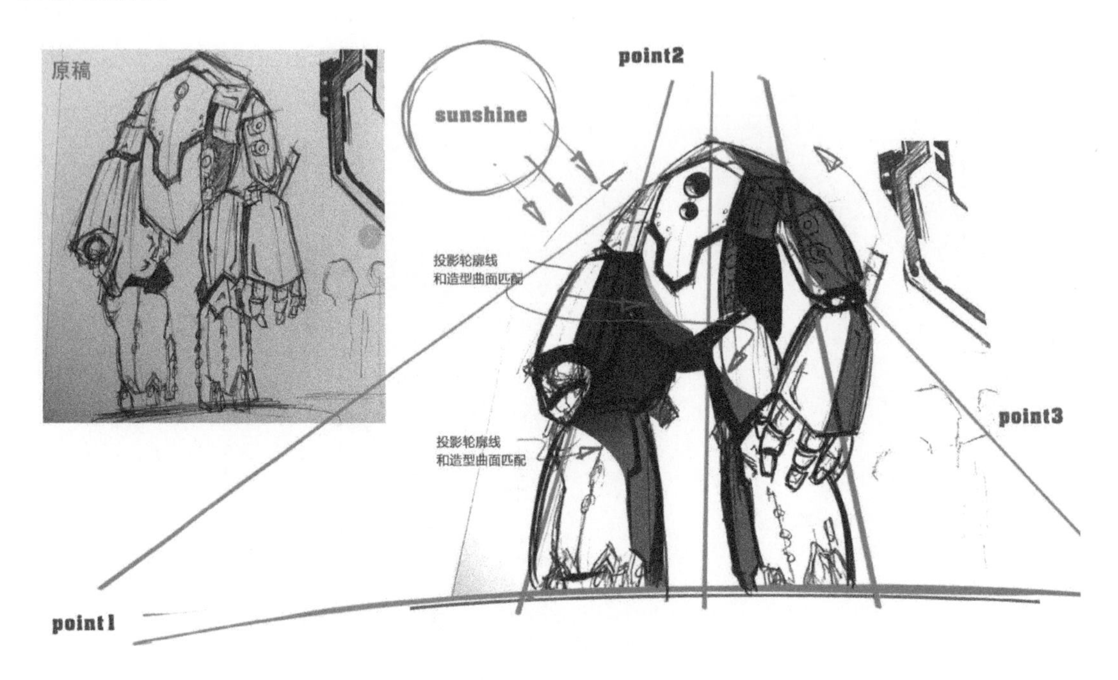

Step 4 选择喷笔工具并把喷笔属性改成柔边圆笔触，把喷笔画笔直径放大，大面积喷涂，注意边缘一定要柔和。

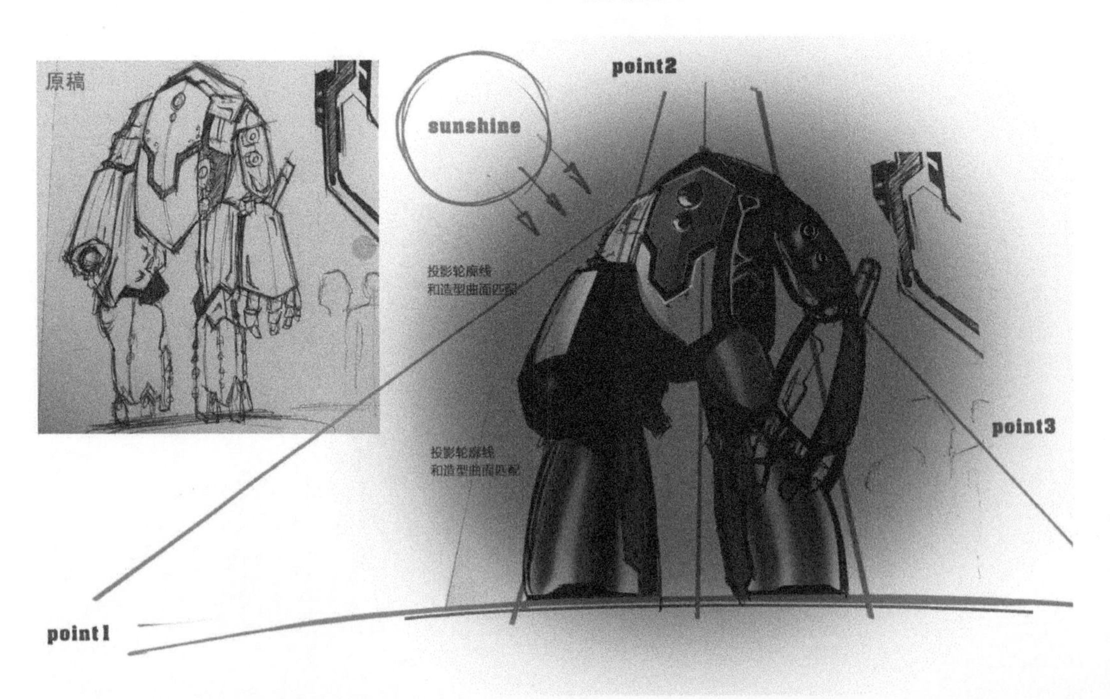

Step 5 逐步刻画细节，将手臂关节、手腕、腿部关节、头部等都刻画出来。

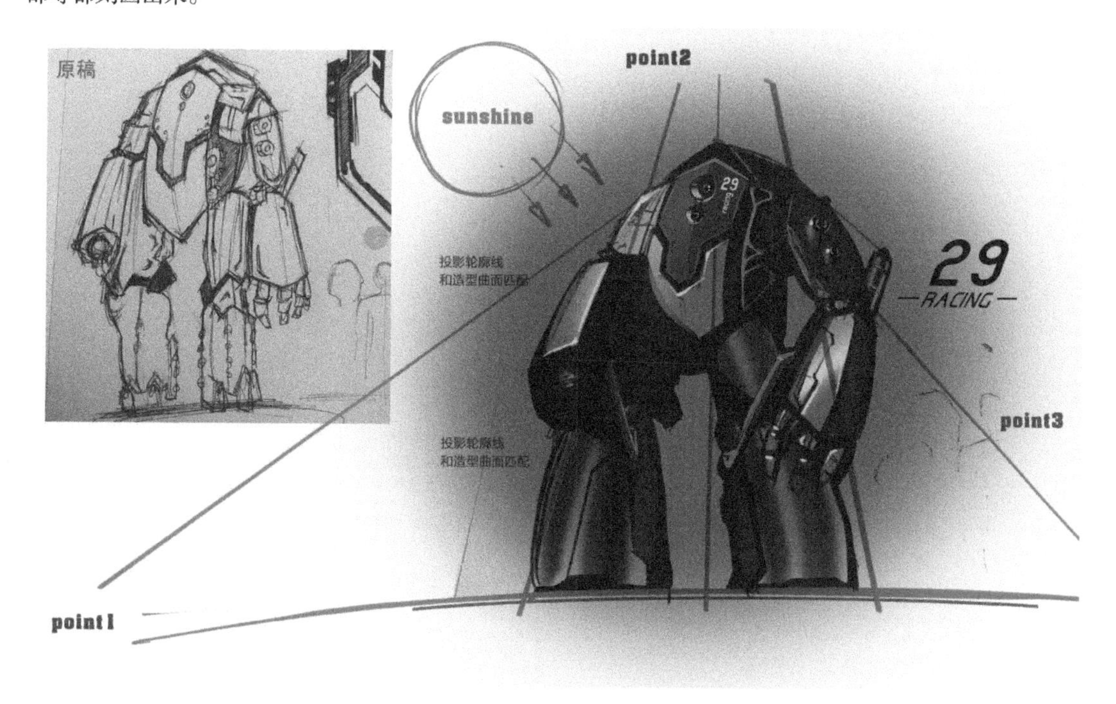

Step 6 把绘制好的作品应用在作品集的封面上，选取作品中比较精彩的部分来应用。

读者服务

读者在阅读本书的过程中如果遇到问题，可以关注“有艺”公众号，通过公众号与我们取得联系。此外，通过关注“有艺”公众号，您还可以获取更多的新书资讯、书单推荐、优惠活动等相关信息。

扫一扫关注“有艺”

投稿、团购合作：请发邮件至 art@phei.com.cn。